相 信 閱 讀

Believe in Reading

BCB622A

騰訊傳

中國互聯網公司進化論

中國最具影響力的財經作家

吳曉波 ——— 著

這一代人，一個個像懸崖邊的孩子。

在青春的荒原上，他們忽然看見了光。

他們猛力奔跑，觸足之地，或陷泥濘，或長青草，

驚心動魄間，天地舒展成一個以自由命名的花園，

大河山川，各自生成。

時間是玫瑰，他們是玫瑰上的刺。

——吳曉波，寫於2016年定稿日，立冬的清晨

騰訊傳

中國互聯網公司進化論

PART 3　巨頭

前言
誰能定格一座正在噴發的火山

萬物皆有裂縫處,那是光射進來的地方。

——李歐納‧柯恩(Leonard Cohen,加拿大歌手、詩人),

《渴望之書》

互聯網經濟建立在一個激進的社會假設之下,

即認為現代社會在不可避免地

逐步朝公開透明的方向發展。

——柯克派崔克(David Kirkpatrick,美國財經作家)

「我們一起來搖，一二三，搖！」南方深秋的空氣中發出了來福槍上膛的聲音，「卡嚓、卡嚓」，清脆而性感。

這是2011年11月的傍晚，我與馬化騰站在深圳威尼斯酒店的門口，臨分別前，他教我下載微信，並用「搖一搖」的功能「互粉」。此時，騰訊與奇虎360的那場著名的戰爭剛剛塵埃落定，而新浪微博與騰訊微博正為爭奪用戶打得不可開交。馬化騰告訴我，微信是騰訊新上線的一個產品，已經有3000多萬的用戶，並且每天新增20萬。「因為有微信，所以，微博的戰爭已經結束了。」這是他對我說的最後一句話，語調低沉，不容置疑。

在與馬化騰此次見面的兩個月前，騰訊的另外兩位創始人張志東和陳一丹到杭州，我們在龍井村禦樹下喝茶，他們希望由我來創作一部騰訊企業史。「我們保證不干涉創作的獨立性，並可以安排任何員工接受採訪。」我得到了這樣的承諾。

在後來的幾年中，我訪談了60多位人士，包括副總裁級別的高階主管、一些部門總經理以及退休、離職人員，查閱了我所希望得到的內部資料和檔案，此外還走訪了互聯網業界的從業者、觀察家和騰訊的競爭對手。

我從來沒有花這麼長的時間和如此多的精力去調查研究一家公司，以後恐怕也不會有了，更糟糕的是，我沒有能夠完全地找到其「成長的密碼」，甚至在某些方面，我被更濃烈的疑惑所困擾。呈現在我眼前的騰訊，宛如正在進化中的

生物體，我們對它的過往經歷所知不詳，更被它正在發生的進化所吸引和裹挾。

在很長的時期裡，騰訊是中國互聯網世界的一個祕密。

它門扉緊掩，既不接受媒體的深度採訪，也婉拒學術界的調查研究。馬化騰很少接受採訪，也不太出席公開活動，他像一個極度低調的「國王」，避居於鎂光燈之外。

更令人吃驚的是，甚至連騰訊自身也對自己的歷史漫不經心。它的檔案管理可以用「糟糕」兩個字來形容，很多原始文件都沒有被保留下來，重要的內部會議幾乎也沒有文字紀錄。騰訊人告訴我，騰訊是一家靠電子郵件來管理的公司，很多歷史性的細節都分散於參與者的記憶和私人信箱裡。當我開始創作的時候，對這一景象感到非常的意外，而騰訊人居然很輕鬆地對我說：「在互聯網行業裡，所有人的眼睛都盯著未來，昨天一旦過去，就沒有什麼意義了。」絕大多數的騰訊高階主管都是技術出身，他們對資料很敏感，可是對於我所需要的細節則一臉茫然。很多重要的場合沒有留下任何影像，無論是照片，還是影音。

在調查研究和創作的過程中，我一直被三個問題所纏繞：

「為什麼是騰訊，而不是其他互聯網公司，成為當今中國市值最高、用戶數最多、盈利能力最強的企業？它的成功是一次戰略規劃的結果，還是偶然的產物？」

「為什麼騰訊曾經遭遇空前的質疑，它所面臨的模仿而

不創新、封閉而不開放的『指控』是怎樣形成的？性情溫和的馬化騰如何成為很多人眼中的『全民公敵』？」

「中國互聯網與美國互聯網有什麼異同？前者的繁榮是一次長期的追隨之旅，還是有自己的東方式生存之道？」

這三個問題來自於混沌的過往，又明晰地指向未來。我必須誠實地承認，對於一位寫作者來說，它們的挑戰性實在太大了。

在任何一個文化創作領域，所有的從事者從來都面臨「描述事實」及「發現本質」的雙重困境。達文西在論述畫家的使命時曾說：「一個優秀畫家應當描畫兩件主要的東西，即人和他的思想意圖。第一件事做到很容易，第二件事情就很難。」哲學家維根斯坦（Ludwig Wittgenstin）在1934年的一次授課中也表達過類似的觀點，他說：「要知道我們說的東西很容易，但要知道我們為何這樣說卻非常難。」

企業史的創作，同樣面臨達文西及維根斯坦所闡述的困境：我們需要梳理企業的成長歷程，以及陳述其發生的「思想意圖」。在工業革命年代，研究者們的工作做得不錯，無論是彼得·杜拉克（Peter F·Drucker）的《企業的概念》，還是阿爾弗雷德·錢德勒（Alfred D. Chandler）的《看得見的手：美國企業的管理革命》，都非常清晰以及具有遠見性地描述了他們那個時代的企業圖景。在中國，我們這一代財經作家對萬科、海爾、聯想等公司的企業史創作也可謂得心應手。

可是，這一景象到了互聯網時代突然變得吃力起來。近年來，美國財經作家的互聯網公司史創作，譬如華特・艾薩克森（Walter Isaacson）的《賈伯斯傳》、布萊德・史東（Brad Stone）的《貝佐斯傳：從電商之王到物聯網中樞，亞馬遜成功的關鍵》、大衛・柯克派翠克（David Kirkpatrick）《facebook臉書效應》等暢銷書，都算不得傳世之作。這並非是這一代作家的才華不足，而是裂變中的互聯網經濟仍然存在巨大的不確定性，由此造成了觀察和定義的困難。這就如同沒有一個攝影師、畫家或記者，可以準確地描述乃至定格一座正在噴發中的火山。

因此，在過去的5年多裡，我的創作一再陷入停滯，在本書的某些部分，你可以讀到我的猶豫和不解。到創作的後期，我放棄了「宏大敘事」和「原理架構」，只把更多的精力專注於細節的挖掘和鋪陳。

前幾天，我的一位哲學教授朋友來杭州。閒聊中，我談及了創作《騰訊傳》的困擾。他引用俄羅斯思想家巴赫金（Mikhail Bakhtin）的觀點寬慰我，這位以怪誕出名的解構主義大師說：「世上尚未發生過任何總結性的事情，也無人說過針對世界，或關於世界的最終總結。這世界是開放自由的，所有一切仍有待於將來，而且永遠如此[1]。」

作者注1：早在20世紀50年代，法國年鑒派歷史學家費爾南・布羅代爾（Femand Braude）就發現，世界只是「部分有序」，或者說，它表現出一種比結構史加鬆散的形式，他稱之為「聚合體型態」（Aggrcgate）。這一觀察到雅克・德里達（Jacques Derrida）那裡，形成了解構主義流派，而這正是互聯網哲學的起點之一。

聽聞至此，我不禁會心一笑。看來世界原本如此，互聯網如此，騰訊亦如此。

既然這樣，就允許我用自己的方式來慢慢地講述騰訊的故事吧，從一個少年在1986年的春夜看見了哈雷彗星開始。

創業：1998年到2004年

「羞澀文靜的馬化騰怎麼可能成為一個企業家呢？」所有接受我訪談的馬化騰的中學及大學同學、老師，無一例外地都發出過這樣的感慨。就連馬化騰自己也沒有料想到，他將創建一個「大企業」。他與創業夥伴張志東曾規劃，到第三年的時候，雇傭員工人數將達到18個。當OICQ，也就是日後的QQ上線時，他們把用戶的極限值設定為10萬人。馬化騰還幾次三番想把公司賣掉，卻沒有人願意接手。

不過，馬化騰最幸運的是，他身處在一個「大行業」和「大時代」。哈佛大學商學院教授泰德羅（Richard Tedlow）在描述鐵路和電報的商業意義時說：「任何能打破對於人、產品和資訊的時空限制的新發展，都會對商業運作的方式產生巨大的影響。」在人類歷史上，崛起於20世紀90年代的互聯網經濟顯然是一個與鐵路和電報同等重要的商業發明，它重構了資訊的傳播方式。而中國則在改革開放的20年後，搭上了互聯網經濟的第一班列車，如果美國是這列火車的車頭，那麼中國則是掛在後面的第二節車廂。我們可以說，中

國是在互聯網運動中受益最大的國家。

馬化騰是改革開放之後的第三代創業者，與之前的農民辦企業、「城市邊緣人」經商以及官員下海不同，馬化騰創辦騰訊，更大的驅動力來自於興趣，他對資訊技術擁有與生俱來的熱情。深圳是中國第三個提供互聯網接入服務的城市，而馬化騰是全中國最早的幾百名網民中的一位，並且管理過一個名氣不小的網站。馬化騰和其他四位創業同伴都出生在城市中產階級家庭，其中四人是中學和大學同學，他們對互聯網，而不是金錢本身，有著宗教徒般的狂熱。

阿爾弗雷德·錢德勒在研究美國早期工商企業的發家史中，提出過著名的「成長四階段」論，即積累資源、資源的合理化利用、持續增長和對擴展中的資源的合理利用。回顧騰訊的早期成長史，我們清晰地看到了這一演進的軌跡：通過QQ實現了用戶資源的積累，以創新的盈利模式實現使用者資源的獲利兌現。然而，這並不是一個必然的過程。

從20世紀90年代中期到2000年互聯網泡沫破滅，中國的互聯網企業全部都是美國式的仿製品，新聞門戶、信箱、搜尋，包括即時通訊工具，無一例外。騰訊在很長一段時間不被業界看好，很大的原因在於，它的仿效物件，也就是由以色列人開發、後來被美國線上（AOL）收購的ICQ，從來沒有實現過盈利，甚至一直到我寫作此書的時候，也沒有另外一款即時通訊產品找到了好的獲利方式。所以，馬化騰必須做對一些事情，其中很多是美國人沒有做過的。

做對的事情之一：騰訊對ICQ的模仿建立在微創新的基礎上。它把資訊留存從用戶端轉移到伺服器端，從而適應了當時中國的上網環境，還先後發明了中斷點傳輸、群聊、截圖等新穎的功能。從騰訊的案例中可見，中國互聯網從業者在應用性創新上的能力和速度並不遜色於任何國際同行，這一特徵與電子產品、汽車、醫藥、機械裝備等領域發生的景象完全不同。

做對的事情之二：除了技術的微創新之外，互聯網的商業應用還受到一個地區的網路環境、使用者習慣、支付體系、國家政策等客觀條件的影響。因此，本土企業往往有更大的優勢。騰訊很早就提出了「用戶體驗」的概念，它富有創意地推出了「會員服務」、虛擬道具出售、Q幣等服務型創新，從而使得QQ由一款沒有溫度的即時通訊工具逐漸轉型為一個「類熟人」的網路社交平台。在這個意義上，騰訊是全球最早的社區網路的試水者之一。

做對的事情之三：馬化騰在創業不久後便開始謀求資本市場的支持。幸運的是，在他滿世界找錢的時候，風險投資（編注：在台灣稱為創業投資，簡稱創投）已經進入中國，IDG、盈科、MIH在騰訊的早期發展中起到了很重要的資本輸血作用。騰訊也是第二家在香港聯交所上市的中國互聯網公司。

另外一個從來沒有被重視過的現象是，中國在移動通訊領域的增值服務起步比美國早得多。早在2000年年底，新成

立的中國移動公司推出了「移動夢網」業務，它通過簡訊推送的方式為手機使用者提供各類資訊增值服務，這造成了一個獨特的簡訊爆發現象，所有參與了這個項目的增值服務提供者（SP）都獲得了令人吃驚的利潤。騰訊一度是「移動夢網」最大的合作夥伴，因此也是最大的得益者。在2001年6月，騰訊以出乎意料的方式，成為第一個實現盈利的互聯網公司。

從1998年年底創辦到2004年6月上市，騰訊在這段曲折的創業時期裡完成了產品模型仿製、應用創新到盈利模式探索的全過程。這也是中國互聯網企業的一個縮影。在2000年全球互聯網泡沫破滅之後，中國的互聯網企業在盈利模式和使用者價值挖掘上蹚出了一條與美國同行不同的路徑。2003年，中美互聯網出現了歷史性的大分流。在後來的兩年多時間裡，本土公司在門戶、搜尋、電子商務、信箱服務、網路遊戲以及即時通訊等幾乎所有領域裡「完勝」全部國際公司，一個截然不同的、中國式的互聯網世界日漸露出了自己的輪廓。

創業時期的馬化騰並沒有展現出他做為企業家的全部特質。他抓住了被別人看做障礙的機遇，不過他所形成的能力看上去是一件有致命缺陷的「盔甲」：過度依賴「移動夢網」的盈利模式遭到質疑，同時，幾乎所有互聯網企業都推出了自己的即時通訊工具。挑戰像一道危險而高聳的欄杆，擋在小馬哥的面前。如果說騰訊幫助那些年輕人在一個虛擬世界

裡找到了自己的「身分」的話，具有戲劇性的是，在相當長時間裡，騰訊自身卻像一個迅速成長中的孩子一樣，好奇地在問：我是誰？

出擊：2005 年到 2009 年

從上市的 2004 年起，騰訊按時對外發布財務季報、半年報以及年報，當我將這些檔案一一細讀完畢之後，終於得出了一個不無沮喪的結論：你永遠無法從財務報表上讀懂一家互聯網公司。

創辦 IBM 的湯瑪斯‧沃森（Thomas Watson Sr.）講過一句膾炙人口的名言：「機器應該工作，人類應該思考。」這應是工業文明時期最具超前性的思想，可是，在資訊革命的時代，它還是落後了。對於互聯網企業而言，機器與人類之間已經沒有了界線，你需要重新定義什麼是機器和資產，需要重新對技術投入及其產出週期進行規劃，甚至對於戰略的意義、對手的確定乃至會計法則等等一切，進行「價值重估」。

資本市場一直用非常冷淡的目光看待上市之後的騰訊。從 2004 年上市到 2007 年前後，騰訊進入了一個長達 3 年之久的「戰略調整期」，這似乎不是一個戰略被確定下來的過程，而是戰略在不斷調整中逐漸呈現出來的過程。在一開始，戰略調整的出發點是為了避免一場災難：當時騰訊接近

七成的營收來自中國移動公司的「移動夢網」業務，而後者在騰訊上市的前一天發布了清理整頓的「通知」。

在此後的調整中，騰訊的種種冒險行為充滿了爭議性和火藥味。

在遭遇冷落的2005年，馬化騰提出了「線上生活」的新戰略主張，同時在組織和人才結構上進行了重大的調整。30多個混亂的部門被重新組合，從而清晰地呈現出5個業務模組：無線增值業務、互聯網增值業務、互動娛樂業務、企業發展業務和網路媒體業務。劉熾平、熊明華等一批在跨國公司服務過的高階管理人員進入了決策層。他們帶來了規範化的運營理念，重塑了騰訊早期充滿了草根創業氣息的人才結構，此舉在騰訊內部掀起了巨大的波瀾。

在即時通訊的主戰場，騰訊並不積極主張「互聯互通」，而這被某些同行認為違背了「讓世界變平」的互聯網精神。騰訊擊退了網易、新浪以及雅虎等門戶型公司對QQ的圍剿，特別是對微軟MSN一役，不但化解了MSN的強勢攻擊，甚至將MSN中國研發中心的三位核心幹部引入公司，展現出中國互聯網企業在本土市場上的作戰能力，這是一個標誌性的事件。

騰訊在2005年推出的QQ空間，一開始被當做MySpace的中國版，後來又被看成Facebook的追隨者。其實，QQ空間有著完全不同於上述兩者的運營和盈利模式。它進一步放大了虛擬道具的吸金能力，並以包月模式創造性地激發出中

國網民的消費熱情。在後來的4年裡，QQ空間分階段實施了對51.com、人人網和開心網的「三大戰役」，從而在社交化的大浪潮中成為最大的贏家。

仍然是在2005年，騰訊決心成為網路遊戲的第一霸主。這在當時看來，是一個幾乎不可能完成的任務：北京聯眾在休閒棋牌門類占據了超過八成的市場占比；而在大型網遊領域，廣州網易的丁磊和上海盛大的陳天橋如兩個門神般把持著進入的大門，他們都曾因為網遊的成功而登頂過「中國首富」的寶座。然而，騰訊僅僅用一年半時間就讓自己的棋牌遊戲玩家人數超過了聯眾。而到了2009年，騰訊的網遊收入超越盛大。在微信崛起之前，網遊成為騰訊最大的「現金牛」，占到了全部收入的一半左右，騰訊因此「被成為」一家線上娛樂公司。

讓人驚奇的，還有騰訊在門戶上的成績。面對傳統的三大新聞門戶——新浪、搜狐和網易，騰訊以迂回戰術悄悄超越。劉勝義重新定義了網路廣告的投放規則，並獲得了廣告主的認同，而QQ迷你首頁對流量的巨幅拉動更是讓所有對手無可奈何。

馬化騰還染指電子商務和搜尋領域。他先是推出了拍拍網和線上支付系統——財付通，繼而推出搜搜。在這兩個戰場上，他遭遇了馬雲和李彥宏的強勁抵抗，這也為日後的「新三巨頭」格局埋下了伏筆。

在中國互聯網史上，2008年是一個標誌性的年份。在這

一年，中國的互聯網人口第一次歷史性地超過了美國，而在社交網路（Social Network Service，SNS）浪潮中，試圖以部落格（Blog）模式完成轉型的三大新聞門戶無法找到可靠的盈利方式，QQ空間、百度空間、人人網以及51等公司則以新的SNS模式異軍突起，門戶時代宣告終結。

騰訊在這一時期的調整和出擊，帶有很大的冒險性，它似乎違背專業化的傳統觀念，甚至與馬化騰早期的言論也不一致。在短短幾年裡，騰訊變成了一個愈來愈陌生的「大怪物」，它在多個領域同時崛起，無論在中國，還是在美國，都找不到一個可以類比的案例。在2004年上市之時，騰訊只是一個成長很快，卻被邊緣化的即時通訊服務商，可是在後來的幾年裡，騰訊如同一支不起眼的輕騎兵部隊，由偏僻的角落不動聲色地向中心戰區挺進，非常順滑地完成了從用戶端向網頁端的疆域拓展。到2008年，騰訊擁有了4個億級入口——QQ、QQ空間、QQ遊戲和騰訊網（QQ.com），這在全球互聯網企業中絕無僅有。精力充沛的馬化騰四處出擊，八面樹敵，在幾乎所有領域，無役不與，每戰必酣，終於贏下了一個「全民公敵」的綽號。

甚至連騰訊自身也不知道如何定義自己。在相當長的時間裡，這家員工平均年齡只有26歲的南方企業沒有為自己所取得的勝利做好準備。馬化騰常年躲避與媒體溝通，在2010年之前，他從來沒有跟任何一家財經媒體的總編輯吃過一頓飯。對於全中國的財經記者來說，最難採訪到的兩位企業家

都在深圳，一位是華為的任正非，另一位便是馬化騰。低調的姿態進一步加重了神祕性，他因此又被稱為「影子領袖」。後來馬化騰承認，在某個事實層面上，其實是他「不知道如何對別人講述騰訊的故事」。

　　一個創造者對他創造的歷史非常陌生，這樣的情況並非第一次發生。

　　「成長總是脆弱的」，彼得·杜拉克的告誡將很快應驗在騰訊的身上，它在2010年之後遭遇到空前的質疑和攻擊，而這一切似乎都是定義模糊的必然結果。

巨頭：2010年到2016年

　　中國互聯網發生過三次「圈地運動」。第一次是在1999年前後，以新聞門戶為基本業態，出現了新浪、搜狐和網易「三巨頭」。2007年之後，出現了以應用平台為基本業態的大洗牌，門戶們陷入「模式困境」，出現了成長乏力的態勢，而百度、阿里巴巴和騰訊則分別從搜尋、電子商務和即時通訊工具三個方向出發，到2010年前後完成了反向超越，成為「新三巨頭」，它們被合稱為BAT。而從2012年開始，智慧手機異軍突起，互聯網的用戶重心從電腦端向移動端快速平移，由此發生了第三次「圈地運動」。

　　騰訊是第二次「圈地運動」的最大獲益者。在2010年的中報裡，騰訊的半年度利潤比百度、阿里巴巴、新浪和搜狐

4家的總和還要多，它也因此成為「全行業的敵人」。對它的質疑和攻擊在此之前已不斷升級。到了2010年年底，所有的「憤怒」都在3Q大戰中總爆發，儘管處在事實層面的有利地位，而且後來的司法判決也證明了這一點，但是騰訊在輿論浪潮中的狼狽卻有目共睹。

3Q大戰改變了騰訊的戰略，甚至部分地改變了馬化騰的性格，他宣布騰訊進入「半年戰略轉型籌備期」，承諾將加大開放的力度。在後來的一段時間裡，騰訊連續進行了10場診斷會，舉辦了第一次開放者大會，相繼開放了QQ空間和QQ應用平台。

有趣的是，3Q大戰對中國互聯網產業並沒有帶來任何實質性的顛覆，相反地，它預示著PC（Personal Computer，個人電腦）時代的終結。很快，所有競爭者都轉入新的移動互聯網戰場。一個新的時代拉開了帷幕。在一開始，新浪微博一騎絕塵，貌似獲得了「改變一切」的反超式機遇，然而，因為張小龍團隊的意外出現，馬化騰非常幸運地實現了絕地逆轉。

從2011年1月到2014年1月的3年，對於中國互聯網的大戲台而言，是屬於微信的「獨舞者時代」：它從無到有，平地而起，以令人咋舌的狂飆姿態成為影響力最大的社交工具明星。它不但構築起QQ之外的另一個平台級產品，替騰訊搶到了移動互聯網的第一張「站票」，更讓騰訊真正融入了中國主流消費族群的生活與工作。

　　微信的公眾號屬於真正意義上的中國式創新，它以去平台化的方式，讓媒體人和商家獲得了在社交環境下的垂直深入。近4年時間裡，開通的公眾號數量便累計超過2000萬，上百萬家企業開通了自己的訂閱號或服務號，幾乎所有的媒體都在公眾號平台上發布自己的內容，而更多的年輕創業者開始了陌生而新奇的自媒體試驗。從此，每一個試圖在中國市場上獲得成功的人都不得不問自己一個問題：我與微信有什麼關係？

　　而騰訊在資本市場上的戰略布局，應歸功於騰訊總裁、前高盛人劉熾平。從2011年開始，騰訊一改之前的投資策略，開始用資本手段實現結盟式的開放。微信的崛起讓劉熾平握到了與所有渴望流量的互聯網巨頭們談判的籌碼，騰訊相繼入股大眾點評、京東和58同城等公司，與咄咄逼人的阿里巴巴進行了一場史上最大規模的併購競賽。在雙寡頭式的戰備較量中，騰訊和阿里巴巴築起高高的城牆，挖出寬寬的護城河，用馬化騰的話說，「以遏制或鉗制對手的過分逼近」。

　　儘管仍然不善交際和不願意在公共場合裡露面，但馬化騰也在悄悄地改變，在過去的幾年裡，他進行了多次演講，對中國互聯網的未來展開了富有遠見的觀點陳述，它們被稱為「馬八條」「馬七點」而流傳於輿論圈。他所提出的「連接一切」似乎已成為一條公理，而「互聯網＋」的提法被中央政府的年度工作報告所採用。

馬化騰的七種武器

一位創始型企業家的性格和才能，將最終決定這家企業的所有個性。就如同蘋果從來只屬於賈伯斯一樣，騰訊從氣質和靈魂的意義上，只屬於馬化騰。

在騰訊這個案例上，我們看到了馬化騰團隊所形成的極具個性的核心能力，我將之概括為「馬化騰的七種武器」，它們包括：

第一種武器：產品極簡主義。

由於起始於一個體積極小的IM（Instant Messaging，即時通訊）工具，騰訊從第一天起就天然地具備了「產品」的概念，並且認為「少就是最合適的」「Don't make me think!（別讓我思考!）」「讓功能存在於無形之中」，馬化騰本人是「細節美學」和「白癡主義」的偏執實踐者，這在中國乃至全球互聯網界都是早慧的。在PC時代，它的優勢並不明顯，而進入移動互聯網時代，則成為最具殺傷力的公司哲學。騰訊也是工程師文化與產品經理文化融合的標本。

第二種武器：用戶驅動戰略。

早在2004年，馬化騰就提出，互聯網公司具有三種驅動力，即技術驅動、應用驅動、使用者和服務驅動，騰訊將著力於第三種能力的培養。在相當長的時間裡，騰訊團隊探索並發掘對中國用戶的虛擬消費心理的掌握，他們把「虛擬道具」重新定義為用戶的「情感寄託」。在技術上，騰訊形成

了大數據下的使用者回饋體制，在應用性工具創新方面，提供了諸多中國式的理解。

第三種武器：內部賽馬機制。

在互聯網世界裡幾乎所有創新，都具備顛覆式特徵，它們往往突發於邊緣，從微不足道的市場上浮現出來。身在主流並取得成功的大型公司對之往往難以察覺。在騰訊的18年發展史上，決定其命運的幾次重大產品創新，如QQ秀、QQ空間及微信，都不是最高層調查研究決策的結果，而是來自中基層的自主突破，這一景象得益於馬化騰在內部形成的賽馬機制。

第四種武器：試錯迭代策略。

與以標準化、精確化為特徵的工業經濟相比，互聯網經濟最本質的差異是對一切完美主義的叛逆。「小步、迭代、試錯、快跑」，是所有互聯網公司取得成功的八字祕訣。它要求公司在研發、回饋及迭代上，形成完全不同於製造業的制度構建。在這一方面，騰訊的表現可謂典範。

第五種武器：生態養成模式。

做為全球員工規模最大的互聯網公司之一，騰訊提供了管理超大型企業的中國經驗。馬化騰是進化論和失控理論的擁護者。面對巨大的不確定性，他試圖讓騰訊成為一家邊界模糊的生態組織。他在QQ時代就提出讓互聯網「像水和電一樣融入生活當中」；在2013年前後，他進而提出「連接一切」和「互聯網＋」的理念。在對內、向外的雙重延展中，

騰訊形成了柔性化的組織及競爭模式。

第六種武器：資本整合能力。

騰訊是最早獲得風險投資的中國互聯網公司之一，但是，一直到2011年之後，才真正形成了自己的投資風格。馬化騰和劉熾平將騰訊的開放能力定義為流量和資本，將前者的優勢和戰略構想轉化並放大為後者的動力。騰訊是中國互聯網企業中最大、最激進的戰略型投資者之一。

第七種武器：專注創業初心。

創業於20世紀90年代末的馬化騰，是改革開放之後的知識型創業者。在他的創業初心中，改善財富狀況的需求並不及他對興趣和改造社會的熱情。在18年中，馬化騰幾乎摒棄了所有的公共表演，而一直沉浸於產品本身，這構成了他最鮮明的職業特徵。

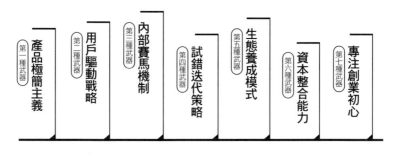

馬化騰的七種武器

兩個互聯網世界：美國與中國的差異

本書記錄了騰訊崛起的經歷，並試圖以互聯網的視角，重新詮釋中國在融入全球化進程中的曲折與獨特性。

如果把互聯網看成一個有血有肉、有靈魂的人，那麼，他的靈魂萌芽於何處？關於這個問題，在不同的國家有不同的解釋，而其答案的迥異，便構成不同的互聯網世界。

在美國，《時代》雜誌曾經刊登過一篇文章，認為今天的個人電腦革命和互聯網之所以成為這樣，乃是繼承了20世紀60年代的嬉皮精神所致。1968年前後，「二戰」之後出生的一代美國青年占領了所有的大學，對富足而平庸的市民社會的厭倦讓他們起而反抗，於是從西海岸開始，爆發了一場以性解放、搖滾樂為主題的嬉皮運動。「不要告訴我世界是怎樣的，告訴我如何創造世界」，康乃爾大學的這句反抗口號風靡了一時。

這場嬉皮運動隨著石油危機的到來，很快畫上了句號。然而，嬉皮的精神卻如幽靈一般難以散去，它長久地在音樂、電影及裝置藝術領域徘徊，而那些吸食過大麻的工程師們則將它帶進了資訊革命的世界，他們渴望用新的、更自由的技術打碎亨利・福特們所鑄造的機器王國。正如深受嬉皮精神影響的賈伯斯所說，「電腦是人類所創造的最非同凡響的工具，它就好比是我們思想的自行車」，自行車是流浪和叛逆的工具，它讓人自由地抵達沒有軌道的目的地。在電腦

的胚胎裡成長起來的互聯網，是一個四處飄揚著自由旗幟的混沌世界。

自互聯網誕生以來，網路世界裡一直崇尚並流行著「自由平等，隨心所欲」的網路文化與精神，其內涵類似於嬉皮文化。從賈伯斯、楊致遠、貝佐斯，到布林、祖克柏、馬斯克，他們並不都是傳統意義上的「美國人」，其中一部分是來自東歐、俄羅斯或台灣的新移民，在這些人的身上無一不流淌著嬉皮的血液，輟學、叛逆、崇尚自由和「不作惡」。

與美國完全不同的是，當互聯網做為一種新的技術被引入中國的時候，這個國家正在變成一個世俗的商業社會。正如一位早年非常活躍的評論家洪波所觀察到的，中國互聯網沒有經過早期的非商業階段，一開始它就是一個資本的舞臺，所以互聯網本身的民主性、非中心性，在中國從來都沒有被廣泛關注過。

在互聯網的幽靈進入中國時，開始於1978年的改革開放即將進入第20個年頭，中產階級文化還是一個方興未艾的新潮流。在20世紀80年代，理想主義曾經如野火般蔓延，可是它很快就熄滅了，年輕人不再關心政治，幾乎所有的精英都投身於經商事業，金錢成為衡量成功和社會價值的唯一標準。在這樣的社會背景下，如精靈般到來的互聯網被純粹看成財富創造的兌付工具和商業發展的手段。在第一代互聯網創業者的手中，被當成「聖經」的著作是艾文‧托佛勒（Alvin Toffler）的《第三波》和尼葛洛龐帝（Nichoals

Negroponte）的《數位革命》，它們所包含的商業樂觀主義與中國社會盛行的達爾文思潮交相輝映，為中國互聯網烙下了難以磨滅的金錢氣質。由嬉皮精神催生出來的互聯網，在中國可謂「魂不附體」。

讓中國互聯網在商業化的道路上愈行愈急的，還有風險投資及那斯達克市場。第一批被國際資本市場認可的中國企業就是互聯網公司，新浪、搜狐等企業從誕生的第一天起，身後就有了風險投資的影子。它們創業後不久便實現了股票上市，緊接著，在「資本鞭子」的抽打和督促下，繼續瘋狂地為擴大利潤而不懈努力。互聯網對它的中國從業者兌現了實現財富的承諾，有兩位年輕人分別在31歲和32歲的時候就成為「中國首富」。在過去的10多年裡，互聯網與房地產是誕生億萬富豪最多的兩個領域，與後者的灰色野蠻相比，前者被認為是「陽光下的財富」。

在商業模式上，中國的互聯網成長史被很多人看成是對矽谷模式的一次長途追隨。就如同思想史上所呈現的景象一樣，東方國家的知識份子和企業家們一直以來面臨這樣的拷問：如何從西方那裡獲得新文明的火種？又如何在行進中掙脫「西方文明中心論」的禁錮。

幾乎每一家中國互聯網企業都是美國的克隆版，都可以在那裡找到原型，但是，幾乎所有成功的企業都在日後找到了完全不同於原版的生存和盈利模式。從QQ對ICQ的克隆，到微信對kik的跟進，騰訊歷史上的戰略性產品都找得

到仿效的影子。而耐人尋味的是，被效仿者很快就銷聲匿跡，而騰訊則據此獲得成功。

本書以眾多的細節對這一事實進行解讀。我們可以看到，中國的互聯網人在反覆應用上和對本國消費者的行為了解上，找到了自己的辦法。在騰訊的案例中，可以看到種種的東西方消費差異，比如美國人願意出錢買一首歌給自己聽，而中國人願意出錢買歌給自己的朋友聽。根據2011年的一份對比報告顯示，中國網民在使用社交媒體方面已全面超越美國網民，他們更喜歡分享，更樂意購買虛擬類道具，對網購的熱情顯然也更大，到了2014年，中國網購業務量占全社會消費品零售總額中的比例已超過美國4個百分點[2]。更重要的是，中國金融行業的長期封閉及懶惰，讓互聯網公司輕易地找到了線上支付和重建金融信用關係的突破口。

因此，無論在網民的絕對人數、活躍度還是在制度性創新等指標上，中國都是一個比美國更令人興奮的商業市場。到了2015年前後，中國互聯網公司在應用性創新上的能力和成就已超過了美國同行；北京、深圳和杭州是三個比矽谷更適合討論互聯網模式的城市。

作者注2：美國調查研究公司Netpop Research 在2011年發布的這份報告顯示，美國13歲及以上年齡的寬頻用戶數量為1.69億，而中國為4.11億，他們平均每天上線4.8小時，而美國為4.2小時。在其他資料方面，中國網民在論壇上發文的比例為4/％，美國為12％，寫微博的比例分別為83％和17％，使用播客的比例為78％和13％，嘗試虛擬世界的比例為14％和3％，評價產品的比例為50％和27％。

如果說美國人總在想如何改變世界，那麼，中國人想得更多的是，如何適應正在改變中的世界，他們更樂意改變自己的生活，這是商業價值觀，廣而言之，更是人生觀的區別，也是很多美國與中國商業故事的不同起點。

如果沒有互聯網，美國也許還是今天的美國，但是中國肯定不是今天的中國。

中國迄今仍然是一個非典型的現代國家，政府掌控著近乎無限的資源，龐大的國有資本集團盤踞在產業的上游，並參與政策的制定。互聯網是罕見的陽光產業，因變革的快速和資源的不確定性，國有資本迄今沒有找到對其進行有效控制和獲取壟斷利益的路徑。互聯網為這個國家帶來了意料之外的商業進步和社會空間的開放，同時也正在造成新的混亂和遭遇更具技巧性的管制。這顯然是一個沒有講完的故事，博弈正在進行，沒有人猜得到它的結局。

就本書的主角而言，對騰訊的種種爭議也還在繼續當中，熱度不減。它變得愈來愈值得期待，也愈來愈令人畏懼。正如比爾‧蓋茲、賈伯斯終生被「開放與封閉」「抄襲與創新」的終極問題所纏繞一樣，馬化騰也仍然陷入這樣的質疑中。中國的互聯網是一個獨立於世界之外的奇特市場，不肯被馴服的Google遭到了驅逐，Facebook的祖克柏儘管學會了一口流利的中文，卻至今不得其門而入。而在中國內部，平台與平台之間的互相封殺與遮罩，已成為熟視無睹的事實。騰訊和馬化騰，以及阿里巴巴和馬雲，正在成長為世

界級的企業和企業家，與此同時，他們所被賦予的公共責任也是一門尚未破題的課程。

它已經很好，但它應該可以更好。

PART 1

創業

第一章
少年：喜歡天文的Pony站長

我看見風暴而激動如大海。

——里爾克（Rainer Maria Rilke，奧地利詩人），《旗幟》

互聯網代表的是一種新文明、新文化，

其特徵是：一、對小的事物特別崇拜；

二、地下經濟，不遵守規則；

三、對權威健康的不尊重⋯⋯

預見未來最好的辦法就是把它創造出來。

——尼葛洛龐帝（美國新媒體教授），《數位革命》

看見了哈雷彗星的少年

1986年4月11日，時隔76年之後，哈雷彗星拖著絢爛而神祕的長尾巴，準時地重新出現在地球的上空。在那個早春之夜，世界各地無數少年都仰望著星空。

在中國南部的新興海濱城市深圳，一個叫馬化騰的15歲初三學生，宣稱他是全校第一個看見了哈雷彗星的人。「它出現在北斗星的西南，並沒有想像中那麼亮，肉眼不太容易找到。」很多年後，他這樣對我說。馬化騰當時是深圳中學天文社的成員，這也是他唯一參加的課外社團。

馬同學之所以能夠找到哈雷彗星，除了他對天文有特別的愛好之外，還有另外的原因：他有比其他同學更高級的「武器」。就在14歲生日的時候，他向家裡索討一台準專業級、80mm口徑的天文望遠鏡，那要花他父親將近4個月的工資。「他當時非要不可。我們不肯買，太貴了，要700多元，他就寫日記，說我們扼殺了一個科學家的夢想。他媽媽有一天翻他的書包讀到了這篇日記，我倆商量了一下，還是給他買了。」父親馬陳術日後回憶說。

在找到哈雷彗星之後，馬化騰拍下了照片，還興奮地寫了一篇觀測報告，投寄到北京，結果獲得觀測比賽的三等獎，得到了40元的獎金，這是馬化騰賺到的第一筆錢。從此之後，他對天文的愛好就一直延續至今，他告訴我，「唯一一本從中學開始就一直訂閱到現在的雜誌是《天文愛好

者》」。2004年，董事會同事送給他的生日禮物，便是一架精美的望遠鏡模型。

彗星俗稱「掃把星」，為怪異之物。早在西元前613年，《春秋》一書就有記載「有星孛入於北斗」，這是人類首次關於哈雷彗星的確切記錄。在漢族乃至其他很多民族的預言中，哈雷彗星出現在星群的外陰之間，預示著秩序重構的時期即將到來。

馬化騰這一代的中國人成長在一個緊張而劇烈變動的時代。

1971年10月29日，他出生在海南島東方市八所港，父母是八所港港務局的職員。在戶口名簿的籍貫一欄，按慣例隨父親填的是「廣東省潮陽縣（舊稱）」。他有一個年長4歲的姐姐。

就在馬化騰出生前的一個月，1971年9月13日，林彪及其妻子叛國出逃，在蒙古墜機身亡。這一醜聞在中國當代政治史上是一個轉折性的事件，它幾乎預示著一個封閉時代即將落幕。一年後，中華人民共和國與美利堅合眾國的外交關係開始走向正常化，這兩個分別代表了古老東方和新興西方的超級大國結束了長達22年之久的敵對狀態。馬化騰5歲的時候，1976年9月9日，毛澤東離開了世界；又過了兩年，74歲的鄧小平獲得實際的領導權，由此拉開了改革開放的帷幕。

為了吸引外資，務實的鄧小平選中遠離北京、有開放傳

統的廣東省做為對外開放的前沿視窗。1979年1月，寶安縣
（舊稱）南頭半島最南端、與香港隔岸相望的1000多畝荒地
被選定為第一個可以進行招商引資的工業區，這便是日後名
聲顯赫的蛇口工業區。同年3月，寶安縣改名為深圳市。
1980年8月，深圳、珠海、汕頭和廈門被國務院確立為四大
特區，在各種優惠政策的刺激之下，大量的國家投資和國際
資本被引導到這些南方地區。經濟復甦的發動機就這樣被強
行啟動了起來，整個社會在半推半就中走向開放。

　　馬化騰的童年是在八所港渡過的，那裡是海南島的最西
端，居民以苗族為主。馬化騰至今還記得小城裡有很多臉上
刺了刺青的苗人，他們背著碩大的竹籮，默默地蹲在滴雨的
屋簷下。一個人的童年最容易被遙不可及的神祕所吸引，南
中國海的海港夜空特別清澈深邃，繁星如織，總能勾起人們
無窮的好奇和想像，使人們深感自身的渺小。

　　為了培養兒子的科學興趣，馬家訂閱了《我們愛科學》
等科普雜誌。小學四年級的時候，馬化騰在其中讀到一篇講
述如何用各種鏡片製作天文望遠鏡的文章，就纏著媽媽買了
一套鏡片回來，動手做了一台簡陋的望遠鏡，這或許是他人
生中的第一個作品。

　　望遠鏡的特點是：焦距愈大，視野愈小，望得愈遠。面
對遠處的未知迷霧，人們很難擺脫短視的襲擾，而只有把焦
距拉大，並將視線聚焦於一點，方可能稍稍看清真相的某一
部分。很多年後，我與馬化騰聊起他的這個愛好，他突然

說：「互聯網是不是很像一個不確定的、正在爆炸的星系？」

馬化騰和三個中學同學

馬化騰家族所屬的潮汕人，在中國的商幫譜系中是十分特別的一支。

潮汕地處東南，遠離中原，地狹田少，漁耕為生，民眾自古有遠航謀生的傳統，是少有的海洋性部族。在唐宋時期，潮汕人就是南洋一帶最活躍的貿易集團，也是最早接受基督教的漢族人之一。明清時期，朝廷採取禁海政策，潮汕人迫於生計，仍然冒險出洋，《清稗類鈔》記述：「潮人善經商，竇空之子，隻身出洋，皮枕氈衾以外無長物。受雇數年，稍稍謀獨立之業，再越數年，幾無不作海外鉅賈矣。」與中原的晉商、徽商相比，潮汕商幫的官商意識比較淡薄，「重商輕文，重男輕女」是鮮明個性。進入近代，潮汕人在香港和東南亞一帶形成了很大的商業勢力，出了不少潮汕籍富豪，最出名者當屬華人首富李嘉誠。

1984年，13歲的馬化騰隨父母從海南島遷居到了深圳。

此時的深圳已赫然成為中國最受關注，也最具爭議的標竿城市。這年年初，鄧小平悄然視察了深圳，並題詞：「深圳的發展和經驗證明，我們建立經濟特區的政策是正確的。」10月，北京舉行新中國成立35週年的盛大閱兵儀式，各省區市均裝飾了一輛彩車參與檢閱，當深圳市的彩車緩緩經過天

安門廣場的時候，上面的兩行大字讓很多中國人覺得非常刺眼和不可思議——「時間就是金錢，效率就是生命」。這句話原本出自蛇口工業區政府門口的一塊標語牌，後來，它被定義為深圳這座城市的精神。在中國人的歷史上，這是第一次將時間與金錢如此赤裸裸地畫上等號。它既違背了兩千年來的儒家傳統，又與改革開放前的意識型態背道而馳。它以如此充滿儀式感的方式呈現在全國人民面前，宣示了一個陌生而新鮮、可以用物質來量化一切的時代正式來臨。

對於少年馬化騰來說，無論是中國的經濟復興、深圳的崛起，或是潮汕族群的商脈，都是包裹在其生命外部的記憶，它們將慢慢滲透進這個人的軀體和靈魂內，最終構造成一個獨特的命運體。

馬化騰是初二時轉入深圳中學的。那時的他個子只有一米四十一，在13歲的孩子中算是矮小的，所以坐在班級的第一排。同排有一位同學叫許晨曄，也是隨在教育系統工作的父母剛剛從天津遷來的。

那年，受鄧小平南方談話的感召，從全國各地來了很多新移民，深圳中學一年級原本只招八個班的學生，後來不得不擴招了兩個班。這兩個班的學生講的大多是普通話，而前八個班講的則是廣東話，他們自稱為「白話」，在那裡還有騰訊的另外兩位創始人：張志東和陳一丹。張志東是土生土長的當地人，而陳一丹一家1981年就來到了深圳，父親是廣東省汕頭市田心鎮人，後來成為一家銀行的支行行長。

馬化騰在初中時的成績一直在前三名。許晨曄、張志東和陳一丹這些人都學「奧林匹克數學」，只有馬化騰參加的是天文社。進入高中後，馬化騰、許晨曄和陳一丹被分在了一個班裡。到了高二，學校又分了一次班，馬化騰和許晨曄還在一起，陳一丹則跟張志東在另一個班。

陳一丹回憶那時與馬化騰的交往：在高中時，他們一起背圓周率，相互比賽。下課時，他們就在走廊上面對面地站定，開始輪流背，今天你比我多背兩位，明天我比你多背兩位，後來大家都能背到小數點後100位。他們還曾經一起集過郵，互相幫著買郵票。

高佳玲是馬化騰的高中班主任，在這位數學老師的記憶中，馬化騰是一位學習很認真的乖學生：「與同學關係很好，很會團結人，沒有曠過一次課，作業本總是很整潔的樣子。不過，更深的印象就沒有了。」

到了高中，馬化騰的個子突然躥了起來，很多年後，許晨曄說起這事還有點憤憤不平：「他原來跟我一排的，後來愈長愈高，愈坐愈靠後。」隔壁班級的張志東則長成了一個碩壯的小男生，同學們給他取了一個「冬瓜」的外號。

馬化騰和他的世代是被焦慮統治的一代，他們的人生與國家一樣，一直發育在一個巨大的、「不確定的繁榮」之中。在他的中學時期，校園裡最流行的一個詞語是「時不我待」，老師們皆以無比急切的口吻告誡年輕人，如今是百年一遇的大時代，機會就像河流裡的泥鰍，處處可見，但是都

不易抓獲。

大學機房裡的病毒高手

1989年，是馬化騰考大學的那一年。那年6月的中國發生了一場政治風波。高考在7月7日至9日如期舉行，但是空氣裡彌漫著焦躁不安的氣息，幾乎所有的家長都希望孩子能留在自己身邊。所以那年，深圳高考考生的第一志願大多填的是深圳大學。馬化騰的高考分數是739分（滿分900分），高出重點線100多分，按這個成績本可以進北京的清華大學或上海的復旦大學。

因為深圳大學沒有馬化騰最感興趣的天文系，所以，他退而求其次，進入了電子工程系的電腦專業。與他一起進這個專業的還有許晨曄和張志東。許晨曄還跟他分在了同一個寢室。這個班共有36名學生，除了一個保送生，張志東的考分最高，馬化騰的成績則排第三。

據講授電腦組合語言課程的胡慶彬老師回憶：「馬化騰這一屆是深圳大學歷史上最優秀的一屆，學生來源特別好。他們這一個班，沒有人被當掉過，這在深圳大學之前、之後都再也沒有出現過。馬化騰等人很優秀，基礎好，後來做出這樣的事業，我一點都不驚訝。就是不創辦騰訊，他們也會成為很優秀的人才。」

黃順珍是馬化騰的大學班主任，講授的課程是電腦作業

系統，從留存至今的成績單上可知，馬化騰那門課的考試成績是86分，黃老師給了總評88分，而張志東的總評是全班最高的92分。黃順珍講述了兩個細節：「做為班主任，我每週要到宿舍巡視一次，每次去，都會看到馬化騰在看書或者做電腦操作。他和張志東等一些同學的家庭條件好，都自己配了電腦。而其他人都在聚堆聊天或者做其他的事。有一次，馬化騰交上機實驗報告，在寫自己名字時，搞了一點小創意，他用軟體為自己的「馬」姓設計了一個奔騰形狀的字體，看上去很漂亮，然後又在後面手寫了「化騰」兩個字。理工科學生很少有這樣的創意，這讓我直到現在都印象很深。」

與馬化騰同一個寢室的許晨曄回憶說：「那個時候我跟他在一起，平時就是背英文單字，早上一起跑步，繞校園跑一圈。有一段時間，他還突然對氣功發生過興趣。」

深圳大學是一所1983年才成立的大學，幾乎沒有什麼傳統，它坐落在南山半島，校園裡種植了大量荔枝樹，所以也被稱為「荔園」。那時，校園外是農田和幾座錯落築建的農舍。馬化騰和許晨曄在跑步的時候一定不會料到，20多年後，他們能有機會在校園北面建一座39層高的騰訊大廈，從位於頂層的辦公室可以日日俯瞰校園，追憶已經逝去的青春。

他們的另外一個同學陳一丹則考進了化學系。在大學期間，陳一丹變得非常活躍，他競選上了化學系的學生會主

席，還是全校學生會委員會副主任。畢業典禮上，他被選為畢業生代表發言。「他講得很激昂，好像畢業就是上前線一樣。」馬化騰說。

從大學二年級開始，馬化騰把很多精力花在了C語言的學習上。這是1972年由美國的丹尼斯・里奇（Dennis Ritchie）設計發明的高級程式設計語言，它具有繪圖能力強、可攜性等優勢，並具備了很強的資料處理能力，是世界上最流行、使用最廣泛的程式設計語言之一。在作業系統和系統使用程式以及需要對硬體進行操作的場合，C語言明顯優於其他高階語言。馬化騰日後對我說：「我們最終是靠C打天下的。」他還說：「在技術上，我的演算法不是太強，那需要數學很強的人才可以。但是我應用方面比較強，我知道如何把一個產品實現出來。」相對於馬化騰，他的同班同學、「冬瓜」張志東則更精於演算法。

馬化騰在電腦上的天分，很快就顯現了出來。

在大學裡，對於所有學習程式設計的年輕人來說，公共電腦機房是較量技術的不二賽場。他們常常在一台電腦裡編寫一個病毒程式，將硬碟鎖死，令別人無法啟動，而自己則可以任意地打開，或者，有另外一個高手能夠破譯出別人設計的程式，這無疑是一件很酷的事情。在同學們的記憶中，馬化騰是一個編寫病毒程式的高手：「他經常把機房電腦的硬碟鎖死，連管理員都打不開。後來只要一發生這樣的情況，馬化騰肯定是第一個被叫過去的『嫌疑犯』。」

除了C語言程式設計之外，馬化騰在技術上的另外一個強項是圖形化介面的程式編寫。

當時的電腦採用的是DOS程式，微軟的Windows還沒有進入中國，馬化騰能夠在DOS系統下做出類似Windows的圖形化介面。「當時國內還很少有人做這樣的嘗試，我在書上找到一些基本元素，然後在上面不斷搭建，形成了自己的圖形化介面技術。」

到了大學四年級，學生們要到一家企業去畢業實習。馬化騰去的是深圳黎明電腦網路有限公司，這是當時中國南方技術水準最高的電腦公司。它創辦於1990年，是中國第一家以「電腦網路」命名的企業。在中國網路發展史上，它擁有4項顯赫的紀錄：最早的電腦網路通訊系統集成公司、最早應用數位資料網路和框架轉送技術的公司、最早在非同步傳輸網路上實現圖像、語音和資料綜合傳輸應用的公司，以及中國證券電腦網路的首創者。它曾經是中國最大的電腦網路設計和主要建設單位，上海、深圳兩個證券交易所的電腦自動撮合網路交易系統便是由其設計完成的。20世紀90年代中期，中國的股票市場如火如荼，成了「財富聚變」的巨大遊戲場，黎明網路公司也因此賺得盆滿缽滿。

在這裡，22歲的馬化騰做出了他生平第一個真正意義上的產品。

這是一個圖形化介面的股票行情分析系統，馬化騰加入了技術分析、函數演算法，甚至還自帶了一套漢字輸入法。

他把自己在C語言和圖形化介面上的特長統統發揮了出來。為了分析股票買賣雙方的心理博弈過程，他還去學習了神經元的知識，以期能預測出股票未來的走向。這是一個看上去非常實用的股票分析軟體，使用者可以看到股票行情的波動情況，並進行波段分析。

在當時的股票熱潮中，全國出現了難以計數的炒股軟體，它們都宣稱自己是看得見未來的「水晶球」，馬化騰的產品正是其中之一。不過，由於他採用了非常獨特且圖形化的設計，所以，即便是在程式師雲集的黎明網路公司，仍然讓人眼前一亮。公司找到這位實習生，提出要購買他的這套軟體。馬化騰咬咬牙，小心翼翼地開出了5萬元的價格，這相當於當時大學畢業生3年的薪水，沒想到，對方沒有還價就一口答應了。

就這樣，馬化騰的大學生涯在一款軟體的交易中結束了。這4年，他沒有擔任過任何學生幹部的工作，也沒有競選過任何的協會職務。在芸芸的學生中，他只是一個長相英俊、沉默安靜、偶爾喜歡在電腦機房裡搗搗蛋的理科乖乖生。沒有任何跡象表明，他在管理和公共事務的處理上有出眾的才能。

潤迅公司裡的「小馬」

1993年9月，馬化騰和他的同學們各奔東西。

張志東考到了廣州的華南理工大學研究所，他將在那裡繼續埋頭磨礪自己的演算法技術。許晨曄先是工作了半年，然後到南京大學就讀電腦應用研究所，畢業後進入深圳電信資料通信局工作。陳一丹則被分配進了深圳出入境檢驗檢疫局，同時在職攻讀南京大學法學院經濟法碩士。馬化騰則到深圳潤迅通信集團有限公司當一名軟體工程師。

　　馬化騰的求職經歷很簡單：1993年3月的一天，在黎明網路公司實習時，他到華強北的一家電腦書店找書，正巧碰到一位無線電專業的同學，他已被潤迅錄用。這位同學告訴馬化騰，潤迅正在招募軟體工程師，可以去試一下。馬化騰就過去了，他向招聘的人展示了自己設計的股票行情分析系統，第二天就被通知錄用了。

　　當時，潤迅是一家創辦才一年的新企業，不過卻處在一個爆發性增長的行業——尋呼台服務中。尋呼機（編注：台灣稱為呼叫器，又俗稱為BB. Call）就是無線尋呼系統中的被叫使用者接收機，收到信號後發出音響或產生震動，並顯示有關資訊。它體積很小，可別於腰間。尋呼機進入中國是在1983年，到了1990年前後，幾乎到了「人腰一機」的地步。它的風靡意味著當時的中國實際已經進入了即時通訊的時代。在相當長的時間裡，尋呼台的服務費一直居高不下，入網費100元，數位機一年的服務費是180元，漢字機一年是600元。這是一個極其暴利的行業。

　　在1990年之前，尋呼行業幾乎被國有電信公司壟斷，後

來才漸漸向私人開放。潤迅的兩位創辦人都有很深厚的電信從業背景。他們先是創造性地推出了內地與香港的跨境尋呼業務，很快在深圳市場上站穩了腳；之後又率先推出全國衛星聯網、祕書台等一系列服務，公司迅速成長為中國南方最大的尋呼台服務企業。極盛時，公司還在香港聯交所上市，並進入恒生指數，年營業額曾高達20億元，毛利超過30％。

馬化騰在這家傳奇性的企業裡一直工作到1998年年底，見證了它興衰的全部過程。他剛入職的時候，在研發部門寫尋呼系統的軟體程式，月薪為1100元；後來轉到業務部門，參與各地的尋呼台建設，從尋呼系統的開發到發射器安裝，負責軟體編寫和網路實現，月薪也漸漸漲到了8000多元。

在等級森嚴的潤迅，馬化騰做到的最高職務是主管，在他的上面有執行董事、總經理、副總經理、部門副總裁、總監、高級經理、經理和高級主管。同事們對他的印象都非常淡薄，並管他叫「小馬」，而且只是數以百計的「小馬」中的一位。

當然，這只是事實的一部分。在另外一個虛擬的世界裡，生活著一個不安分守己且野心勃勃的馬化騰。

剛畢業時，馬化騰曾想到華強北去創業，最早的想法是幫客戶裝機。當時，中國有兩大電腦配件的集散地，北方是北京的中關村，南方就是深圳的華強北。馬化騰動手組裝過從8086、286、386到486等早期所有世代的電腦，按工價，裝一台電腦可以賺50塊錢，一天裝兩台，收入已高過潤迅的

工資。不過，他很快打消了這個念頭：「因為我發現，在華強北裝機的都是從農村來的初中生，他們對配件的行情比你熟得多，手腳也勤快，『打』不過他們。」

後來，他又和幾位朋友開發了一套股票行情的接收系統，「就是用尋呼機接收電波裡的股票行情，接收下來後，用單板機實現轉碼，通過串列口接到電腦上去」。馬化騰把它命名為「股霸卡」，拿到華強北市場上去賣，一開始的價格是8000元，後來降到6000元，再後來是4000元，「成本是1000元，賣掉了幾十套」。賺了一點錢後，這個生意也不了了之。

直到1994年年底，馬化騰突然被一個叫惠多網的新東西給徹底吸引了。

惠多網裡的馬站長

惠多網，英文原名為FidoNet，有時候又被翻譯成「會多網」，1984年誕生於美國，是一種BBS（電子布告欄）建站程式，通過電話線連接，以點對點的方式轉發信件，是技術愛好者自行搭建的一個替代性的通訊網路。與後來的互聯網不同，惠多網不支持線上交流，而且一根電話線只能一個人用，使用者把內容傳上去後要趕快下來，否則別人就上不去了。

1991年，在北京定居的台灣人羅依開通了惠多網在中國

的第一個網站——「長城」站，在中國的FidoNet站群便被叫作CFido。一開始，上惠多網的幾乎都是從海外撥長途回國的中國留學生，漸漸地，國內的技術愛好者也找到了這裡，他們中的一些超級發燒友分別在各個城市開設了自己的網站，這些網站聯成一張網，成為中國第一代網民的搖籃。

馬化騰是通過瑞星知道有這麼個新東西的。「瑞星是做防毒軟體的，它有一個電子布告欄，可以用數據機（modem）撥號上去，下載更新的軟體，我就是在那裡了解到了惠多網。」馬化騰很快就被惠多網深深地吸引了，以至於一發而不可收拾。「它實在太奇妙了，通過數據機撥號上去後，就會出現一個人機界面，有功能表和討論區，你在那裡可以遇見天南地北的、跟你一樣的人，我們從未見過面，但是卻可以互相展示最新寫的軟體，交換加密解密的心得，也可以傾訴對程式人生的感悟。」

2011年5月，已經是騰訊董事局主席的馬化騰以「15年的老站長」身分參加第六屆中國互聯網站長年會，回憶起第一次登錄惠多網時的心情，仍然難掩激情：「那時候，我們所有電腦軟體程式設計人員都以為所有的程式設計是在本地進行的。第一次通過遠端的月台，看到螢幕上吐出文字的時候，非常激動，感覺像是開啟了一扇新的大門一樣，我覺得這是當時網路的開端。」

在玩了將近半年後，正在興頭上的馬化騰決定自己搞一個網站。1995年2月，他開通了惠多網的深圳站，起名為

ponysoft，Pony是馬化騰的英文名，中文翻譯為「小馬駒」，這個站也被叫做「馬站」，它的編號是655/101，655是中國區的區號，101則是「馬站」的站號。

「馬站」創辦的時候，中國的惠多網站點總共不到10個，其中北京有兩個，南京、上海和廣州各一個，活躍用戶總計100人左右，其中便包括了很多日後在中國互聯網史上赫赫有名的人物。在這些網站中，「馬站」也許是最為豪華的一個：馬化騰在家裡拉了4條電話線，配備了8台電腦，也就是說，可以同時接受4位用戶的傳送申請。當時，中國的電話初裝費非常昂貴，一台約需8000元。馬化騰的姐姐在電話公司上班，申請了半價優惠，但設備添置和使用費還是花了馬化騰將近5萬元，相當於把出售股票行情軟體的全部收入都投了進去。

從買700元的望遠鏡到花5萬元建惠多網站，隱約可以讀出馬化騰的某些天性：這位看上去文靜柔弱的南方書生其實有一種敢於捨得並冒險投入的決絕稟賦，它來自於潮汕人的傳統天性。

「馬站」的創建讓馬化騰的生活頓時變得忙碌和豐富了起來。他的母親黃慧卿回憶說：「那兩年，他沒日沒夜地泡在網上，收信、回覆，忙得不亦樂乎。有時候要出差，就寫一張紙條給我，教我一旦有網友打電話來說網路不通，就按照紙條上的步驟排除故障。」

那一年，馬化騰還兼任了《計算機世界報》在深圳的通

訊員，他寫了一篇報導〈BBS與惠多網〉，簡單地描述了惠多網在中國的發展現狀，還把中國11個網站的地址和電話號碼給公布了。在馬化騰等人的推動下，惠多網的網站愈來愈多：1996年年初，求伯君在珠海架起了「西線」網站；同年5月，雷軍在北京創建了「西點」網站。

在現實生活中不喜交際、羞於表達的馬化騰在虛擬世界裡卻是一個十分活躍的人。一位叫李宗樺的惠多網網友回憶說：「他在網上簡直就是一個話癆，總是喋喋不休地跟你反復討論一個技術問題。他重視每一個馬站用戶的意見，會不斷地寫郵件，從不厭煩。」

騰訊的高級副總裁、「微信之父」張小龍比馬化騰出名還要早，他因獨立寫出Foxmail（1997年1月問世）而被看成南方最好的程式設計員。他對我回憶了第一次知道馬化騰的細節：「有一次，我突然收到一位用戶的郵件，對Foxmail的設計提出了一個疑問，這是一個非常細微的錯誤，外部人很難觀察到。我有些吃驚，他說他叫Pony，在經營一個網站。」

馬化騰日後被稱為「中國第一產品經理」，他的產品意識以及對使用者體驗的理解，最早都是在「馬站」時期形成的。

中國的第一批互聯網人

令馬化騰沉迷其中的惠多網，還不是真正意義上的互聯

網，它只是資訊化革命早期的一種雛形，顯然沒有成為主流模式，洶湧的潮流只是在這裡轉了一個彎，然後以更兇猛的態勢向陌生的方向沖刷而去。一切堅硬的都將煙消雲散。

就在馬化騰接觸惠多網的1994年，在遙遠的美國，兩位天才少年用無畏的牙齒咬破了網路經濟的堅硬「蛋殼」。

28.8K的高速數據機被研製了出來，它可以每秒鐘傳輸3KB檔，與馬化騰同樣出生於1971年的馬克・安德森（Marc Andreessen）開發出UNIX版的Mosaic網路流覽器，與此同時，個人電腦的Windows系統也日趨成熟，這些技術上的重大突破已足以引爆一場網路革命。

就在1994年4月，史丹佛大學的華裔學生楊致遠發明了最早的網站搜尋軟體，他放棄即將獲得的博士學位，在一個拖車裡建立了雅虎公司，英文名為「Yahoo！」。一個前所未見的網路商業時代到來了。同年9月，麻省理工學院的新媒體研究教授尼葛洛龐帝寫出了《數位革命》，在這本讓他名聞天下的著作中，他大膽地提出「整個社會建構的基本要素將發生變化」「計算不再只和電腦有關，它決定我們的生存」的觀點。他認為，隨著互聯網技術的成熟，物質性的世界突然向虛擬性轉向，通過電子流的方式，知識、資訊及商品製造與銷售將可能實現與以往完全不同的存在方式。

從1995年到1996年，互聯網世界進入了一個令人炫目的地震期。

1995年5月，美國公司Sun Microsystems開發了Java程式

技術，萬維網的圖像語音性能得到了大幅提高。同年8月9日，由馬克·安德森參與創建的網景通信公司在那斯達克上市，發行價為每股28美元，當日收盤價便達每股58.5美元，市值達到27億美元。《華爾街日報》評論說，通用公司花了43年才達到的目標，網景只花了「大約1分鐘」。網景在流覽器市場的表現嚴重威脅到了微軟的地位。

1996年4月12日，楊致遠的雅虎在那斯達克上市，一日之內，股價從13美元暴漲到43美元，一躍成為市值高達8.5億美元的新巨人。雅虎確立了一種基於搜尋的門戶網站模式，它深遠地影響了互聯網的技術和商業應用走向。

在東方，無論是馬克·安德森、楊致遠的崛起，還是尼葛洛龐帝的預言，聽上去都是那麼遙不可及。不過，對互聯網經濟的嘗試還是悄然地起步了，中國與世界的距離近到了呼吸相聞的地步。

1994年5月15日，中國科學院高能物理研究所設立了中國第一個Web伺服器，推出中國第一套網頁，內容除了介紹中國高科技發展外，還有一個欄目叫「Tour in China」。同年9月，中國郵電部電信總局與美國商務部簽訂中美雙方關於國際互聯網的協定。協議中規定電信總局將通過美國Sprint公司開通兩條64K專線，一條在北京，另一條在上海。中國公用電腦互聯網的建設由此開始啟動。

這些在當時看來一點都不起眼的舉措，日後都被視為具有「創世紀」般的意義，它們意味著一種比惠多網更有技術

和商業前景的網路模式正在出現。

1995年4月，馬化騰在深圳接待了一位叫丁磊的浙江寧波人。丁磊的身材與馬化騰差不多，都有一米八左右，更巧的是，他們都出生於1971年的10月。與馬化騰的俊秀長相不同，丁磊有一雙滑鼠般靈活的小眼睛，生著一張玩世不恭的臉。

做為惠多網深圳站的站長，馬化騰有義務接待南漂到深圳的惠多網網友。而此時的丁磊正是一位迷茫的無業青年。他畢業於成都電子科技大學，主修微波通信專業，輔修電腦。這是一位對電腦有狂熱愛好和超人直覺力的技術天才，而且從一開始就打算辦一家屬於自己的電腦企業。在大學同學錄上，有同學給他留言，「希望丁磊早日實現擁有自己的電腦公司的願望」。大學畢業後，丁磊回到家鄉寧波的電信局當一名工程師，在機房裡，他成為惠多網最早期的前100名用戶之一。與馬化騰不同，他沒有開一個自己的網站，而是利用電信局免費的線路資源，成為一個「中繼器」，幫助各地的網友交換信包。也正是在那時，他知道了深圳的馬化騰。

到1995年的春天，丁磊終於再也無法忍受平淡而乏味的生活，他決定「開除自己」。這一想法遭到家人的強烈反對，但他去意已決，「這是我第一次開除自己，但有沒有勇氣邁出這一步，將是人生成敗的一個分水嶺」。他孤身一人跑到熱浪滾滾的南方，到處亂逛，拜訪了幾位網上已十分熟

稳、卻從未見過面的網友，他想看看他們到底長什麼樣子，有什麼稀奇的想法。在深圳，他遇到了同樣焦躁而找不到方向的小馬站長。這年5月，丁磊加盟了一家美國資料庫軟體公司Sybase的廣州分公司，成為一名技術支援工程師。

正當技術員出身的馬化騰與丁磊在南方茫然對望的時候，一些看上去與資訊產業毫無專業關係的人手忙腳亂地踢開了一片新天地。

就在那年4月，一個叫馬雲的31歲大學外語教師在浙江杭州創辦了「中國黃頁」網站，它於5月正式上線，自稱是第一家網上中文商業資訊網站。馬雲想要創造一個面向企業服務的互聯網商業模式，賺錢的方法是鼓動企業把自己的商業資訊掛到網上。

5月，學應用化學出身的張樹新與丈夫在北京創立瀛海威公司，她的「瀛海威時空」宣稱是中國唯一立足大眾資訊服務、面向普通家庭開放的網路，「進入瀛海威時空，你可以閱讀電子報紙，到網咖和不能見面的朋友交談，到網路論壇中暢所欲言，還可以隨時到國際互聯網路上走一遭」。在中國互聯網的青蔥時期，瀛海威扮演了一個啟蒙者和領跑者的角色，它是第一個形成公眾品牌效應的網路公司。張樹新在中關村白頤路（現稱中關村大街）南端的街角處，豎起了中國互聯網產業的第一塊看板：「中國人離資訊公路有多遠——向北1500米」，它被很多人當成了路標。

7月，已經拿到麻省理工學院物理學博士學位的張朝陽

碰到同校的尼葛洛龐帝，一下子被互聯網迷住了。他決定放棄當一個「李政道式的物理學家」的理想，投身於更讓人激動的「數位化生存」。在尼葛洛龐帝的協助下，張朝陽獲得了100萬美元的融資，並於這年年底回到北京，準備做一個叫中國線上（China Online）的網路事業。

日後證明，馬雲等人走在了一條正確的道路上，儘管他們將遭遇種種挫折，而且並不是每個人都走到了成功的終點。

進入1996年之後，隨著華裔青年楊致遠在美國的巨大成功，雅虎模式成為中國互聯網創業者們競相模仿的對象。

就在雅虎上市的一個月後，1996年5月，發明了「中文之星」漢字輸入法的王志東開通了四通利方網站（www.srsnet.com）。而一直為找不到網站模式而苦惱的張朝陽則決定完全照搬雅虎，請人開發中文搜尋引擎，取名「搜狐」，像極了雅虎的「表兄弟」。

「我們一起辦一家企業吧」

從1996年的下半年開始，內秀喜靜、一向與同學走動不多的馬化騰經常跟張志東泡在一起。

在幾位騰訊創始人中，張志東是唯一的寶安本地人，自稱「土著」。張家祖輩在農村耕讀，到他出生的時候，家裡還有一畝多田，種點花生和甘蔗，「那時候的深圳就是幾個

小漁村，很貧窮，也很安靜，我們天天赤腳在沙地上比賽滾自行車圈或甩煙片」。他的父親是家裡第一個大學生，考上了清華大學，讀的是工程物理，畢業後，先是分在武漢，後來調回廣州。他的母親是一位教師，生下了三個孩子，前兩個是兒子，第三個是女兒。張志東排行第二，上有兄，下有妹，是一個從小就被呵護大的孩子。騰訊最早招進來的程式師之一的李海翔曾在張志東家借住過兩個月，他「揭發」說：「張志東不但不會燒飯，連家裡的洗衣機也不會用，衣服都是妹妹幫著洗。有一回，他妹妹出去旅遊，我們兩個像流浪漢一樣過了好幾天。」張志東的父親一直想把一家人從鄉下調進廣州城，卻沒有辦成，後來索性也就回到了家鄉。

大學時期，張志東與馬化騰同班，不過關係卻不太密切。「我跟他不是一個寢室的，他在701，我在725，在樓道裡隔幾間房間。」回憶那時的馬化騰，張志東的印象是：「他的毅力挺好的，早上經常繞著學校跑一圈，應該跑了滿長時間的，我也跑了一陣，後來沒堅持住。」張志東不喜歡運動，他癡迷圍棋和象棋。

本科畢業後，張志東到華南理工大學讀研究所，那是中國南部最好的工科大學。在幾個創始人中，張志東的電腦演算法技術是最好的。他個子不高，外表憨實，甚至有些木訥，與「冬瓜」這個綽號很吻合。他總是微笑，不過內心卻堅毅、敏感。也許是家境稍好的原因，張志東從小對物質沒有太多要求，即便在騰訊上市、成為億萬富豪之後，他在很

長的時間裡開的仍是一輛並不奢華的寶來轎車。

1996年9月，讀完研究所後，張志東回到深圳，進入了馬化騰曾經實習過的黎明網路公司。他被分在一個專門為電信企業服務的專案小組裡，負責一家尋呼台的網路服務。就是在那時，他遇到了三年沒有聯繫的同班同學馬化騰。

這是一個十分戲劇性的情景：張志東發現這家公司的一台伺服器經常莫名其妙地當機，經過分析，應該是有駭客入侵。他通過一些異常的訪問日誌調查來源，很快追索到了IP位址來自羅湖區的潤迅公司。在記憶中，他唯一認識的潤迅人就只有馬化騰，而這位同學在大學時就是機房裡出了名的病毒高手。於是，他拎起電話就撥給了馬化騰。

「這是你幹的事吧？」他用不疾不徐的語氣直接問。

電話那頭傳來的是一陣熟悉的呵呵笑聲：「我就是來試試你的水準。」

馬化騰提出見面，約的地點是在黎明網路公司附近的名典咖啡館，這是華強北一帶非常出名的程式師聚集地，燈光昏暗，人聲鼎沸，來自天南地北的年輕人在那裡密謀著他們青澀的夢想。就這樣，老同學又走到了一起，在後來的一年多裡，他們經常在週末見面、聊天，發生在互聯網世界裡的種種新聞讓他們嗅到了暴風雨即將來襲的氣息，他們像海邊的兩根蘆葦一樣興奮不已。

對於此時的馬化騰來說，儘管北方的張樹新、王志東以及張朝陽等人的動靜讓他頗為羨慕，可是真正刺激到他的，

卻是不久前剛剛接待過的惠多網網友、那位來自寧波的同齡人。

丁磊在Sybase上班一年後，又跳槽到了一家叫飛捷的互聯網服務提供者（ISP），他在那裡用火鳥程式搭了一個基於公眾互聯網的BBS系統，從此告別了相對小眾的惠多網，也告別了馬化騰。在這時，他留意到了一項互聯網的新動向：1996年7月，美國人傑克・史密斯（Jack Smith）推出了免費電子郵件系統Hotmail；一年後，比爾・蓋茲以4億美元將之收購，並把它運行於微軟的Windows平台上。丁磊敏銳地意識到，電子信箱將是一個前途無量的互聯網基礎服務。他拿出全部的50萬元積蓄，悄悄註冊成立了僅有三名員工的網易公司，然後與華南理工大學的二年級學生陳磊華一起，開發出了第一款中文免費電子信箱系統。

這個發明讓丁磊成了中國互聯網產業第一個真正賺到真金白銀的創業者，他把這個信箱系統以119萬元的價格賣給了廣州電信旗下的飛華網，之後，全國各地電信公司開辦的網站（當時大多叫「資訊港」，比如北京資訊港、成都資訊港）紛紛向他採購。丁磊憑藉每套售價10萬美元，很快成了一個聲名鵲起的百萬富翁。

丁磊的故事讓小馬站長再也坐不住了，他對我回憶說：「我在潤迅的時候也曾想到要開發郵箱系統，但是晚了，也沒有人支援我，就我一個人在做。丁磊搞出來了，也成立了公司。應該說我受他的影響，就覺得互聯網好像也是有機會

創業的，所以也想做些什麼事情。」

　　1998年春節後的某一天，馬化騰約張志東聊天，在潤迅公司所在的金威大廈附近的一間咖啡店裡，他突然對張志東說：「我們一起辦一家企業吧。」

第二章
開局：並不清晰的出發

要加倍使出全部的力量往前衝，不要回頭。
如此一來，你將可以看到原本看不到的東西。

——安藤忠雄（日本建築師）

在創業的那些年，我們從來沒有想過未來，
都在為明天能活下去而苦惱不已。

——馬化騰

夢想起飛

絕大多數人的創業，都是過往經驗的一種延續，馬化騰也不例外。他興奮地向張志東描述即將創辦的公司的主打產品：把剛剛興起的互聯網與非常普及的尋呼機聯繫在一起，開發一款軟體系統，能夠在呼機中接收到來自互聯網端的呼叫，可以接收新聞和電子郵件等等。馬化騰把這套系統稱為「無線網路尋呼系統」，它的銷售物件是全國各地的尋呼台。

這個創意看上去是一個不錯的點子，既與潤迅的專業有關，又有他之前開發過的股霸卡的影子，還似乎得到了丁磊「賣系統」的啟示。馬化騰在尋呼服務領域浸泡了5年，而張志東則是做集成系統的高手，所以，他們聯手正是「天作之合」。當然，後來的事實證明，這些頭頭是道的分析都非常不可靠。

張志東被馬化騰打動了，當時的他正打算離開黎明網路公司。他有一位姑姑在美國，按家裡的安排，他要出國去投奔姑姑。馬化騰的邀約讓他多了一種選擇，而他確實也對馬化騰描述的產品很感興趣。「我們那時都沒有想發財的念頭，就是要幹一點自己喜歡的、有價值的事情。」他後來對我說。甚至在辭職這件事上，他的動作比馬化騰還要快：「我先離開了黎明，然後，他才下決心從潤迅出來。」

接下來的幾個月，馬化騰和張志東開始尋找創業夥伴。先是張志東找到了陳一丹，他們一直走得比較近，曾經結伴

出去旅遊。陳一丹在深圳出入境檢驗檢疫局的工作很安穩，而且在兩年前已早早結婚，過著小日子，不過，聽到能和好朋友一起辦企業，還是頗為心動。他回家跟妻子商量，當時的顧慮是：萬一失敗了，家裡的經濟來源怎麼辦？這時，他的妻子說：「沒關係，我還有一份工作。」陳一丹日後對我說：「一直到今天，我還深深感念妻子的這一句話。」馬化騰還找了從初中開始就同班的許晨曄，他在深圳的電信資料通信局上班，當然更有專業上的優勢。

當這四位同學坐在一起的時候，你看我，我看你，發現了一個問題：沒有一個搞行銷的人。

這時候，「第五人」曾李青出現了。

曾李青出生於1970年1月，比馬化騰年長將近兩歲，卻是同一年畢業。他就讀於西安電子科技大學通信專業，畢業後在深圳電信資料通信局工作。曾李青身材魁梧，性格開朗，能言善辯，性格與馬化騰和張志東完全不同。年紀輕輕的他有過一個紀錄：他曾以一己之力，說服深圳的一個地產開發商投資120萬元，建成了中國第一個寬頻社區。他在電信局很受重用，是局裡下屬龍脈公司的市場部經理。就在1998年的時候，電信局整頓「三產」，龍脈面臨被裁撤的命運，曾李青前途徬徨，正好接觸到了四處尋找銷售專才的馬化騰。

曾李青回憶說：「我與馬化騰、張志東第一次就公司成立的事情見面，是在龍脈公司的那間小辦公室裡。關上門，

我們簡單地分工，馬化騰負責戰略和產品，張志東負責技術，我負責市場。」

即將成立的新公司註冊資金為50萬元。公司去登記註冊的時候，馬化騰和張志東都還沒有辦完辭職手續，所以董事長的名字寫的是馬化騰的母親黃惠卿，儘管她從來沒有到過公司。

在註冊公司名稱時，決定都取「訊」做為尾綴，表示與「通訊」有關，而首碼的選擇卻發生了一些周折。馬化騰回憶說：「最早想出的名字叫網訊，就是網路通訊的意思，最直接、最簡單，第二備選的是捷訊，第三個是飛訊，第四個名字才是騰訊。工商登記是我父親替我跑的，他回來說，前面幾個都登記不下來，只有騰訊可以。我想，有我的名字太個人色彩了，不太好。但父親說，就是這個了吧，要不然就註冊不下來。於是就叫騰訊了。」日後有人推測，「騰」取自馬化騰的名字，「訊」則與「潤迅」有淵源，也是八九不離十的解釋。

公司英文名Tencent的靈感，則來自Lucent（朗訊），「當時講究左右對稱，Tencent就很對稱」。把這個詞分開來，就是Ten Cent（十分錢），騰訊日後以微結算的盈利模式成就大業，也許是「天意」。

再來是辦公場所。騰訊的第一個辦公室在華強北賽格科技創業園的一棟坐北朝南的老樓裡。馬化騰回憶說：「我認識一位叫陶法的香港商人，是做尋呼機業務的，他一直想拉

我過去做，我說要自己創業。他在科技園正好有一間空著的辦公室，就免費借給我用幾個月。」那個辦公室在四樓，有30多平方米，門口有一對很豔俗的大陶瓷花瓶，房間的天花板上還掛著一個歌舞廳用的、會旋轉的水晶彩燈。陳一丹從香江家私市場採購了幾張辦公桌，五、六個人擠在屋子裡就滿滿當當了。

幾個月後，香港人要收回房子，馬化騰就在旁邊二棟東樓的二樓找到了新的辦公室，有100平方米左右，被隔成了兩間，裡面是經理室，外面是辦公區。直到我寫此書的時候，這間辦公室雖空無一人，卻還被保留著，剝落的牆上仍貼著一些當年的老照片，牆角堆著染滿灰塵的桌椅，空氣裡飄浮著陳舊的、未曾散盡的記憶。

張志東曾如此回憶：有一天，他跟馬化騰在辦公室裡暢想騰訊的未來，他們做了一個「三年規劃」，希望三年後，騰訊的員工數將達到18個人，可以把這間100多平方米的辦公室坐滿。

騰訊的創辦日被確定為1998年的11月11日，但事實上，並沒有「正式」的那一天，自1998年春節後一直到下一年年初，馬化騰和他的創業夥伴卻是在忙亂中渡過一天又一天。生活如一條大河，所謂的「源頭」都是後來者標示的產物。

不可錯過的「互聯網世代」

現在讓我們回過頭，看看騰訊誕生的時候，互聯網世界正在發生哪些事。

在中國乃至全球的互聯網史上，從1998年到1999年的兩年，是一個神祕的時期，錯過了這一段，也就錯過了一個世代。

先看美國。

1998年11月24日，美國線上（AOL）以42億美元的價格收購網景公司，網景與微軟的流覽器之戰進入了白熱化的階段，比爾·蓋茲非常強勢地把Windows 95與IE流覽器進行捆綁銷售，取得了奇效。微軟還在這一年公布了Windows 98，將流覽器中的Web頁面設計思路引入Windows中，使Windows變得更為生動和實用，並真正成為一個面向互聯網的桌面系統。這一年，微軟的股價暴漲72%，同時它遭到不正當競爭的嚴厲指控，美國華盛頓地區法院開庭審理司法部及20個州政府起訴微軟違反聯邦反壟斷法一案。

1998年，賈伯斯在重回蘋果公司之後推出了極簡主義的iMac電腦，蘋果轉虧為盈，實現了硬體產業裡的勝利。但沒有任何跡象顯示它將成為新的統治者，此時的世界屬於軟體和互聯網，賈伯斯僅僅是一個「歸來的壞孩子」。

在1998年，全美最受追捧的互聯網英雄是華裔青年楊致遠，他登上了《時代》和《商業週刊》的封面，還在《富比士》

雜誌的「高科技百名富翁」榜單中,以10億美元的身家躍居第16位。雅虎的業務開始走進中國,楊致遠甚至考慮在中國賣網站廣告。當然,也是在這一年,他做了一生中最愚蠢的一個決定:有兩位出生於1973年的史丹佛校友上門找到楊致遠,想要把自己的一個搜尋技術以100萬美元的價格賣給雅虎,楊致遠優雅地拒絕了他們。9月7日,佩吉(Larry Page)和布林(Sergey Brin)被迫在加州郊區的一個車庫內孤獨創業,他們把公司取名為Google。

在中國。

受「楊致遠奇跡」的啟示,中國的互聯網開拓者們幾乎同時找到了成長的路徑。

1998年4月,張朝陽團隊率先完成了中文搜尋系統的開發,他依照雅虎模式「克隆」了一個中國版,是為搜狐公司。10月,張朝陽被美國《時代》雜誌評為「全球50位數位英雄」之一,這讓他成為第一個互聯網業界的全國性新聞人物。

1998年8月,四通利方的王志東在美國考察時接觸到北美最大的中文網站華淵生活資訊網,雙方一拍即合,迅速展開合併談判。12月1日,新浪網成立,宣稱將「全面提供軟體、新聞、資訊和網上服務等功能,力爭成為全球最大的中文網站」。

在廣州,靠出售電子信箱賺到了第一桶金的丁磊也做出了一個天才般的決定,把網易由一個軟體銷售公司轉型為門

戶網站。

　　至此，中國互聯網的「門戶時代」到來了，新浪、網易和搜狐相繼脫穎而出，成為統治未來10年的「三巨頭」。1999年1月13日，《中華工商時報》公布了當時中國的十大商業網站，分別是新浪、163電子郵局、搜狐、網易、國中網、人民日報網站、上海熱線、ChinaByte、首都線上和雅虎中國。從當選網站的類型可見，它們都是新聞和資訊類的門戶網站，而且幾乎都沒有盈利模式，評選機構的標準是：訪問量是最重要的，其次是內容，然後是美觀。

　　與此同時，一些非門戶型的模式也如雨後春筍般地悄然出現，譬如網路遊戲、電子商務以及專業的搜尋引擎，它們在當時都沒有獲得「三巨頭」那樣的關注。

　　從1998年到1999年，有三個人先後進入了網路遊戲領域。1998年6月，開發了漢化中文平台系統UCDOS的鮑嶽橋在北京創辦了聯眾遊戲，它很快成為中國最大的棋牌遊戲網站。1999年8月，讀了兩年大學就退學的朱駿在上海推出娛樂型社區Gamenow，後更名為「第九城市」（簡稱「九城」）。11月，1973年出生、畢業於復旦大學的陳天橋拿出50萬元積蓄在上海創辦盛大網路，開始運營一個叫「網路歸穀」的虛擬社群。網路遊戲在日後將成為中國互聯網產業最賺錢的業務，不過在當時卻是「主角旁邊的花臉小廝」，一點都不被看好。

　　電子商務領域的嘗試也各有千秋。1998年6月，劉強東

在中關村創辦京東公司，代理銷售光磁產品，後來轉型為電商。1999年3月，馬雲以僅有的50萬元創辦了一家專門為中小外貿企業服務的B2B（Business to Business）網站阿里巴巴。幾個月後，這家不知名的中國網站就成為全球最活躍的電子商務網站，《富比士》派出記者追蹤到杭州，終於在一個叫湖畔花園的住宅社區裡找到了這間小公司。6月，瞄準旅遊業的攜程網誕生了，它的4位創辦人是當時創業者中身分最為顯赫的：沈南鵬是德意志銀行亞太區的總裁，梁建章是甲骨文中國區的諮詢總監，季琦創辦過一家科技公司，範敏是上海旅行社總經理。11月，當過多年個體書商的李國慶和他的海歸妻子俞渝聯手創辦了從事網路圖書銷售的當當網，它的模式完全是複製美國亞馬遜。

在搜尋領域則出現了百度和3721。1998年10月，北京方正集團的軟體工程師周鴻禕開發出一種支持用戶通過中文找到自己要到達網站的軟體，他在自家的小屋裡創辦國風因特軟體公司，公司網站名為3721，取自諺語「不管三七二十一」，頗有我行我素的意思。周鴻禕出生於1970年，日後將成為馬化騰最棘手的敵人之一。1999年年底，在美國獲得電腦科學碩士學位的李彥宏回國創辦百度公司，那時的他已是矽谷小有名氣的搜尋技術專家。「百度」的取義來自辛棄疾的名句：「眾裡尋他千百度，驀然回首，那人卻在，燈火闌珊處。」

在中國企業史上，出現於1998年至1999年的這些互聯網

創業群體是前所未見的一代，他們組成一條喧囂而璀璨的星河，隔出了一個新的企業家世代。

首先，他們非常年輕，均出生於20世紀60年代中後期及70年代中前期。這是當代中國的「黃金一代」，他們大多受過正規的學歷教育，有良好的專業背景，不少人擁有碩士或博士學位，甚至畢業於全球最好的大學。他們的朝氣及學識遠非之前出身於鄉村或城市底層的草根創業者可以比擬。

其次，這些創業者置身於一個橫空出世的資訊產業之中。從第一天起，他們就是全球互聯網浪潮的一部分，他們沒有自然資源、權貴關係可以憑藉，也無須與政府進行任何的尋租博弈，而且一開始，他們就把陳腐而霸道的國有企業集團逐出了競爭圈。因此，這是天生的全球化一代，是在陽光下創業的一代。

最後，他們是風險資金和國際資本市場催化的一代，是「帶翅膀的創業者」。這在過去中國企業界是聞所未聞的創業模式。張朝陽和李彥宏從一開始就有風險投資的助力，周鴻禕和陳天橋在企業運營的一年內得到了風險資金的注入，而馬雲在被《富比士》報導之後，便成了國際資本追逐的對象。新浪、搜狐和網易更是贏得萬千關注，在1999年年底，它們就先後啟動了去那斯達克上市的計畫。

狼狽不堪的歲月

在互聯網創世紀的星河中，騰訊無疑是最不起眼的一個。

它不屬於門戶、搜尋或電子商務等任何流行概念，它無法定義自己，甚至連它出發的起點都是錯誤的，馬化騰對張志東描述的那個把互聯網與尋呼機連接起來的「無線網路尋呼系統」，是一個糟糕的產品。

看上去，這是一個非常有前途的專案，馬化騰在一堆的解決方案中設計了很多頗為創新的尋呼服務，比如網頁尋呼業務，用戶可以在互聯網上訪問尋呼台主頁，不必撥打長途電話，就能將資訊經尋呼系統發送到尋呼機上；再比如郵件尋呼服務，使用者可以在尋呼機上看到發送到電子信箱的主題及部分內容；還有網路祕書服務，使用者可以在互聯網上輸入每天的行程，網路祕書就會在設定的時間把事項及時地發送到尋呼機上。

除此之外，馬化騰還設計了一個虛擬尋呼服務：用戶無須擁有真正的尋呼機，只需要有一個虛擬尋呼號，朋友就可以直接撥打電話到尋呼台發資訊到你的電子信箱上。在原理上，這已經是一款基於互聯網的即時通訊工具了。

然而，歸根到底，這仍是一個糟糕的產品。

它之所以糟糕，不是因為技術上不成熟，而是它違背了一條非常簡單、卻不易被察覺的競爭原則：在一個缺乏成長

性的產業裡，任何創新都很難獲得等值的回報，因而是沒有意義的。

馬化騰的所有創新都基於一個前提：人們將繼續使用尋呼機。

致命的問題是：進入1998年之後，隨著移動手機的日漸普及，尋呼機逐漸成為一個被遺棄的、落伍的通訊商品，全中國幾乎所有的尋呼台都停止了擴張和投入。摩托羅拉公司曾是中國傳呼機市場的主宰，最旺銷的時候，一隻摩托羅拉尋呼機可賣到3000元，其中國合資公司的年利潤達到驚人的3億美元。可是到了1998年年底，摩托羅拉的尋呼機部門被整體裁撤。這是一個正在陡然下滑的市場，人們在驚恐中等待行業消失的一天。在行業的重大轉捩點上，馬化騰站在了落後的一邊，他所提供的軟體產品看上去與最時髦的互聯網搭上了邊，但是，顯然無法真正挽救尋呼機被拋棄的命運。

正沉浸在創業激情中的馬化騰沒有察覺到自己的危險處境。他自稱是一個「做任何事情都不喜歡冒險」的人，這與絕大多數的創業者完全不同，所以，在開始籌畫創辦騰訊的時候，他就已經開始四處尋找業務了。有一位朋友介紹了一椿河北電信的生意，他們對馬化騰的軟體系統有興趣，願意出20萬元一試。1998年的5月到7月間，馬化騰跑了4次石家莊，終於完成了這個交易，這讓整個團隊非常興奮，也是促成公司正式創辦的主要動因。

為了開拓業務，馬化騰想辦法弄到了一本「尋呼企業大

全」，上面收錄了上千個企業的位址和電話。他們就列印了一份業務信函，買了上千個信封，一一手寫，然後寄出，每天巴巴地守株待兔。

然而，迎接他們的是一連串的沮喪。除了河北電信，再沒有一家尋呼台願意出20萬元購買這套軟體，馬化騰的報價只能愈降愈低。陳一丹當起了業務經理，他回憶說：「我當時的工作是每天給各地的尋呼台打電話，第一句就問：『你們總經理在不在？』只要人家有點興趣，就上門去談，通常兩個人一起去，我的名片上印的職務是業務經理，馬化騰印的是工程師，人家一看就覺得挺專業的，好像我們背後有一支很大的團隊，其實總共也就我們幾個人。我們前前後後還是做成了十多單業務，不過價格愈來愈低，從20萬元降到10萬元，再降到8萬元、5萬元、3萬元。這套軟體的開發成本在3萬元左右，其實已經沒有任何賺頭了。為了多接案子，我們什麼都做，從網站設計、伺服器存儲空間和智能更新管理維護的全包服務，到簡單的網頁製作，有些單子價格只有5000元。最後，我們甚至連免費的都做過，因為想賺以後的維護費。」

張志東在黎明網路公司時的同事李海翔此時也進來幫忙，在他的記憶中，那是一段狼狽不堪的歲月：「那時也沒有什麼規範和文件，就給你一堆原始程式碼，你就去裝。裝的時候如果碰到一些問題，別人也說不清楚，就自己看著辦，能改就改。改完之後，這個系統就歸你管了，因為其他

人誰都搞不懂。後來有一段時間，這成了一個傳統。」

這期間，曾李青對公司做出了貢獻，他利用自己在深圳電信的人脈關係，拉到了一筆開發電子信箱的業務，金額有30萬元，這又讓馬化騰等人小小地忙碌和高興了好一陣子。

就這樣，從1998年年底創業到1999年年底的整整一年裡，騰訊公司總共完成了100萬元的營業收入。在賽格科技創業園那間侷促的辦公室裡，馬化騰團隊從一開始就陷入了苦戰，主要業務擱淺，資金入不敷出，這似乎是一家看上去奄奄一息的創業公司。馬化騰甚至不敢鼓動陳一丹和許晨曄從原單位辭職。在一年多的時間裡，他們都是在下班之後以及週末趕到賽格科技創業園工作。

然而，正是在這樣的時候發生了一個小小的轉折。「創業之神」總是這樣，不按常理出牌，視過往的成功與經驗為累贅，喜歡在極限的狀態下挑戰人們的意志力和想像力，它常常帶著一絲戲謔的微笑堵住命運的正門，然後，卻在腋下露出一條縫隙來。

這條縫隙很小、很小，在騰訊的歷史上它有一個名字，叫OICQ。

從ICQ到OICQ

在說OICQ之前，先得說說ICQ。

1996年，三個剛剛服完兵役的以色列青年維斯格

（Sefi Vigiser）、瓦迪（Yossi Vardi）和高德芬格（Yair Goldfinger）開發出一款在互聯網上能夠快速直接交流的軟體，他們為新軟體取名為ICQ，即「I SEEK YOU（我找你）」的意思。ICQ支援在互聯網上聊天、發送消息、傳遞檔案等功能。他們成立了Mirabilis公司，向註冊用戶提供互聯網即時通訊服務。做為一個互聯網通訊工具，ICQ的互動性遠高於BBS及電子郵件，只要將親朋好友的呼號列在聯絡人列表上，就可以知道對方是處於連線，還是離線狀態，而且又可以隨時對談，因此備受年輕人青睞。ICQ的用戶增長非常驚人，不到一年時間就成為世界上用戶量最大的即時通訊軟體。1998年年底，以色列Mirabilis公司的ICQ被美國線上以4.07億美元（包括直接購買的2.87億美元和視表現而定的1.2億美元）收購。此時，ICQ的用戶數已經超過1000萬。

就如同所有的互聯網創新產品都能夠在中國找到它的仿效者一樣，早在1997年，就有人開始投入開發ICQ的漢化版。從現有資料看，台灣的資訊人公司第一個推出了繁體中文版ICQ，起名為CICQ。1998年8月，資訊人進入大陸市場，推出簡體中文版的PICQ。幾乎與此同時，南京有兩位青年工程師創立北極星軟體公司，推出了一款類似ICQ的產品「網際精靈」。

馬化騰在潤迅時期就已經注意到了ICQ，他曾在公司內部與同事討論過研發這款產品的可行性。有一位高層主管問道：「它能賺錢嗎？」得到的回答卻是否定的。這位主管立

第二章　開局：並不清晰的出發

83

刻把話題轉移了。後來有坊間傳言:「ICQ公司到中國尋找合作者,曾與潤迅接觸,馬化騰正是被派出的談判者,在潤迅放棄這一業務後,馬化騰就獨立出來創業。」其實並不正確。

馬化騰團隊投入ICQ開發,是一個偶然的事件。

就在1998年8月前後,馬化騰在廣州電信的資訊港上「閒逛」,無意中看到一個招標新聞,廣州電信想要購買一個類似ICQ的中文即時通訊工具,正在公開向全社會招標。馬化騰當下與張志東、曾李青商量,大夥覺得技術難度不大,可以去試一試。但是,招標會馬上就要開了,已經沒有時間做出產品,只能做一個技術方案去競標。

第二天,曾李青去打聽消息,很快帶回來一個令人沮喪的情報:此次參與競標的是廣州電信旗下的飛華公司,他們已經完成了所有的產品開發,起名為PCICQ。「這是一個內定的標,我們去了,也絕對沒有機會。」曾李青在辦公室裡嚷嚷說。

但是,馬化騰還是決定一試。他與張志東閉門數日,寫出了一份競標書,他們必須要給這個「紙上產品」起一個名字,馬化騰想到了open(開放),於是就叫做OICQ,中文名為「中文網路尋呼機」。

正如曾李青所預料,在競標會上,廣州電信沒有給騰訊任何機會,飛華不出意料地成為得標者。

在回到深圳後,五位創業者坐下來,討論一個問題:是

不是「真的」要把OICQ給開發出來？在許晨曄的記憶中，這是騰訊歷史上第一次發生激烈的爭論：「那次，大家爭論得挺熱烈的，說什麼的都有，主要是一點也看不到賺錢的機會。而且，前面已經有台灣資訊人、網路精靈和飛華在做了，市場還需要第四個『漢化ICQ』嗎？但是，美國線上花幾個億買走ICQ又好像很給力。當然，大家最後還是聽馬化騰的。」

馬化騰說：「要不我們先把它養起來吧。」

我曾經問過很多受訪者同一個問題：為什麼ICQ沒有一個中文名？

在中國經濟起飛的前30年，絕大多數的外國公司或商品進入中國市場時，都會，也必須取一個中文名，原因是，70%以上的城鎮或農村消費者不知道如何念英文字母，一個沒有中文名的企業或商品，其實就意味著對70%的消費者市場的蔑視和放棄。一個非常著名的例子是：20世紀90年代，廣東惠州出現了一家名叫TCL的電視機公司，當它的產品被擺放在鄉鎮商場的櫃檯上時，絕大多數人都不知道如何念它，由於它聘請了當時最著名的電影演員劉曉慶拍攝廣告片，所以常常被叫做「劉曉慶的電視機」。後來，公司不得不在「TCL」的前面加上了一個很中國式的名字，變成「王牌TCL」。

即便在資訊行業，這個規律仍然有效。馬雲曾回憶，Internet被引入中國時，一開始被直譯為英特耐特網，當他滔

滔不絕地向別人推廣的時候，那些從小唱著「英特耐雄納爾（Internationale，共產主義）一定會實現」長大的中年人常常會小心翼翼地提問說：「您是在推銷共產主義嗎？」後來，Internet被改譯為「資訊公路」，再後來，又定名為「互聯網」。與此類似，E-mail被翻譯為「電子信箱」，Portal Website被翻譯為「門戶網站」。而ICQ，一直到它消失的時候，仍然沒有一個中文名。

很多人無法回答這個問題。張志東的解釋也許是真相之一：沒有人把它看成是一個大行業，它太「小眾」了，以至於懶得給它取一個中文名。

後來的事實是：在相當長的時間裡，門戶網站一直是中國互聯網產業的主流模式，以即時通訊起家的騰訊長期被邊緣化，不知道如何描述自己的重要性，甚至到它成為行業裡註冊用戶最多、利潤最高的企業時，仍然不在「主流」之列。

所以，當馬化騰決意把OICQ「養起來」的時候，他也並沒有意識到它會成長為一個「小巨人」。他對我說：「當騰訊正式創辦的時候，我們已經看到尋呼機行業令人恐懼的下滑趨勢，但是又無能為力。我當時的想法是，先把OICQ做出來，養著，反正它也不大，賺錢還是要靠賣軟體。」

就這樣，剛剛創立的騰訊公司就兵分兩路：馬化騰、曾李青和李海翔等人做網路尋呼系統，張志東帶人開發OICQ。

OICQ的中國式改造

跟隨張志東一起開發OICQ的是徐鋼武,以及外號叫「小光」的吳宵光和「夜貓」的封林毅。

徐鋼武畢業於華南理工大學自動化系,曾在潤迅工作過,平時喜好Linux(一套免費使用和自由傳播的類UNIX作業系統)和MUD(Multiple User Dimension,很多用戶參與活動的一種電腦程式),精於後台技術,是典型的後台技術高手。加入騰訊後,他成了OICQ的第一位「後台主程」。

而另兩位都是惠多網「馬站」的網友。「小光」就讀於南京大學天文動力專業,是一位天文、電腦和足球愛好者。他在大學期間迷上了電腦程式設計,擅長編寫C語言,1996年畢業後被分配到深圳氣象局工作。「我進氣象局的時候,局裡的電腦網路沒有人管,我就負責管理網路以及內部系統軟體的開發。」「夜貓」比「小光」年紀還要小,腦子很活,曾在惠多網上開過一個名叫「夜貓客棧」的站台。

當時,「小光」和「夜貓」都是以兼職身分參與開發的,幾人的分工為:張志東管理專案進度和成本控制,負責砍掉那些團隊想要、但是又來不及做的功能;徐鋼武負責寫後台代碼;「小光」和「夜貓」負責用戶端部分;而馬化騰會提出很多產品設想,並不斷地提出細節的改進要求。

日後,騰訊的創業者們常常被問及一個問題:在你們開發OICQ的時候,ICQ早已成熟並進入中國市場,而且已經

有三款漢化版的ICQ產品被使用，你們是怎樣後來居上的？

原因有兩個：一是對手的麻痺與貧弱，二是技術的微創新。

在對手方面，ICQ在被美國線上購買後，三位創始人因為不願意離開以色列而退出，財大氣粗的美國線上此時正在流覽器市場上與微軟力拚，所以並沒有投入太多精力於ICQ。張志東後來曾與美國線上的高層主管在一個場合交流，他問對方：為什麼在購買了ICQ之後卻沒有好好經營？對方竟不知如何回答。至於國內的三個對手，台灣資訊人受到種種政策上的限制，始終不知道如何經營格局龐大的大陸市場，南京的北極星則是一家以棋牌遊戲為主業的公司，在「網際精靈」上缺乏堅決的投入，而飛華開發的PCICQ只是廣州資訊港裡眾多服務專案中的一個，從來沒有被看成是一個戰略性的產品，國有企業的體制更是跟不上快速的競爭。

在技術方面，騰訊做了幾項日後看來非常成功的微創新。

吳宵光清晰地記得，在第一次技術討論會上，馬化騰提出了一個聽上去與技術無關的、很古怪的問題：「我們的用戶會在哪裡上網？」

在1998年年底的美國，個人電腦已經非常普及，很多中產家庭擁有一台以上的電腦，絕大多數白領都有屬於自己的電腦。可是在中國，當時個人電腦普及率尚不足1％。全中國有240萬網民，七成以上是25歲以下的青年人，他們都沒

有屬於自己的專用電腦。1996年5月，在上海出現了第一家網咖——威蓋特電腦室，經營者購置了50台電腦，以每小時40元的費用供年輕人使用。到1998年年底，中國出現了將近1萬家網咖，使用價格也下降到每小時10元到15元，它們成為中國青年網民最重要的上網場所。在騰訊公司所在的辦公樓二樓，就有一個規模不小的網咖。

馬化騰的問題指向了一個微妙的技術創新點：ICQ把用戶內容和朋友清單都存儲在電腦的用戶端上，「在美國，這幾乎不是一個問題，因為每個人都有一台自己的電腦，內容放在哪裡都無所謂。可是，在中國就大大不同了，那時還很少有人擁有自己的電腦，人們用的大多是公司或是網咖裡的電腦。當他們換一台電腦上線的時候，原來的內容和朋友清單就都不見了，這無疑是一件讓人非常煩惱的事情」。而無論是資訊人、北極星，還是飛華，都沒有發現這個問題。

徐鋼武為OICQ解決了這個痛點：把用戶內容和朋友清單從用戶端搬到了後台的伺服器，從此避免了用戶資訊和好友名單丟失的煩惱，任何人用任何一台電腦上網，都能找到自己的朋友列表。「這個技術難度其實是不大的，關鍵是我們把它當成最重要的事情來看待，適應了當時中國的上網環境。」張志東日後說。

第二個重要的創新，是在軟體的體積上。

中國的網路基礎建設無法與歐美國家相比，當時仍處在非常原始的狀態中，網速非常慢。吳宵光回憶說，那時中國

還沒有整合式服務數位網路（ISDN），上網是用撥號的，上網頻寬是14K、28K，54K就已經很快了，而一個ICQ軟體的體積起碼有3MB到5MB，下載一個軟體要幾十分鐘，可以想像速度之慢。

這時候，吳宵光發揮了他的技術天分，對整個軟體的體積進行了有效的控制。張志東說：「剛剛開發完第一個內部版本的時候，全部完成只有220KB。我拿給馬化騰看，他不太相信，以為肯定是沒包括動態庫打包的部分，實際上這已經是完整的獨立可運行版本了。」這樣的一個版本，用戶下載只需5分鐘左右，相對於其他的ICQ產品，無疑是殺手級產品。

另一個需要提及的創新點，在用戶層面或許無法感受到，但是對OICQ在當時的生存和發展卻起到了決定性的作用。當時，徐鋼武在設計網路通訊協定時果斷地採取了UDP（User Datagram Protocol，使用者資料包通訊協定）技術，而不是其他即時通訊軟體通常所採用的TCP（Transmission Control Protocol，傳輸控制協議）技術。這其中的關鍵在於，採用UDP技術的開發難度較高，但能大大節約伺服器的成本，使得單台伺服器可以支援更多的用戶端。這一創新使得當年在資金上捉襟見肘的騰訊，憑藉技術上的優勢用最少的伺服器堅持了最長的時間。

OICQ在日後被業界評價為一個不可多得的「天才產品」，宣稱其系統架構在使用者發展至億級時仍然能夠支

撐。唯有張志東清楚其中的艱辛，所謂的「天才」都是靠徐鋼武、吳宵光以及後來無數工程師不斷「重寫」和優化的結果。「使用者快速增長，性能瓶頸不斷出現，為了不讓用戶失望，逼得團隊不斷優化性能，不斷克服瓶頸。說到底，都是逼出來的結果。」張志東日後回憶至此，無限感嘆。

除了上述的幾項創新之外，最初版本的OICQ還針對ICQ的缺陷進行了一些修訂。

比如，ICQ只能與線上的好友聊天，而且只能按照用戶提供的資訊尋找好友。OICQ則設計了離線消息功能，它還允許用戶直接添加當時線上的陌生網友為「好友」，這無疑大大地擴展了OICQ的社交功能。

又如，ICQ的用戶圖像顯示缺乏個性，統統是以用戶名字和標準的花形呈現，線上時為綠色，離線時為灰色。OICQ則提供個性化頭像選擇，他們預備了中國年輕人都很熟悉的卡通形象，如唐老鴨、加菲貓、皮卡丘、大力水手等等，這使用戶得以展現自己的個性，並有獨占感。

OICQ還設計了消息提示音。系統發布前的最後一個聲音就是要找出一種提示的聲音，技術團隊為了「什麼聲音聽上去很熟悉」這個問題討論了很久，據張志東回憶，有人說用敲門的聲音，有人說用吹口哨的聲音。最後，馬化騰認定「大家最熟悉的聲音是尋呼機的呼叫聲」，於是就用自己的尋呼機錄下了「嘀嘀」聲，成為最經典的「騰訊音」。由此也可以想見，馬化騰的「尋呼機情結」實在是非常的重。

這一系列看似細微的創意和設計，導致了一個截然不同的結果：騰訊的OICQ是一款看上去源自ICQ，其實更屬於中國使用者的產品。它們的思考出發點均非技術的革命性突破，而是客戶的點滴體驗！在後來的10多年裡，這個即時通訊工具先後更新了100多個版本。

在OICQ這款產品上所展現出來的智慧，幾乎是優秀的中國互聯網從業者們的共同特質：從互聯網產業誕生的第一天起，中國人在核心技術的開發和基本產品模式的發明上就不是美國同行的對手，他們從來就是一群大膽的「拿來主義者」。然而，在本土化的改造上，他們卻進行了無數的應用性創新，這些微小的、細節性的、更為務實的創新卻讓那些外國開發者望塵莫及，甚至難以找到規律。從本質上來說，這些創新皆屬於經驗和本能的範疇。

OICQ 正式上線

在張志東小組閉門開發的同時，曾李青即開始遊說「老東家」深圳電信。最終他說服了深圳電信出資60萬元，並提供伺服器以及頻寬，以「聯合立項」的方式參與OICQ的研發推廣。就這樣，OICQ找到了發布的平台。

OICQ的第一個版本——OICQ 99 beta build 0210，正式發布是在1999年2月10日，也就是在騰訊創建日的3個月之後。

在所有創始人的印象中，這一天並沒有進行任何的儀式。在放號前，馬化騰等人預留了200個號，對外放號從10201開始。「前200個號留給我們自己，當時想，200個預留號足可滿足未來十年、八年工作人員數量增長的需求了。」馬化騰給自己留了10001號。根據他們的規劃，第一年希望發展1000個用戶，第二年爭取3000到4000個，到第三年有1萬個，然後再考慮接下去怎麼辦。張志東還預估，未來用戶數量會在1萬個以內，每年的人員開支、頻寬租金和伺服器費用不會超過10萬元，應該「養得起」。

OICQ的第一批用戶來自PCICQ。

當時，飛華開發的PCICQ已經上線，並在華南地區有了上千個使用者，廣州電信的資訊港天天在首頁為這個產品做廣告，但是它的性能不太穩定，下載速度慢，還經常斷線。因此當OICQ推出之後，很快就形成了「口碑效應」，用戶紛紛轉向使用OICQ。

在產品上線之後，張志東團隊根據網民們的體驗，不斷發現和修復Bug（漏洞、故障），在第一週就連續完成了三個版本，平均每兩天發布一個，這更大地激發了用戶的使用熱情，在後來的10多年裡，騰訊在技術研發上所堅持的「小步快跑，試錯迭代」原則，其傳統即肇始於此。

馬化騰和張志東還時不時跑到二樓的那間網咖，現場觀察用戶的使用狀況。「那時，當嘀嘀聲從不知哪個黑暗的角落傳出的時候，我們的心都會跟著抖一下，那種體驗從未有

過，太美妙了。」馬化騰說。

很顯然，撬動「阿基米德槓桿」的那個支點的是用戶體驗。

1999年4月，馬化騰和陳一丹到北京出差，當他們白天跑了六、七家尋呼台推介網路尋呼方案，筋疲力盡地回到一家小招待所，打開電腦時，突然發現，OICQ的線上用戶居然已經超過了500人。這讓他們幾乎同時跳了起來，兩人手忙腳亂地翻出兩隻杯子，買了一瓶啤酒，在小房間裡碰杯慶祝。

但他們沒有想到的是，這隻「嘀嘀」亂叫的小東西很快就要吃掉他們全部的現金，並把他們推進一個極速狂飆的「超限空間」。

第三章
生死：泡沫破滅中的掙扎

如果你沒在為客戶著想，你就是沒有在思考。

——特德・列維特（Ted Levitt，美國戰略思想家）

你真的沒錢了，不還也可以，

不過我不要你的股票。

——一位朋友對馬化騰說

邊做邊學，到處接案

OICQ上線的時候，許晨曄還沒有從深圳電信資料通信局辭職，白天，他在增值業務組上班，這個組的工作之一就是管理電信機房。騰訊向深圳電信租用的那台伺服器就在距離他的辦公桌不到10米的地方。「張志東他們三、五天就往機房跑，調伺服器。我們不敢顯得太親熱，就互相偷偷地眨眼睛、做鬼臉。我的那些同事也有點奇怪，從來沒有一家租戶有那麼忙的。」

忙的原因很簡單：用戶上漲太快了，伺服器一次次地瀕臨極限。

初創期的中國互聯網公司與它們的美國同行相比，在伺服器的使用上有很大的差別：在美國，人工很貴，伺服器很便宜，所以，程式師在做架構時不太考慮伺服器的優化，容量不夠了，添置幾台就可以了。可是在中國恰恰相反，伺服器很貴，人工很便宜，為了提高系統承載量，程式師們會把很大的精力投注於伺服器的優化上，包括演算法的精巧、降低CPU的消耗、把一些運行放到更底層的資料庫等等。對於張志東們來說，這些技術幾乎都沒有可以借鑒、學習的地方，因為，美國人不需要那麼做，甚至中國那些財大氣粗的電信服務商、金融服務商也不需要那麼做。而正是在這樣的磨礪中，騰訊的程式師們逐漸形成了自己獨特的核心能力。

上線兩個多月後，OICQ的用戶增長態勢呈現為一條拋

物線，而且是一條非常陡峭的拋物線。有一段時間，用戶數每90天就增長4倍，這完全超出了馬化騰和張志東當初的預料。「華軍軟體園」是中國最早的軟體下載網站之一，據創辦人華軍回憶：「OICQ一上線，我們就把它掛在了網站上，不到半年，它就成為所有軟體裡下載量最大的，它的下載速度快，使用者口碑很快就建立起來。」

到了9月份，深圳電信的那台伺服器已經完全承受不住了，必須添置新的，可是一台配置好一點的伺服器起碼要五、六萬元，馬化騰出不起這個錢，張志東就去華強北市場買了一堆零件回來，組裝了一台「山寨機」，它的性能當然沒法與品牌機相提並論。因為網站總是出毛病，所以必須有程式師能在第一時間趕到，徐鋼武自告奮勇在距離公司不到400米的地方租了一個小套房，只要一接到系統出狀況的消息，就可以在一刻鐘之內趕到辦公室，他在那裡一直住到2004年前後。其他幾位重要的程式師，如吳宵光、李海翔等人也都必須是「尋呼機不離身」。李海翔回憶說：「有好幾年，我們都不敢去游泳，生怕在那個時候收到出故障的消息。」

隨著使用者暴漲，用戶端的性能也需要逐步提高，技術團隊一次次被逼到牆角。

在早期騰訊流傳過這樣一個笑話：在最初的一年多裡，騰訊並沒有考慮到安全問題，OICQ的通信協議是不加密的，協定脆弱，明碼傳輸，如果有駭客要搗亂，可以任意地

調取使用者的資料。後來，馬化騰發現這是個問題，便命程式師黃業均開發加密軟體。兩個多星期過去了，馬化騰想看看程式寫到哪個階段了，於是跑去找黃業均。黃業均正好出去打球了，不在座位上，桌子上倒扣著一本名叫《加密原理》的書籍。馬化騰拿起書，翻過來一看，不禁大驚失色，因為黃業均正在讀第一章第一節，而標題是「什麼是加密」。

坐在旁邊位子上的吳宵光目睹了這一場景，在後來接受我的訪談時，他笑著講述這件往事，說：「創業前幾年，我們所有人都是邊學邊幹，現在回想起來，才知道害怕，不過在那時，覺得就應該是這樣的，不然還能哪樣？」

為了餵飽快速長大的OICQ，馬化騰和曾李青不得不到處接案子，他們幫一些地方政府做網站，幫企業設計網頁，把賺來的幾萬元，甚至哪怕只有幾千元都去餵給那只「嘀嘀」叫喚的OICQ。「有一段時間，我們一聽到嘀嘀的叫聲就會心驚膽戰，它好像是一隻餓死鬼投胎的小精靈。」許晨曄開玩笑地說。

馬化騰每天為了讓騰訊能夠「活下來」而四處奔波，再也沒有時間去維護惠多網上的那個「馬站」，站長生涯就這樣悄無聲息地結束了。

企鵝的誕生

OICQ的Logo最初是一隻尋呼機的樣子。當技術部門準

備進行第三次版本升級的時候，有人建議，是否應該設計一個更有趣的形象。

　　一位美工畫出了鴿子、企鵝等幾種小動物的草稿，這些圖示在大尺寸的時候都很生動，可是應用到16×16、32×32像素的時候就很難傳神了。在一次內部討論會上，大家為此爭論得很厲害，「尋呼機情結」深重的馬化騰提議：「還是用原來的圖示吧，一看大家就知道OICQ是做什麼用的。」可是，其他的創始人卻大多傾向於換成企鵝圖示。一番爭論之後，馬化騰提出了一個新的想法：「要不這樣，我們把兩個圖示掛到網上去，讓用戶們自己決定。」

　　這是中國互聯網企業第一次把品牌Logo的決定權交給用戶。在第一輪投票中，大部分的用戶都把票投給了「尋呼機」。最初的企鵝圖示是黑白寫實的，與Linux的企鵝形象很接近，看上去很像是一家技術公司的標識。在接下來的幾天裡，騰訊的美工又添加了幾個有趣的動態企鵝圖片，漸漸地，用戶意見開始轉變，愈來愈多的票投給了一隻黑身白臉、細眼睛、身材瘦長的企鵝。就這樣，「企鵝」取代了「尋呼機」。

　　1999年10月，深圳市舉辦第一屆中國國際高新技術成果交易會，騰訊租了一個櫃檯參展。為了吸引參觀者，陳一丹找人燒製出了1000隻企鵝形象的陶瓷存錢筒。在委託加工的時候，製作公司覺得騰訊提供的企鵝圖示太「瘦」了，製成存錢筒會站不住，就擅自做主把企鵝做成了稍微胖圓的樣

子，還在它的脖子上加了一條黑色的圍巾。出乎意料的是，這隻企鵝存錢筒在高交會上大受歡迎。一開始是免費派送，可是來領取的人實在太多了，陳一丹就以一隻定價5元出售，後來漲到10元，居然也都拋售一空，賺到的錢剛好把參展的櫃檯租金給抵銷了。

看到大家愈來愈喜歡這個胖企鵝的形象，騰訊就委託專業卡通製作公司東利行對Logo進行重新設計，曾李青親自坐在電腦邊上，與設計人員一起動腦創意，設計人員問他：「企鵝本來就住在南極圈，是最不怕冷的，為什麼要在牠的脖子上加一條圍巾呢？」曾李青笑著說：「這是個好問題，如果每個人都問一下，就把這隻企鵝記住了。」

新設計出來的企鵝形象，擁有了一個胖嘟嘟的身材，大眼睛、厚嘴唇、憨態可掬，脖子上的圍巾也由黑色變成了大紅色。東利行完成了企鵝形象的整套視覺識別系統（CI系統），還增加了Q妹、漢良、多多、小橘子等幾個配套性形象設計，構成了一個卡通人物大家族。

還有一件有趣的事情是，在設計過程中，東利行覺得騰訊企鵝的卡通形象很有市場前途，便提出以30萬元的價格買斷企鵝形象的衍生商品開發權。2001年10月，東利行在廣州開出了第一家「QGEN」專賣店，專門出售騰訊企鵝品牌的服裝、玩具和手錶，騰訊可以從銷售收入中抽取10%的授權費。在後來的3年裡，東利行相繼開出了199家專賣店。這個生意讓馬化騰得意了好一陣子：「一來就先扔給我們幾十

萬元，既能幫我們推廣，又能收到授權的費用。」一度，他甚至幻想騰訊企鵝會像米老鼠或Hello Kitty那樣流行。不過，從後來的情況看，這似乎不是一門好生意，並沒有太多的用戶在用OICQ聊天的時候，願意在身旁擺上一隻不聲不響的胖企鵝。

資金不足，四處尋找買主

在1999年，類似授權東利行這樣讓人高興的事情並不太多，相反地，馬化騰被一椿又一椿的煩心事所困擾。

就在參加高交會的10月份，騰訊公司突然收到一封厚厚的、來自美國的信件，打開一看，居然是美國線上的英文律師函，它已向美國的地方法庭狀告OICQ侵犯了ICQ的智慧財產權，要求騰訊停止使用OICQ.com和OICQ.net功能變數名稱，並將之歸還給美國線上。拿到這份律師函，馬化騰當夜把其他四位創始人召集在一起商量對策，大家面面相覷，不知道如何應對。

讀過法律專業的陳一丹對大家說：「我們根本沒有錢去打這個官司，即便去打了，也是凶多吉少，天要下雨，娘要嫁人，只好隨它去了。」他們還商定，這個消息必須保密。

到11月，馬化騰正焦頭爛額地坐在自己的小辦公室裡，張志東和陳一丹同時走了進來。他們坐在他的對面，帶來了一個好消息和一個壞消息。

好消息是，在距離發布之日僅僅9個月之後，OICQ的註冊用戶就已經超過100萬，開始要放七位數的用戶號了，CICQ、PICQ和網際精靈都被遠遠地甩在後面。

壞消息是，騰訊公司的帳上只剩下1萬元現金了。

在開源無望的情況下，此時的馬化騰只有兩件事可做：一是增資減薪，二是把騰訊賣掉。

股東們一致同意把股本從50萬元增加到100萬元，幾位創始人工作沒幾年，自身並沒有很多儲蓄，但都咬牙再次投入了。5個人的月薪也攔腰減半，在過去的一年裡，馬化騰和張志東每月領薪5000元，其他3人為2500元，現在分別減少到2500元和1250元，這在當時的深圳，只夠填飽肚子。

比起增資減薪，把公司賣掉，也許是一個更痛快的辦法。馬化騰的開價是300萬元，他與曾李青開始四處尋找願意出錢的人。日後，馬化騰等人都不太願意談及這一段十分不堪的經歷，不過，從不少人的回憶中還是可以看出當時的窘迫。據初步統計，起碼有6家公司拒絕購買騰訊公司的股份。

馬化騰尋求的第一批投資人中，包括了騰訊公司的房東——深圳賽格集團。時任賽格電子副總經理的靳海濤回憶說：「馬化騰找了我們好幾次，那個時候也沒有投，沒有投的原因是什麼呢？這玩意看不明白。當年如果投了，起碼增值幾千倍，那就非常開心。」曾李青則找到了自己的老東家——廣東電信，曾在廣東電信旗下的21CN事業部擔任高

階經理一職的丁志峰，向《沸騰十五年》的作者林軍回憶過一件事：當時，騰訊向21CN提出收購的申請，前來洽談的就是馬化騰和曾李青。「當兩個人走進會議室的時候，我們所有人都把曾李青誤認為馬化騰，這很顯然是因為曾李青的派頭更足。即便是在討論過程中，曾李青也比馬化騰更具攻擊性，更像是拿主意的人。」在靳海濤或丁志峰看來，OICQ也許是一個看上去增長很快的項目，「然而，全世界沒有一個人知道它怎麼賺錢」。

除了深圳當地的企業之外，馬化騰還跑到北京和廣州，先後找了4家公司談判購買騰訊的事宜。

張志浩後來擔任過騰訊北京公司總經理，當時他在華北地區最大的尋呼企業——中北尋呼集團工作。中北向騰訊採購了一套網路尋呼系統，馬化騰親自以工程師的身分到北京總部調試設備。在機房裡，馬化騰順便教張志浩怎樣使用OICQ，學習電腦應用出身的張志浩直覺地感到這可能是一個巨大的市場機會，也是中北尋呼集團轉型的好方向。他向集團高層推薦OICQ，並慫恿他們把騰訊買下來。「可是，他們覺得我講了一個並不太好笑的笑話。」

幾乎所有接待過馬化騰或曾李青的企業都表示「不理解騰訊技術和無形資產的價值」，有的則提出只能按騰訊「有多少台電腦、多少個桌椅板凳來買」，對公司的估值，最多的出到了60萬元。馬化騰後來沮喪地說：「談判賣騰訊的時候，我心情非常複雜和沮喪，一連談了4家，都沒有達到我

們預計的底線。」

當現金幾乎斷絕的時候，幾位創始人都不得不厚著臉皮四處找朋友們借錢，深圳城裡稍稍認識的人都被他們借了一輪。至少有兩位有錢的朋友分別借給騰訊20萬元和50萬元。馬化騰向他們提出，能否用騰訊的股票來還債，他們都婉轉地表示了拒絕。有一位甚至慷慨地說：「你真的沒錢了，不還也可以，不過我不要你的股票。」

陳一丹還找了銀行問貸款的可行性，銀行問有什麼可以抵押的固定財產，然而看了看幾台折舊的伺服器，貸款之路只能是「杯水車薪」。

在出售公司無門之後，曾李青向馬化騰提議，換一批人談談。

「我們之前找的都是資訊產業裡的企業和人，他們其實都看不見未來。現在要去找一些更瘋狂的人，他們要的不是一家現在就賺錢的公司，而是未來能賺大錢的公司，他們不從眼前的利潤中獲取利益，而是通過上市或再出售，在資本市場上去套利。他們管這個叫VC，Venture Capital，風險投資。」

這是馬化騰團隊第一次聽到「風險投資」這個名詞。

救命的IDG與盈科

在中國商業界，「風險投資」這個名詞，是在1999年年

底突然熱起來的。這種由美國人發明的高風險、高收益的投資模式，在1994年前後就進入了中國，可是由於政策以及產業環境沒有配套，一直未得到發展，隨著互聯網公司的崛起，風險投資終於找到了合適的對象。

當時中國僅有的幾家風險投資公司中知名度最高的，是美國國際資料集團IDG。這家在美國屬於中小型的投資公司早在1991年就在中國開展業務。1996年，IDG委派王樹到深圳尋找專案。他整天在深圳、珠海、中山等地的科技園找專案，到了科技園，打開企業名冊，凡是公司名稱裡有「科技」兩字的，都去拜訪。當時令他很尷尬的是，和企業家的見面往往要從風險投資的來歷，以及最基本的常識講起。在兩年多時間裡，王樹先後投資了中科健、金蝶等企業。

曾李青很快通過中間人聯繫到了王樹。「我的湖南大學校友、創辦了A8音樂的劉曉松找上門來，說有一家叫騰訊的公司，開發出第一個『中國風味』的ICQ，註冊人數瘋長，已經有幾百萬用戶了，但因為沒有收費模式，沒錢買伺服器，公司快撐不下去了。」王樹決定去看看。

曾李青知道，與IDG的談判也許是拯救騰訊的救命稻草，他寫出了一份20頁的商業計畫書，洋洋灑灑，但是到了盈利預測這一段，怎麼也寫不清楚，前後修改了6遍，還是語焉不詳。他還承諾劉曉松，如果撮合成功，可以送他5%的騰訊股份。與王樹約定見面那天，馬化騰腰椎間盤突出發作，正臥病在床，曾李青硬是將他從病床上拉起。

那是一次很戲劇性的見面。坐下來不久，王樹很快意識到，這是一個前途未卜的事業。「如果我們IDG不給錢的話，騰訊可能馬上死掉；給錢的話，前景也不明朗。」他一邊翻著商業計畫書，一邊漫不經心地問馬化騰：「你怎麼看你們公司的未來？」病懨懨的馬化騰沉默了好一會兒，說：「我也不知道。」曾李青在一旁臉色大變。很多年後，王樹回憶說，正是馬化騰的這個回答讓他對馬化騰另眼相看：「我由此判斷，這是一個很實在的領導者，值得信賴和合作。」

騰訊專案被上報到IDG北京總部後，高級合夥人王功權帶隊南下考察，他回憶說：「我們一起飛到廣東，坐在那裡，就逼著馬化騰說這個東西到底怎麼賺錢。那個時候，OICQ大家都在用，可是用戶在哪裡不知道，用戶是誰也不知道，所以這個錢怎麼收呢？我們幾個人拷問了馬化騰一個晚上，都過了淩晨，他只是表示，知道這個東西大家喜歡，但不知道向誰收錢。」

最後促使IDG冒險投資騰訊的原因有兩個：第一，OICQ的確是個受歡迎的好東西，儘管沒有人知道它如何賺錢；第二，也許是更重要的一點，那就是在1999年的3月，如日中天的美國線上斥資2.87億美元買下了以色列的ICQ。做為中國最成功的ICQ仿效者，OICQ也許真的值一些錢。

在IDG表示了投資意向的同時，曾李青又通過香港商人林建煌搭上了香港盈科，這是華人首富李嘉誠的二公子李澤

楷創辦的企業，當時正因數碼港計畫聲名鵲起。盈科一直試圖進入內地市場，投資騰訊也許是可以試驗的棋子之一。

在那份給IDG的商業計畫書上，馬化騰和曾李青將騰訊估值為550萬美元，願意出讓40％的股份，即募資220萬美元。而這幾乎沒有什麼盈利根據。

王樹問馬化騰：「騰訊憑什麼值550萬美元？」

馬化騰答：「因為我們缺200萬美元。」

馬化騰後來解釋說：「我們是按未來一年需要的資金來估算的，購買伺服器加上發工資，預估需要1000萬元，這樣倒算出公司估值為多少。我們不願意失去公司的控制權，所以能讓出的股份，最多是一半。曾李青寫的是200萬美元，我咬了咬牙，又加了20萬美元，因為還要送一些股份給兩個中間人。」

整個融資談判進行得還算順利，曾李青奔波於深圳、廣州和香港三地，對IDG說盈科那邊很積極，對盈科則說IDG馬上要簽字了。「盈科比較猶豫，抱著可投可不投的姿態，相比之下，IDG還算積極。其實，他們都看不清楚，就互相壯膽，說一家投，另一家也跟著投。在最後時刻，王樹提出了對賭條款，在協定簽訂後，先投一半的資金，我們在一年內須達到一定的用戶數量，否則另外一半的錢就不給了，而他們仍然占20％的股份，我們答應了。」曾李青說。

就在協議敲定的過程中，騰訊的帳上已經彈盡糧絕了。王樹回憶說：「我現在還記得，因為要起草各種法律文件，

而且公司的錢在境外，進入中國需要報批外管局，手續很複雜，至少要一個月錢才能到帳。可是騰訊這邊等不及啊，於是我拜託廣州的一個朋友，請他個人先墊資450萬元給騰訊救急。」

投資協議是在2000年4月簽訂的，三方沒有坐在一起舉辦任何儀式，只是通過傳真機，各自簽字了事。那天，5個創始人默默地圍在傳真機前，看著協議一頁一頁傳過來，馬化騰問曾李青：「就這麼簽了？」曾李青督促說：「就這麼簽了吧，再遲就來不及了。」

真的再遲就來不及了。

IDG與盈科投資騰訊的那個時刻，正是互聯網世界由大晴轉大陰的「視窗時間」。

在過去的一年多裡，互聯網經濟突然成為全球資本市場最炙手可熱的投資概念。主要以互聯網公司股票構成的那斯達克綜合指數在1991年4月只有500點，到了1998年7月跨越了2000點大關之後，猛然走出一波痛快淋漓的跨年大行情，到了2000年的3月9日，那斯達克指數赫然突破5000點，舉世歡騰，市場的繁榮把人們對互聯網的熱情推到了沸騰的高度。美國策略大師蓋瑞‧哈默爾（Gary Hamel）像先知一樣地宣稱：「當下正是改寫遊戲規則的千載良機。」

與世界資本市場相呼應，中國的股市也在1999年的5月19日突然出現爆漲行情，在不到兩個月的時間裡，上證綜指（上海證券交易所綜合股價指數）一舉衝到1700點，漲幅超

過50％，形成了著名的「5‧19行情」。中國僅有的幾家互聯網公司也受到了北美投資人的青睞，1999年7月14日，由香港商人葉克勇創辦的中華網搶先在那斯達克上市，融資9600萬美元。中華網除了收購過幾家中國網路公司之外，並無重大作為，然而它卻靠「中國概念」在美國股市大受追捧。1999年11月，中美達成WTO准入協定，中華網股價一天之內飆漲75％，其股價一度被推高到令人咋舌的每股300美元，公司市值達到50多億美元，相當於電信製造業巨頭愛立信當時的市值。2000年4月13日，中國最大的門戶網站新浪獲准在那斯達克正式掛牌交易，融資6000萬美元。網易與搜狐也即將在未來的三個月內完成上市（它們分別於7月5日和7月12日登陸那斯達克）。甚至有確鑿的消息透露，深圳證券交易所正在緊鑼密鼓地籌畫「中國的那斯達克」——創業板，屆時中國的互聯網公司將有機會在本土資本市場獲得融資機會。可以說，IDG與盈科在短短的三、四個月裡，決定對毫無盈利模式的騰訊進行投資，正是這股超級大熱浪中的一個極小插曲。

然而，崩潰在誰也沒有預料的時刻發生了。

從2000年4月的第二個星期開始，一直高傲地一路上飆的那斯達克指數在毫無預兆的情形下突然調頭下墜，綜合指數在半年內從最高的5132點跌去四成，8.5萬億美元的公司市值蒸發，這個數值超過了除了美國之外世界上任何國家的年收入。僅美國線上一家公司就損失了1000億美元的帳面資

產。幾乎所有知名的互聯網公司都遭遇重挫，思科的市值也從5792億美元下降到1642億美元，雅虎從937億美元下跌到97億美元，亞馬遜則從228億美元下跌到42億美元。

在這輪大股災裡，在那斯達克上市的幾家中國公司也不能倖免，新浪的股價跌到1.06美元的低點，搜狐則跌至60美分，網易更慘，它的股價一度只有53美分，遭到交易所發出「退市警告」。泡沫破滅了。互聯網的冬天將持續到2001年的5月，期間，哀鴻遍野。

很多年後，回顧這段經歷，騰訊的幾位創始人仍然心有餘悸。

從1999年11月出現資金危機到2000年4月完成融資，同時，那斯達克泡沫破滅，留給騰訊的時間其實只有6個月。在這6個月裡，如果馬化騰和曾李青沒有及時地找到IDG和盈科，如果IDG不願意冒險，如果盈科不那麼有錢，甚至，如果王樹沒有在協定簽訂之前就「超出責任」地劃出了450萬元（當時有很多投資協定在執行過程中作廢），也許，失血殆盡的騰訊將倒在2000年的那場互聯網股災中。在所有的商業故事裡，運氣是最神祕的一部分，幾乎有一半的創業者「死」在運氣這件事上，而且，你無法解釋。

從OICQ進化到QQ

任宇昕是在騰訊最缺錢的時候進入公司的。他於2000年

1月入職，是嚴格意義上第一個從社會上招聘來的員工。

1975年出生的任宇昕從小在四川成都長大，早在小學四年級的時候，他就在少年宮學會了電腦程式設計。上初中二年級時，他編寫了一個飛行射擊的遊戲軟體，被刊登在一家電腦報上，得到了20元稿費。從成都電子科技大學電腦系畢業後，他南下入職華為，擔任程式師。

1999年12月，他有一位同在華為上班的中學同學編寫了一個棋牌遊戲軟體，想要賣給剛剛有點紅起來的騰訊，掛到OICQ上。在一個週六的晚上，任宇昕陪他到賽格科技創業園的騰訊公司上門主動推銷，那時的馬化騰和張志東對遊戲毫無興趣，四人坐在辦公桌上東拉西扯起來。張志東問：「你們華為是怎麼管理的？」任宇昕說：「我們從來不允許坐在辦公桌前。」臨分手時，馬化騰突然問任宇昕：「你願意來我們這兒上班嗎？」第二天一早，整宿未眠的任宇昕給馬化騰打電話說：「我願意。」

在任宇昕的記憶中，初到騰訊時，有兩個印象最為深刻。

第一是上班沒有時間觀念。華為公司推行的是軍事化管理，軍人出身的任正非要求每一個制度的執行都必須像軍隊一樣嚴明，可是在騰訊卻大有不同。任宇昕第一天上班，按通知在9點準時到公司，卻發現大門緊鎖，枯等了大半個小時，才有人姍姍來遲，而馬化騰則過了10點才出現在辦公室裡。到了下午5點的下班時間，整個公司沒有一個人離開，

還沒有正式入職的許晨曄和陳一丹在這時才來公司處理事務，馬化騰一般會工作到10點以後，很多人就一起陪著。

第二是稱呼沒有等級觀念。全公司沒有一個人被以「總」字稱呼，所有人都有一個英文名字，馬化騰叫Pony，張志東叫Tony，曾李青叫Jason，陳一丹叫Charles，許晨曄叫Daniel，吳宵光叫Free，大家都直呼其名。任宇昕也為自己取了個英文名，叫Mark。這在騰訊成了一個傳統，每個騰訊員工都有一個英文名，後來者的名字若與老員工有重複，則會加上一個中文姓，比如Mark Li，Tony Liu。

任宇昕被分配到張志東領導的開發組，負責編寫騰訊的第一個基於網頁的BBS社群軟體。那時的騰訊正掙扎在生死邊緣，有幾位早期的員工相繼離開了公司，其中包括「夜貓」等人。3個月後，任宇昕就當上了網頁Web組的小組長。

也就在這段時間，美國國家仲裁論壇（NAF）對美國線上對騰訊的仲裁案做出裁決。2000年3月21日，仲裁員詹姆士・卡莫迪簽署了仲裁判決書，判定騰訊將OICQ.com和OICQ.net功能變數名稱歸還給美國線上公司。對於騰訊來說，這不是一個意外的結果，在1999年10月收到律師函之後，張志東就著手新版本的開發。讓大家苦惱的是，用什麼新名字來代替OICQ。

根據幾位創始人的回憶，有一天，吳宵光在公車上聽到兩位網友聊起他們的OICQ，將之稱為QQ。他回到公司後說起此事，立即得到馬化騰的回應，「就叫QQ了」，從此

定名。

　　不過，我在查詢當年報紙時，也發現了另外一種可能性。2000年9月7日的《南方都市報》刊出過一篇題為「將聊天進行到底」的新聞稿，記者寫道：「支援成千上萬的網蟲們樂此不疲的是網路聊天軟體，這類軟體中以ICQ和OICQ最為著名，因此聊天軟體理所當然地被一些業內人士親暱地稱做為QQ。」也就是說，在早期的一段時期裡，QQ是所有聊天軟體的非正式統稱，它後來被騰訊大膽地「據為己有」。

　　2000年11月，騰訊推出QQ 2000版本，OICQ被更簡潔的QQ正式取代，原來的www.oicq.com功能變數名稱也被放棄，代之以新的www.tencent.com。

　　QQ 2000版是QQ歷史上的一個經典版，在這個版本中，第一次採用了多種級別的保密選項，增強了個人資料和保密資訊功能，推出了QQ資訊通和騰訊流覽器（Tencent Browser），這意味著QQ由一款純粹的即時通訊工具向資訊門戶和虛擬社群悄悄轉型，日後QQ的種種變化都基於這一理念。此外，張志東還消除了一個法律隱患：之前的版本中，騰訊肆無忌憚地採用了唐老鴨、大力水手、米老鼠等迪士尼公司的卡通形象，此次也被全數去除，換上了東利行設計的企鵝系列卡通形象。

MIH 的意外進入

在整個2000年，騰訊的處境仍然是讓人擔憂的。在泡沫破滅的陰影裡，投資人漸漸失去了信心。

首先萌生退意的是IDG。在過去的3年裡，IDG先後投資了80多家創業型公司，總計投資額約1億美元，即每家投資50萬到150萬美元左右，採取的是廣種薄收的戰略，其中投資於財務軟體公司金蝶一案算是成功，這家企業於2001年2月在香港聯交所創業板上市。其餘投資的數十家互聯網類公司，在本次大寒冬中幾乎全數遭到重創，尤其是重資進入的電子商務網站8848，倒在上市前的最後一道門檻上。而原本寄予期望的深交所創業板也無人提及。在最為暗淡的時候，IDG需要一次套現存活。

在IDG看來，騰訊的商業模式並不受主流的資本市場青睞，而且，它實在太燒錢了。馬化騰將融資所得的資金幾乎全數用於伺服器的添置，可是，在用戶急劇增加的同時，盈利仍然遙遙無期。到2000年年底，騰訊再次出現資金危機，曾李青不斷地約王樹見面，希望能夠追加投資。磋商幾次陷入僵局，馬化騰堅持創業團隊必須保持控制權，而IDG和盈科不認為在當前的形勢下，騰訊還有溢價增發的空間。

於是，王樹提出了一個折衷的方案，兩家股東對騰訊提供200萬美元的貸款，以可轉換債券的方式執行。不過誰的心裡都清楚，如果這筆錢也花完了，就再也不會追加投資

了。IDG開始張羅著幫忙尋找新的買家。

「當時覺得最可能的買家，是已經上市的那幾家門戶網站。IDG去找了搜狐的張朝陽，被拒絕了。我和張志東到北京，去找了新浪的王志東和汪延，也被拒絕了。在互聯網業內的技術人員看來，騰訊的活，他們自己都能做，幹嗎要花幾百萬美元去買呢？而且當時那斯達克的股價嗖嗖地跌，大家誰也不敢輕舉妄動。」馬化騰說。

除了新浪和搜狐，IDG還牽線找了雅虎中國，被拒絕。馬化騰去拜訪了同樣在深圳，也是由IDG投資的金蝶，被拒絕。曾李青還輾轉找到大名鼎鼎的聯想集團，當時的聯想正與美國線上合力推廣門戶網站FM365，當然也拒絕購買。

另一家投資人盈科也加入了拯救騰訊的行動中。他們與有國資背景的中公網談判，試圖投資中公網，並由其收購騰訊，實現業務整合，這個方案中途夭折。接著，盈科把騰訊推薦給自己控股的TOM.com，被管理層拒絕。盈科甚至還找來香港著名導演王晶，想把騰訊的用戶與電影業結合，看看能否有盈利模式的創新，這一超前的構想當然也不了了之。

2000年第四季在四處碰壁之中一天一天地過去了，騰訊的用戶數仍然在驚人地猛增，註冊用戶很可能在半年內就要突破1億的驚人紀錄，可是全中國卻沒有一個人願意購買它的股份。

眼看著到了山窮水盡的地步，馬化騰的好運氣又開始「發功」了。

2001年1月，一位美國人帶著一個中國人突然出現在賽格科技創業園的騰訊辦公室裡，他操著一口流利的中文，自我介紹說他叫網大為，是南非MIH中國業務部的副總裁，隨同者是MIH投資的一家中國公司世紀互聯的總裁。馬化騰與曾李青第一次聽到MIH這個名字。

在中國，了解MIH的人不超過100人。這是一家總部在南非的投資集團公司，是南非最大的付費電視運營商，當時是那斯達克和阿姆斯特丹兩地的上市公司，它在新興國家投資新媒體多年，自稱是「全球前五大的媒體投資集團之一」。1997年，MIH進入中國，參與投資了《北京青年報》和脈搏網。

網大為是在無意中發現騰訊的。「我每到一個中國的城市，就去當地網咖逛，看看那裡的年輕人在玩什麼遊戲。我驚奇地發現，幾乎所有網咖的桌面上都掛著OICQ的程式，我想，這應該是一家偉大的互聯網企業。在2000年年底，我接觸幾家想接受投資的公司總經理，發現他們的名片上都印有自己的OICQ號碼，這更讓我激動，想要看看這是一家什麼樣的公司。」

直覺是通往真理的一條捷徑。網大為在直覺的引導下找到了賽格科技創業園東棟四樓的騰訊公司。

馬化騰坐在電腦前，讓網大為看QQ（此時新版本上線，OICQ已經改名QQ）的用戶增長曲線，告訴他，每天的新增註冊用戶約有50萬人，相當於歐洲一個城市的人口。而騰

訊與中國移動正在進行的「移動夢網」計畫，更是讓網大為隱約看到了盈利的可能性，我們將在下一章對此進行詳細的描述。

雙方很快進入實質性談判。網大為開出了兩個條件：第一，對騰訊的估價為6000萬美元，MIH願意用世紀互聯的股份來換；第二，MIH希望成為第一大股東。

對於這兩條，幾位創始人立刻表示不同意。在股份比例上，他們的底線是絕不放棄控制權。不過，讓他們高興的是，「至少第一次有這麼高的估值出來了」，騰訊的估值比一年前整整高出了11倍。

兩個月後，網大為做出讓步，MIH的投資將全部以現金支付，不過，在股權比例上，希望得到騰訊的幫助。

IDG聽到MIH的報價大喜過望，僅僅投資不到一年的專案，竟能得到11倍的退出溢價，這在互聯網大寒冬中是不可思議的戰果。IDG北京總部同意出讓所有20％的股份，可是深圳的王樹卻提出異議，在他的堅持下，IDG出讓12.8％，保留了7.2％。

盈科方面卻猶豫再三，它既不想追加投資，也不願意出售股份，MIH「哄抬物價」讓它進退兩難。馬化騰與曾李青前往香港同「小超人」李澤楷見面。

「那天，『小超人』在花旗大廈的餐廳裡請客，很多人像追明星一樣圍著他。我們在旁邊找了張桌子坐下來，他抽出一點空隙跑過來聊了十來分鐘，然後又像蝴蝶一樣飛走了。

他實在太忙了，簡直就是商業界的劉德華。」曾李青回憶說。
到2001年6月，盈科因收購香港電訊舉債過多，連續兩個季
度出現巨額虧損，這才不得不將全數20％股份售予MIH，套
現1260萬美元。

　　就這樣，峰迴路轉、讓人窒息的騰訊股權交易案塵埃落
定。偶然闖入的MIH以32.8％股份成為騰訊的第二大股東。
騰訊估值為6000萬美元，與新浪在那斯達克的融資額相同。
獲得投資的騰訊從此擺脫了資金短缺的困擾。

　　與第二次融資成功相比，同時還有幾件值得記錄的事情
發生：5月，那斯達克指數在這個月觸底反彈，互聯網的大
寒冬即將結束；也是在這個月，QQ的註冊用戶達到了1億。

　　這就是創業到第20個月的騰訊：在走了一段彎路之後，
找到了它的核心產品，擁有了一支志同道合的團隊和一個可
愛的品牌形象，它還不知道該如何盈利，不過已經有人願意
為它的未來買單。在一場突如其來的漫天雪災中，它被命運
眷顧，掙扎著熬過了生死線。

第四章
夢網：意外的拯救者

市場在不停地變化，
企業所在行業的利潤來源區也不停在變，
企業必須隨著利潤區的變化而變換自己的
企業設計和盈利模式。
——亞德里安·史萊渥斯基（Adrian J. Slywotzky，
美國管理學家），《獲利寶典》

電信運營商意外地拯救了中國互聯網產業。
——馬化騰

「影子國王」的夢網計畫

在「大雪災」降臨的最後時刻，騰訊得到了救命錢，這讓它在災難中得以僥倖逃脫。但是真正讓騰訊活下來的，並不是IDG、盈科或MIH，而是一種新的業務模式。

2000年年初，日本電信運營商NTT DoCoMo公司的一項新嘗試引起了馬化騰的注意。這家企業在1999年推出以「i-mode」為品牌的增值服務，它與一些內容提供者合作，向客戶提供各類有價值的內容，諸如漫畫、遊戲、圖片下載及聽音樂等等，由NTT DoCoMo代內容供應商收費，然後兩者進行利潤分成，由此形成了通話業務之外的無線增值業務。

「這不正是我們在咖啡館裡談過的事情嗎？無非是把尋呼機改成了手機。」馬化騰對張志東說。他描繪出一種生意模式：鼓勵擁有手機的OICQ使用者通過簡訊的方式進行註冊，開通「移動OICQ」，這樣就可以把電腦與手機打通，實現雙向交流；騰訊把使用者引導到手機上去，產生內容，然後與移動運營商分成。這是從來沒有人嘗試過的模式。

在一旁豎著耳朵聽的曾李青當下就決定找手機運營商談談。他找到了有朋友關係的深圳聯通，聯通的人覺得可以一試。此時OICQ的同時線上帳戶數已達到10萬，是一個不錯的促銷平台。每年的5月17日是國際電信日，這一天，電信運營商都會推出一些優惠活動。於是，在2000年5月17日，深圳聯通向深圳市民推出了名為「移動新生活」的促銷方

案。其中，「移動OICQ」是與騰訊公司聯合展開的，OICQ的用戶在自己的聯通手機上註冊一個移動OICQ號，即可通過簡訊平台，發送資訊，並實現手機端與電腦端的即時資訊互通。「當時搭了一個試驗性的系統，但是聯通並沒有把收費功能開發出來，不過，我們還是高興的，因為至少能跑起來了。」馬化騰回憶說。

騰訊與深圳聯通的這項合作，引起了曾李青的另外一些前同事的注意。

就在2000年4月，一家新的、專業從事移動通信業務的手機運營商正式從中國電信公司剝離了出來，它的名稱是中國移動通信集團公司。此時的中國電信是一家年營收高達2295億元的高營利性壟斷企業，被剝離到中國移動的均是一些入職不久、從事邊緣業務的年輕人。誰也沒有料到，它在不久後將迅速膨脹為一家巨型公司。

中國移動成立之後，便開始研究增值業務模式。廣東移動的深圳分公司同時注意到了NTT DoCoMo公司的模式以及騰訊與深圳聯通的合作。2000年8月15日，成立不久的深圳移動即與騰訊簽訂了「即時通——移動OICQ」業務的試運行協議。協定規定，該業務先在深圳地區運行一個半月，隨後正式在廣東移動全面推出。

約4個月後，中國移動全面拷貝「i-mode」模式，正式推出了移動互聯網業務品牌——「移動夢網」，中國移動向社會徵召電信增值業務合作夥伴，收入以15比85分成，增

值服務商可獲得85％的部分。在首批簽約的三家合作商中，包括騰訊、靈通和美通，全部是註冊於廣東的中小企業。

在技術上，簡訊增值服務並沒有什麼突破，甚至它只是運營商在現有技術水準上的應用性試驗，而且在西方國家，尤其是被視為標竿市場的美國，並沒有先例可循，因此在一開始它並不被看好。然而，誰也沒有想到「移動夢網」在未來的幾年內竟然出乎意料如野花綻放，不僅成為中國移動成功崛起的關鍵之一，而且還意外地救活了在虧損泥潭中無所適從的、年輕的中國互聯網公司。

中國的手機用戶對手機簡訊的熱情也許是全世界最高的，尤其是與美國用戶相比，呈現出極端的反差。

美國人爽朗直率的個性使得大多數人更喜歡直接通電話，認為用簡訊的方式向人表示祝賀是失禮的。有資料顯示，在美國手機用戶中，利用手機發送，並接收文字短資訊的比例只有5％。用戶在辦理手機入網手續的時候，只關心通話品質、通話資費，對手機的樣式和簡訊、上網等增值功能幾乎不關心。2000年前後，很多人用的手機都是特別老的型號，根本沒有簡訊功能。因需求不足，美國各大電信公司對提供簡訊服務也無熱情，長期以來，不同的移動通信公司之間無法實現短資訊互換，這與亞洲或歐洲運營商的開放有明顯區別。另外，美國手機付費大多是每月固定金額，從20多美元到100多美元不等，並且從晚上7點或者9點就全部免費，而手機簡訊大多需要單獨付費，發一條資訊的費用高達

10美分，其過高的費用也成了阻礙手機簡訊發展的因素。

而在中國，情況恰恰相反。這裡的手機通話費很昂貴，一角錢一條的簡訊顯然更加合算。中國人含蓄的個性，也使得人們更樂意用簡訊的方式互相問候、表達自己的情感。這種消費特性上的微妙差異，造成了不同的商業模式。隨著手機的迅速普及，這種反差變得愈來愈有戲劇性。在2002年，全美國的手機使用者發送短資訊的總數為81億條，但中國人僅在2004年春節7天長假期間就發送了70億條。到2006年，美國全年的簡訊量都比不上中國春節一天。正是中國人對簡訊的熱情，給予了中國移動以及內容供應商極大的創新空間。

當然，這種景象在2000年下半年還很少有人能夠看得清，在這一年，中國移動的簡訊收入僅有1億元，即10億條次的發送量。不過，對於騰訊來說，他們似乎看到了一絲希望的微光。「我們好像看到錢了。」曾李青說。

夢網拯救中國互聯網

於2001年11月10日正式開通的「移動夢網」計畫，先是在廣東移動試點，而後四川、浙江等省相繼跟進。中國移動採取了非常開放的姿態，它承諾將85％的簡訊增值收入分給合作商。為了鼓勵各家參與，它還設計了一個「賽馬機制」，積極性愈高的合作商可以得到愈多的資源配置和政策

扶持。

在後來的幾個月裡，曾李青帶著他的市場部人員瘋狂地奔波於各地移動公司，一家一家地洽談和簽訂開通「移動QQ」的業務。曾李青在自己的小辦公室裡掛了一張全國地圖，用紅藍兩色做標記，紅色代表聯通，藍色代表移動，拿下哪個省份就用顏色標記出來。「我們的人常常自己扛著伺服器，跑到移動公司的機房裡去安裝，好像是跟時間在賽跑。」他回憶說。

2001年2月，具有標誌意義的北京移動成為第九家開通這項業務的分公司，這意味著騰訊完成了中國主要市場的布局。到3月，「移動QQ」的手機簡訊發送總量已達3000萬條，可為騰訊帶來超過200萬元的月收入。

2001年6月，也就是MIH正式入股騰訊的當月，馬化騰把全公司的10多個人召集起來，向大家宣布：因「移動夢網」業務順利開展，騰訊在財務報表上第一次實現單月盈虧平衡。到年底，騰訊實現了營業額近5000萬元、淨利超過1000萬元的目標，其盈利全部得益於中國移動的「移動夢網」專案。

「對於大多數網蟲（編注：沉迷於網路世界者）來說，IT界的明星既不是網易、搜狐、新浪，也不是丁磊、張朝陽、王志東，而是由深圳騰訊公司發明的小企鵝——QQ（原名OICQ）。」2001年6月25日，廣東當地的一家新聞門戶網站大洋網在一篇報導中這樣寫道。這樣的論斷，在當時並不

被廣東以外的主流媒體所接受。不過,騰訊確乎是最早盈利的互聯網公司。此時,在那斯達克上市的新浪、網易及搜狐三大門戶均深陷虧損漩渦,網易的淨虧損更是從之前公布的1730萬美元上升到2040萬美元,那斯達克以財務報表存在疑點為由,一度宣布網易股票停止交易。馬雲的阿里巴巴儘管宣稱擁有了400萬網商用戶,卻將獲得的2500萬美元資金幾乎燒盡。他不得不相繼關閉境外公司,遣散外籍員工,把公司總部從上海又遷回了家鄉杭州。

在三大新聞門戶網站中,第一個投入夢網事業的是網易。2001年1月,因股價跌得慘不忍睹而灰心喪氣的丁磊與廣東移動簽訂了合作協定,宣布開展手機簡訊業務。他後來說:「廣東移動找我談移動夢網的合作時,大家心裡其實都沒有底。好比一個溺水的人,能胡亂抓住一根稻草也是好的,沒有想到的是,這根稻草居然長成了一根大樹枝。」正是在簡訊業務的推動下,網易於一年後的2002年第二季走出虧損,季度盈利3.8萬元,在其收入構成中,簡訊、下載鈴聲和圖片等的收入超過1500萬元,占到整體收入的40%。《亞洲華爾街日報》評論認為,網易是互聯網泡沫破滅之後第一家實現盈利的門戶網站。在網易的啟示下,新浪和搜狐相繼宣布與中國移動合作,全力開拓手機簡訊業務。

在「移動夢網」計畫的推波助瀾之下,中國手機用戶的簡訊發送量突然爆量。2001年,中國移動的簡訊發送量暴增16倍,達159億條,2002年更增至793億條,中國的簡訊量

占到了全球簡訊量的1/3。在中國移動收入中，數據業務收入所占比例從2001年前的2.1％上升到2002年的6.4％。

2002年8月，中國移動在廣州舉辦了一場「移動夢網共同發展策略研討會」，有100多家內容供應商與會。在會上，知名度頗高的丁磊被當成合作典範，而真正得到最大收益的卻是當時還默默無聞的馬化騰。相對於新聞門戶網站，做為即時通訊工具的QQ顯然對用戶有更強的綁定性，被使用的頻率也更為頻繁。資料顯示，通過移動QQ發出的簡訊數量約占整個「移動夢網」簡訊數量的70%。

第一次組織架構調整

隨著「移動夢網」業務的展開，幾位創始人對騰訊的組織架構進行了第一次改造，整個公司被劃分成三大部門，分別是市場部門（M線，Marketing）、研發部門（R線，Research）和職能部門。在各項任命中，馬化騰為首席執行長（CEO），曾李青為首席運營長（COO），張志東為首席技術長（CTO），陳一丹為首席行政長（CAO），負責所有行政事務，包括後勤，許晨曄則為首席資訊長（CIO），負責新聞媒體事務並兼管門戶網站。

一大批優秀的專業人才也在此時被引入騰訊，如財務部經理王齊、行政部經理郭凱天，以及如今的首席財務長（CFO）、集團高級副總裁羅碩瀚。

R線下設三個部門：無線開發部負責手機端的簡訊業務，經理是鄧延；基礎開發部負責底層技術和伺服器維護，經理是李海翔；產品開發部負責QQ用戶端的技術開發及維護，經理是吳宵光。

M線下設綜合市場部和移動通信部。前者負責全國銷售隊伍的建設及管理，後者負責與三大電信運營商的業務對接，經理分別為鄒小旻和唐欣。

在公司決策上，騰訊形成了總辦會議制度。每兩週召開一次，參加者為5位創始人和各核心業務部門主管，人數為10到12人。這個人數規模一直沒有被突破，一直到2013年，騰訊的總員工人數已超過2萬人，總辦會的參與者也不過16人。

總辦會是騰訊最為核心的決策會議，馬化騰要求所有與會者無論日常工作多麼繁忙，都務必前來參加。每次會議都在上午10點準時開始，一般都要延續到凌晨2、3點，因此是非常考驗體力的馬拉松會議。

「Pony喜歡開長會，每一個議題提出後，他都不會先表態，而是想要聽到每一個人的態度和意見，所以會議往往開得很漫長。」好幾位與會者對我透露過開會的情景。「在總辦會上，幾乎所有重要的決議都是在午夜12點以後才做出的，因為到那個時候，大家都太疲勞了，常常有人大喊『太睏了、太睏了，快點定下來吧』，然後就把一些事情定了下來。」

　　一個比較特殊的慣例是，騰訊的總辦會沒有表決制度，根據人力資源部門主管奚丹等人的記憶，「十幾年裡，沒有一次決策是靠表決產生的」。在部門業務事項上，相關責任主管的意見很受重視，「誰主管，誰提出，誰負責」。在關係到公司整體戰略的事務上，以達成共識為決策前提，若反對的人多，便會被擱置，而一旦為大多數人所贊同，反對者可以保留自己的意見。在這一過程中，馬化騰並沒有被授予「一票贊同」或「一票否決」的權力，他看上去更像是一位折衷者。

不成功的收費試驗

　　眼看著無線業務部門月進百萬的火熱局面，負責QQ用戶端的產品開發部則像一個捧著金飯碗的乞丐，馬化騰獲得的資金幾乎都砸在QQ上，可是卻找不到直接獲利的辦法。

　　第一個被想到的模式，當然是廣告。

　　早在2000年8月，QQ的頁面上第一次出現了旗幟（banner）廣告，客戶每投放一天需花費2萬元到9萬元不等，按打開次數來計算，每天的廣告曝光可達到4億次，週末更達5億次，按「千人成本」來算非常划算。「當時的投放客戶幾乎都是正在燒錢的互聯網公司，大家互相投放，我在你那裡投廣告，你也在我這裡投一些，大家就都有了收入，其實是騙投資人的。我們也找很多消費品公司談過，只

有寶僑（P&G）和諾基亞（Nokia）嘗試性地投放了一些。」

與新浪等門戶網站相比，騰訊的廣告價格非常低廉，往往只有前者的1/5，曝光率卻非常高。可是，因為QQ的面積很小，廣告的展現效果並不好，而且，QQ用戶的年齡偏小，商品購買力令人懷疑，因此，廣告的推廣並不順利。到2000年的12月，騰訊名義上的廣告收入曾一度達到150萬元，可是到第二年的2月，在互聯網寒流的襲擊下，願意到QQ上投廣告的企業愈來愈少。

吳宵光想到的第二個模式，是會員制。

「我們當時算了一下，QQ用戶已將近1億，如果有百分之一的使用者願意購買我們的服務，就是一筆非常可觀的收入。」2000年11月，騰訊推出了名為「QQ俱樂部」的會員服務，向付費會員提供免費使用者享受不到的服務，包括具備網路我的最愛和好友清單保存等功能，還可以選到一個較好記憶的「靚號」，會費為每月10元。

這項業務被寄予厚望，騰訊自稱這是「中國互聯網史上的第一個增值服務業務」，曾李青負責的市場部還專門印製了數十萬張名片大小、標明QQ號碼與密碼的「騰訊會員卡」，雇人在鬧區和大學校園大量派送。

可是，即使在強力的推銷之下，「QQ俱樂部」每個月只有幾百個用戶願意加入，月收入僅兩、三萬元，半年內只發展了區區3000個會員。這個結果讓騰訊上下非常沮喪，馬化騰將失敗的原因歸咎於支付方式的缺失。「當時的中國青

年消費者幾乎沒有人擁有信用卡，他們必須跑到郵局匯款，很少有網友樂意為了每月10元往郵局跑。」由於付費者寥寥無幾，騰訊之前承諾的服務也沒有開發實現，這是騰訊歷史上非常尷尬的一次業務嘗試。

第三個被嘗試的業務則是企業服務。

在相當長時間裡，馬化騰堅定地認為，向企業收費將是QQ最重要的獲利管道之一。在2000年年底，騰訊推出針對企業的BQQ（即Business QQ）版本，這一版本保留了QQ的文字、音訊影像通訊、檔案傳輸等功能，又做了許可權設定，可以控制上班聊天現象。同時，增加了視訊網路會議、討論群組、簡訊群發等功能。深圳的一些知名企業，如萬科等，成為BQQ的首批試用者，它們似乎歡迎這一服務，可是仍然拒絕為之付費，騰訊只能從集團簡訊中獲得一些分利。還有一些企業主則認為QQ太「幼稚」了，他們在日常生活中用QQ與朋友聊天，可是在工作中堅持用看起來更商務化的MSN。

到了3年後的2003年11月，在經歷了6個版本的升級後，騰訊宣布免費的BQQ「試用版」用戶已經達到了7萬家，在此基礎上，騰訊與IBM、用友、金蝶等軟體供應商合作，提出升級的騰訊通（RTX，Real Time eXchange），可是這一產品的推廣業績仍然令人失望。在之後的10年裡，騰訊一直在商用市場上碌碌無為。

QQ收費風波，陷入第一次輿論危機

產品開發部推出的第四個收費業務，是QQ號碼註冊收費，它使得騰訊遭遇創建以來的第一次輿論危機。

2001年2月，QQ的每天新註冊人數達到了創紀錄的100萬，騰訊的伺服器受到巨大的壓力，張志東說：「當時每天發放數十萬個帳號，很多人搶註，形成重複操作。本來100萬個號碼，只需要100萬次操作，因為重複操作，出現了上千萬次的申請，成功率降低到2％左右。」在這種供不應求的情況下，騰訊開始對用戶註冊進行限制，並逐月減少放號，由100萬降低到60萬，再降到40萬左右，同時，鼓勵用戶通過撥打168聲訊台或發送手機簡訊的方式獲取QQ號，撥打168聲訊台的費用是每分鐘0.8元，通過手機發短資訊註冊則每次收費0.5元，用戶獲得一個QQ帳號約需支付1元。騰訊雖然沒有明確地宣布註冊收費，可是，用戶從此幾乎不可能免費註冊QQ。

這一政策很快引起用戶的不滿。7月，有網友發文表示：「騰訊QQ，你做得太絕了！」，文章並警告說：「假如還有第二家可以與QQ對抗的線上即時通訊軟體，騰訊推出這種使用者不歡迎的註冊方式代表著自殺。」發文者繼而號召大家抵制騰訊的收費行為，認為：「這可能會使騰訊在收費的路上走得更遠，可能在將來你登錄一次QQ即要付一定的使用費，甚至你發送一條資訊都要收費，如果沒有誰能夠

狙擊騰訊的話，這並不是不可能的，壟斷可以滋生一個企業無止境從用戶身上剝奪利潤的欲望。」此文在各個新聞網站和論壇被迅速傳播開來。

到了8月20日，對騰訊的怒氣被發洩到了傳統的紙本媒體上，北京發行量最大的消費類週報《精品購物指南》以幾乎整版的篇幅刊出〈要學郵箱註冊收費，騰訊上演東施效顰〉一文，記者以親身體驗寫道：「在早、午、晚、夜四個時段各花了20分鐘從頁面註冊，但是全部失敗。因此，有理由懷疑，騰訊公司已經在伺服器上對頁面註冊進行了全面限制，要想申請新的QQ帳號，只能花錢用手機註冊或者是打168聲訊電話。」文章對騰訊表達了強烈的不滿：「網民對騰訊的做法很是傷心和惱火，有網友說，我們已經容忍了騰訊彈出式廣告和視窗閃爍的廣告，現在又用這種做法來增加收入，事先也未有任何通知，實在是太不光明磊落了……騰訊公司在不恰當的時候，以不恰當的方式，在不恰當的專案上收取了費用以至於遭到了網民的非議。也許，騰訊該反思一下了。」

《精品購物指南》的報導讓騰訊一下子處於輿論的風口浪尖。

「從來沒有那麼多記者打電話來，我們根本不知道如何應付，電話鈴聲響了，誰也不願去接。」負責公關事務的許晨曄回憶說。馬化騰拒絕接受任何媒體的採訪，在很長時間裡，性格內向的他一直不知道如何與新聞記者交流。法律專

業出身的陳一丹受命起草一份「公開信」，此信在兩天後，被《精品購物指南》全文刊出。

騰訊在公開信中為自己辯護說：「參考過國外其他互聯網即時通訊服務商的新註冊使用者數量指標後，我們有充分的理由認為，註冊用戶增長過快，是對免費資源的極大浪費。有見於此，騰訊才開始對註冊用戶的數量有所限制，把每天的放號量控制在20萬到30萬……騰訊公司開啟諸如手機註冊和撥打聲訊台註冊服務，是為了給真正有需要的使用者提供一個可行的管道。」

騰訊這份律師氣息濃厚的公開信對平息用戶的怒火，幾乎沒有起任何的作用，甚至在很多人看來，「是傲慢而無理的狡辯」。有網友反駁說：「為什麼國外的ICQ或MSN都沒有因註冊用戶的增加而收費？而用戶增長與免費資源的浪費，更是沒有一毛錢的關係。」

在騰訊內部，針對是否要繼續執行收費政策也出現了對立意見。有人擔心騰訊會被用戶的口水「淹沒」，也有人擔心會出現新的競爭者。馬化騰堅持了收費的策略：「我們那時剛剛拿到MIH的投資，移動夢網的業務雖然有點起色，但前景並不確定。騰訊不會被罵死，但是肯定會因找不到盈利模式而失血致死。」在他看來，讓騰訊活下來肯定是最重要的。

頂著漫天罵聲，騰訊於2002年3月宣布將推出「QQ行靚號地帶」業務，出售QQ號碼使用權，選擇該項服務，能

獲得5位、6位、8位靚號以及生日號碼的使用權,並享用QQ會員功能。到9月,「QQ行」號碼正式向中國用戶發售,每月收費2元,免費號碼和一次性號碼申請基本上停止發放。

騰訊的收費戰略果然把「競爭之狼」引了進來。

就在「QQ行」號碼正式發售的9月,一家叫朗瑪的創業公司推出朗瑪UC用戶端,它以獨特的場景聊天、動作語言、動畫圖釋等眾多新穎的功能贏得了用戶的喜愛,在短短的3個月時間裡註冊用戶數就突破800萬,線上用戶數超過3萬。在朗瑪UC問世的幾個月裡,幾乎所有的門戶網站不約而同地推出了自己的即時通訊工具——網易泡泡、新浪聊聊吧、搜狐我找你、雅虎通、263的E話通、TOM的skype,市面上出現了30多款類似的產品,騰訊引爆了一場針對自己的圍剿戰。

到2003年6月,馬化騰如夢初醒,決定重回免費之路。騰訊以「慶祝移動QQ三週歲生日」為名,宣布新開通移動QQ的用戶,可以獲得免費長期使用QQ號碼一個。至此騰訊再次打開長期使用號碼發放之門。兩個月後,QQ重新開放免費註冊。可是,群狼對騰訊的圍攻之勢已然生成,在之後的兩年多裡,騰訊不得不疲於應付。

在騰訊史上,2002年的「靚號收費」在日後很少被提及,事實上,這是一次非常危險的歧途經歷。

虛擬貨幣的誕生

在整個2002年，儘管騰訊在QQ收費模式上的試驗一直非常不順利，可是，還是有一項創新如種子一般被保留了下來，它在日後成為騰訊產業的一個基礎，那就是Q幣的誕生。

由於金融信用體系的缺失（這是中國與美國互聯網產業最大的差異之一），長期以來，如何建立自己的支付體系困擾著所有的經營者。最早想出解決之道的，是網路遊戲的從業者，而這正是2002年前後發生的事情。

在互聯網泡沫的寒冬時期，所有人都在尋找可以實現盈利的市場，網遊很快被認定是一項「剛性需求」。早在1998年3月，UCDOS（一種曾被廣泛使用的漢字作業系統）的開發者鮑岳橋與簡晶、王建華在北京創辦了中國最早的棋牌休閒網遊平台「聯眾遊戲」，僅一年多的時間就擁有註冊用戶2000多萬，每月活躍用戶數高達300萬，1999年，聯眾被中公網以1000萬元人民幣收購79％的股份。1999年，郭羽等人在杭州創辦另一家棋牌休閒遊戲平台「邊鋒」，一時形成「北聯眾，南邊鋒」的格局。然而，聯眾與邊鋒在很長時間裡都沒有找到讓遊戲玩主付費的辦法。

2001年年初，一家規模比聯眾和邊鋒都要小得多的遊戲公司「九城」卻「意外」地闖出了一條路子。外貿業務員出身的九城創辦人朱駿建起了一個支付平台，與電信公司達成

163、139主叫分成協議（編注：主叫用戶是指主動發起呼叫的用戶），通過電信撥號上網的用戶，只要上了九城，ISP的上網費三七分，九城還與上海電信發行聯名卡，100元的上網卡中含15元的「九城遊戲幣」。朱駿發明了「九城點數」，玩主可以用聯名卡裡的貨幣購買「點數」，去玩一款需要付費的遊戲，或在遊戲中押注，以贏取與真實貨幣等值的「遊戲幣」。由此，九城形成了兩種收費模式：與電信公司分成上網費，發行專屬的虛擬貨幣。到2001年7月前後，九城的月收入達到200萬元，300萬註冊用戶中的付費用戶竟高達10萬人。

騰訊在2002年年初開始討論發行虛擬貨幣。在推廣「QQ俱樂部」會員服務和「QQ行靚號地帶」業務的時候，馬化騰、曾李青深感支付系統的拖累，「有了自己的虛擬貨幣，也許情況會好一些」，這是很多人都意識到的。

據回憶，第一個提出「Q幣」這個概念的是許晨曄。「在3月份的一次討論中，許晨曄無意中說出了『Q幣』這個名詞，大家都覺得不錯，於是就定了下來。」Q幣的規則也非常簡單：一元人民幣可以購買一Q幣，付費用戶可以通過等值面額卡的卡號、密碼與QQ號關聯進行「充值」。

在一開始，Q幣並沒有進入QQ的軟體系統服務之中，它只是被當成一種行銷工具。曾李青負責的市場部門於5月正式向用戶推出Q幣，可是在4月發布的QQ軟體最新版本──QQ 2000C中，卻找不到任何對Q幣的描述。這一新版

本與之前的相比，最大的變化是將無線QQ、BQQ等一系列增值服務整合到QQ用戶端軟體中來。騰訊認為，「整合了各種功能的騰訊QQ 2000C，已經完全超越了一個網路即時通訊工具的範疇，也許把它稱為『移動互聯時代的通訊工具』更為適合一些」。很顯然，這是一個超前了至少10年的「自我期許」。

最初的一年裡，Q幣的月發行量約為50萬元，幾乎都是出售QQ靚號所得。隨著QQ註冊重回免費之路，Q幣一度成為一塊食之無味的「雞肋」。可是到了2002年的下半年，由於一款革命性的收費產品的橫空出世，Q幣突然變成了一大利器。

第五章
QQ秀：真實世界的倒影

我們會因為混淆了虛構和現實而相視一笑，
我們感到這種幻象已經控制了我們。

——奧罕·帕慕克（Ferit Orhan Pamuk，土耳其作家）

網路也是一個世界，
一個我們可以實現現實中不可能實現的夢想世界，
「阿凡達」提供了這種可能。

——騰訊「阿凡達專案」計畫書

「社群」的第一次出現

2002年9月，馬化騰受阿里巴巴的馬雲之邀，去杭州參加第三屆「西湖論劍」大會，這是他第一次在全國性的行業領袖論壇露面。

「西湖論劍」由擅長表演的馬雲發起，是早年互聯網業界最出名的領袖峰會。2000年9月，馬雲和著名的武俠小說家金庸聯名發出「英雄帖」，邀請天下豪傑到西湖邊「品茶論劍」，受邀到場的有三大門戶網站以及電子商務公司8848的掌門人——王志東、張朝陽、丁磊和王峻濤，這是當時公認的互聯網界的明星創業家。2001年9月，第二屆「西湖論劍」再度舉辦，受邀的領袖有6人，除了馬雲、張朝陽和丁磊之外，新浪的王志東已因業績不佳被董事會驅逐，代替他來的是新任首席執行長茅道臨，王峻濤儘管還是來了，但是他已被迫離開了危機中的8848公司，新增加的一位是盈科旗下的Tom.com的行政總裁王兟。

到了2002年，由於三大門戶網站還沒有從寒冬中徹底甦醒過來，掌門人都拒絕與會，馬雲不得不退而求其次，受邀來到杭州的5位嘉賓全數是新面孔：搜尋網站3721的周鴻禕、求職網站前程無憂的甄榮輝、遊戲平台聯眾的鮑嶽橋、線上旅遊網站攜程網的梁建章，以及馬化騰。他們被認為是泡沫破滅後的倖存者，也是互聯網業界的「二線人物」，當時被稱為「五小龍」。

在這次論壇上,馬化騰表現得有點心不在焉。從當時的報導看,他的出現並沒有引發媒體的熱情,當地的《錢江晚報》記者在一篇報導中如此描述見到的馬化騰:「馬化騰,做為QQ的創造者,被冠以『QQ先生』的稱號。和QQ給人的先鋒、前衛感覺很不一樣,馬化騰一點也不新潮,雖然一身休閒西裝的他看上去還挺年輕的,那副金絲眼鏡也給他增添了幾分文縐縐的氣息,但怎麼看怎麼不像那個造出可愛小傢伙的網路大俠。即使他在脖子上掛條紅圍巾,也沒有半點QQ的樣。」

也是在這次論壇上,馬化騰第一次見到了比他年長一歲、日後的宿敵周鴻禕。相比拘謹寡言的馬化騰,個頭矮小精幹的周鴻禕顯得活潑外向得多,他常能妙語如珠,贏得掌聲一片。在大會論壇上,他調侃說:「我們5個人中,只有馬化騰最不成熟了。」所有的人都聽得一驚,周鴻禕才悠悠地說:「因為我們4人都結婚了,他沒有。」

此時的馬化騰,還沒有學會如何在公眾面前表現幽默感。在接受採訪時,他除了描繪騰訊的「遠大前程」之外,重點介紹了上個月25日推出的QQ新版本,在這個升級版本中,第一次出現了群聊功能。

這個功能的靈感來自於騰訊內部的「飯友團」文化。那時候,騰訊內部存在很多「飯友團」,中午下班前大家通過郵件討論,並決定午餐如何解決,由於郵件存在延遲,且回復意見比較混亂,很難迅速達成一致意見,經常還會出現人

員遺漏問題。針對這些問題，便有人提出這樣一個設想：「能不能在QQ上面建立一個固定的人員列表，列表中人員可以同時參與即時討論呢？」

　　主管技術開發的張志東和吳宵光及時抓住了這個靈感。在8月的新版本中，QQ用戶可以自主建立QQ群，邀請好友加入，隨時進行聊天，分享檔案、圖片以及音樂，同時，群動態功能還能讓使用者即時了解群裡的大事件和群友們的最新變化，此外還有群成員名片、群備註、群動態、群消息接受方式設置、群聊精華等多個展示性、互動性功能。張志東在功能定義中寫道：「QQ群是為QQ用戶中擁有共性的小群體建立的一個即時通訊平台。比如可創建『我的大學同學』『我的同事』等群，群內成員有著密切的關係。QQ群功能的實現，一下子改變了您的網路生活方式。您不再一個人孤獨地待在QQ上，而是在一個擁有密切關係的群內，共同體驗網路帶來的精采。」

　　群聊功能的開發，可以看做是騰訊在即時通訊領域中的一個突破性創造。

　　它開創性地將傳統的一對一的單線索關係鏈升級為多對多的交叉型用戶關係鏈，突破了原有交流模式的局限。QQ群的發明，徹底改變了網民維繫關係鏈和線上互動交流的方式，標誌著社交網路概念在中國的出現，而這比Facebook要早了18個月。張志東日後說，在推出群聊功能後，QQ實際上已經建立了一個類熟人的社群圈，儘管它不是實名制的，

可是邀約以及集體聊天的過程，意味著用戶之間的關係是「熟悉」的。

群聊功能的出現，讓QQ的活躍度在2002年年底得到了驚人的提高。但接下來最令人關心的是：騰訊如何讓這個日漸形成的虛擬社群具有人格化的特質，並因此創造出一個盈利模式。

市場部推出「阿凡達計畫」

就在技術部門研發出群聊功能的同時，2002年8月中旬，市場綜合部新報到的許良成了「騰訊歷史上的第一個閒人」。

1999年畢業於武漢大學經濟系的許良，此前創辦過一家軟體公司，兩年下來，一敗塗地。而後他投簡歷進了騰訊，原本給他的職位是全國網咖推廣經理，可是因為他的手機丟了，報到晚了兩週，職位被另外的新人頂替了，於是，鄒小旻給了他一個「產品經理」的職務。「產品經理是做什麼的？」許良問。「就是研究產品，等著分配新的工作。」鄒小旻答。

許良不知道應該研究什麼產品。有一天，同事閒聊，有人提起韓國有一個sayclub.com的社群網站，開發出一個名叫「阿凡達」的功能，使用者可以根據自己的喜好，更換虛擬角色的造型，如髮型、表情、服飾和場景等，而這些「商品」

需要付費購買。這一服務推出後，很受韓國年輕人的歡迎。言者無心，聽者有意，許良回到電腦前就去搜尋sayclub.com，覺得很新奇，但他看不懂韓文，就花400元請人把網站內容翻譯了出來。

直覺告訴許良，這也許是一款不錯的產品，於是，他很快寫出了一個需求文件，抄送給公司所有的上級。然而，一個多月過去，沒有一個人回覆他。

正在這時，許良遇到了同樣上班不久的王遠。王遠是資深的互聯網人，此前兩年在中國移動旗下的卓望公司裡擔任銷售總監和商務拓展總監，被曾李青挖來擔任助理。卓望是「移動夢網」的業務支撐平台，王遠目睹了中國整個無線產業奇跡般地崛起，並深入研究了日韓的無線資料業務。王遠了解了許良的專案後，覺得很有意思，並讓許良重做調查。

通過深入的調查研究，許良得到了更多的資料。2000年12月，在sayclub.com上購買虛擬道具的付費用戶為6萬人，一年後，便暴增到150萬人，每個用戶平均每月支出折合人民幣為4.94元，盈利非常可觀。在sayclub.com的流行引領下，韓國排名前五大的聊天和社交網站都已經「阿凡達化」，網路化身被廣泛應用在聊天室、BBS、手機、E-mail、虛擬社群等線上交流的網路服務裡。

更讓許良著急的是，這一流行趨勢也已傳入中國。2002年5月，丁磊的163.com嘗試性地在自己的即時通訊工具網易泡泡中推出了網路化身產品。另有一家名為「友聯」

（ViaFriend.com）的網站則在6月份推出了一個「阿凡達」品牌——i秀，宣稱是「中國第一家提供個性化網上虛擬形象服務的網站」。也就是說，「這次騰訊又遲到了」。

許良連日製做出一份長達80多頁、邏輯縝密的簡報檔（PPT），同時還設計出了最原始的虛擬形象系統。在這簡報檔中，許良提出了幾個富有創建性的觀點，根據他的調查研究，「阿凡達是網民在互聯網上一個形象化的可變標識，此外，阿凡達是線上交流類網路服務中最現實可行的一種收費模式」。從韓國的資料來看，購買「阿凡達」的網民中，以18歲到25歲的年輕人為主要客群，其中20歲以下的占了一半，男性與女性比例約為2：1，這一客群特徵與使用QQ的中國用戶十分吻合。在國內，儘管友聯和網易都已經推出了類似「阿凡達」的產品，不過，友聯的用戶基礎不足，支付手段落後，網易也沒有做為主力產品來推，而且，根據許良的判斷，「中韓兩國網民在交流習慣上存在差異，韓國人習慣交流於網站型社區，而中國人則喜歡IM。因此網易也不是一個好的阿凡達載體」。

許良進而得出的結論是：「理論上說，對阿凡達這個市場而言，騰訊比任何其他公司都具有先天優勢！阿凡達像是一個專門為騰訊準備的高速成長的線上市場……騰訊可利用阿凡達技術和阿凡達形象系統將整個騰訊社群重新整合，最終使騰訊社群變成一個大規模的模擬現實的線上虛擬社群，或是虛擬遊戲平台。阿凡達服務內容也將隨著這個社群的拓

展而不斷拓展，它不是一個一勞永逸創造收入的工具，而是一個確認方向後不斷追加投入、豐富內容的過程。」

在收到許良的PPT之後，曾李青決定把決策層召集起來，聽一次專案彙報。

「我們市場部門其實都看好阿凡達，可是，提出新產品是研發部門的職權，於是，都得看瓜哥的態度。」曾李青回憶說。沒想到，在彙報會上，第一個表態的就是「瓜哥」張志東，許良報告到一半的時候，向來謹慎的張志東就站起來打斷他：「我覺得這是一個好產品，應該馬上做。」馬化騰隨之應和。

當場，「阿凡達小組」就成立了，許良受命領銜，張志東抽調了三位程式師和一位美工給他。第二天，程式師徐琳就設計出了第一個原型。許良認為「騰訊在內容策劃上力量薄弱，與內容相關的服務一直不是強項」，便委託一家韓國公司設計虛擬道具，兩個月裡設計出800多款，「阿凡達小組」的程式師開發出QQ商城。而這套虛擬形象系統，被稱為「QQ秀」（QQ show）。

2003年1月24日，QQ秀上線試運營，許良派送給所有QQ會員價值10元的Q幣，使他們成為QQ秀的種子用戶。

兩個月後，騰訊宣布「QQ秀」——QQ虛擬形象系統正式收費，QQ用戶可以用Q幣購買衣物、飾品和環境場景等設計自己的個性化虛擬形象。在QQ秀商城中，有各種虛擬物品，包括仙女裝、工作服、墨鏡、項鍊，它們的售價在

0.5元到1元之間，這些虛擬物品可以依照自己的需要隨時更換，也可以做為禮品送給自己的QQ好友。這一個性化的虛擬形象除了在QQ頭像上顯示之外，還將在QQ聊天室、騰訊社區、QQ交友等服務中出現，也就是說，QQ秀讓一個網民在虛擬世界裡重建了一個虛擬的自己和表達情感的方式。一個QQ秀形象有效期為6個月，之後用戶必須繼續付費購買。

QQ秀受歡迎的程度，出乎所有人的意料，在QQ秀上線的前半年，就有500萬人購買了這項服務，平均花費為5元左右，支出遠遠大於購買一個「靚號」。而且，這次並沒有引起用戶的反感和輿論的攻擊，因為，這是一次用戶完全主動的自願行為。

「QQ人」與QQ現實主義

當騰訊推出QQ秀的時候，它的仿效物件ICQ一直沒有找到實現盈利的方式，在北美以及歐洲，它的市場被微軟的MSN和雅虎的雅虎通瓜分。某種意義上，QQ秀再造了即時通訊用戶端的性質、功能與盈利模式，是騰訊對ICQ的一次華麗告別。

在騰訊的歷史，乃至中國互聯網史上，QQ秀都堪稱一款革命性的收費產品，它可以被視為全球互聯網產業的一次「東方式應用創新」。騰訊不是這一創新的發起者，可是它卻

憑藉這一創新獲得真正商業上的成功。而比商業利益更有價值的是，QQ秀讓騰訊與它的億級用戶建立了情感上的歸屬關係。

馬化騰是第一批QQ秀的用戶。他在QQ商城購買了如下道具：一頭長髮、一副墨鏡、一條緊身的牛仔褲，由此打扮出一個年輕牛仔的形象。而在現實生活中，他從來沒有留過長髮，不戴墨鏡，也幾乎不穿牛仔褲。這是一個極具寓意的現象：一個人在虛擬世界裡對自我身分的認定，也許正是現實生活的倒影。

西方很多互聯網研究者，對於中國網民願意花錢購買虛擬道具來裝扮自己這一點，都感到非常不可思議。在這裡，可以透視出東西方社會在角色認知上的巨大差異。

中國社會歷來是一個充滿了壓抑感的等級社會，它既表現在宗族的內部，也體現在公共社會層面，人們在現實生活中戰戰兢兢，情感生活十分蒼白和乏味。而虛擬社群的出現，如同一個突然出現的新世界，讓壓抑日久的人們可以戴著面具，實現一次不需要節制的狂歡。中國人在現實中的含蓄與在虛擬中的狂放構成了一個十分鮮明和諷刺性的反差。

QQ的早期使用者，大部分是15歲到25歲的年輕人，這是一群在現實生活中沒有身分，卻渴望得到認可的焦慮青年。他們在家庭裡被嚴厲管制，在社會組織裡被忽視和邊緣化；荷爾蒙的作用使他們渴望得到認可、確認自我，並且尋找到屬於自己的族群。這些在現實世界中不可能達到的目

標，在虛擬世界中卻可以輕易實現。

QQ秀的誕生，讓這種需求得到了一次展示的機會，正如美國輿論專家沃爾特·李普曼（Walter Lippmann）所揭示的：「人的特徵本身總是模糊不清、搖擺不定的，要想牢牢記住它們，就得借助一種有形的象徵。圖像始終是最可靠的觀念傳達方式。」人們在QQ商城裡購買虛擬服飾的過程，本質上就是一次自我性格及身分確認的過程：當我們看到馬化騰的那個年輕牛仔形象的時候，幾乎可以確認，在他的內心裡住著一個「不羈的牛仔」，或許連他自己也是第一次意識到。這是一種非常美妙而怪異的生命體驗，你無法在其他的場合、以其他的方式實現。

在一次接受記者採訪時，吳宵光已意識到了這樣的需求，他表示騰訊出售的其實不是「服飾」，而是「情感的寄託」，「代表了一個人在別人眼中的形象，朋友看到我在QQ上面的形象，就能夠知道我是一個什麼樣的人」。

這是騰訊真正的祕密之一。

自OICQ和日後的QQ誕生的第一天起，中國社會中就出現了一個新的群體，他們大多出生在1985年之後，並被稱為「QQ人」。這個稱謂背後有四個共同的特徵：

第一，他們都在少年的時候，即在擁有身分證之前，就申請了一個QQ號，象徵他們獨立的符號，是他們與世界單獨對話的入口。

第二，QQ提供了一個與真實世界相對剝離的虛擬世

界，互聯網讓人的生活超越了地理疆界，「QQ人」不再是傳統意義上的「本土中國人」，而是從未出現過的、消除了地方性的世代。「QQ人」結交朋友的半徑與前一代完全不同，其擴大的倍數與QQ的交際廣度呈正比的關係。

第三，QQ改變了一代人表達態度和感情的方式，QQ和QQ秀比信函、電話乃至電子郵件更加直接、快捷和簡短，這造成了一個即時、速食型的時代；同時，習慣於QQ方式的人則可能在真實生活中喪失某種能力。我曾去一個「搭訕學習班」做調查研究，教練告訴我，來這裡學習的青年，很多人在QQ上很活躍，可是在真實生活中卻無法與人當面交流，「因為沒有『QQ表情』，所以不會聊天」。

第四，「QQ人」的世界是一個碎片化的、缺乏深度的世界，人人都是資訊的傳播主體，傳播的速度及廣度大多取決於表達的戲劇性，與「知識的深刻」無關。「QQ人」更敢於表達自己的態度，可是也更容易被情緒和偏見所吸引。

QQ秀是一個了不起的創新，從此，QQ不再僅僅是一個單純的、沒有溫度的通訊工具，而蛻變成一個有虛擬人格、自己的價值觀及族群規範的虛擬世界。

在未來的幾年裡，我們即將看到，幾乎所有的互聯網大公司都推出了自己的即時通訊工具，發動了一場針對QQ的圍剿戰，但是騰訊非常輕易地獲得了勝利。除卻商業競爭上的策略之外，其最大原因正在於，所有競爭者都從技術的層面展開攻擊，而沒有一家在情感上對用戶進行誘惑，當人們

在一個世界裡，無論是現實的，還是虛擬的，完成了自我身分的認定後，「遷徙」將是一個非常困難的任務。

圍繞「QQ人」，為他們提供各種服務是騰訊商業模式的本質。

騰訊一直在尋找一種方式，可以讓「QQ人」為服務買單。「靚號」是一種嘗試，但是它過於粗暴和直接。QQ秀則要委婉得多，那些標價為0.5元或1元的道具人人都買得起，它們便宜得可以忽略不計，但是提供的情感滿足卻又是那麼不可替代，它為那些對自我認知最為敏感，也最不確定的年輕人，提供了一個購買欲望的廉價櫃檯。

對於騰訊而言，QQ秀也是一個「蛻變之秀」，從此，這家即時通訊服務商成為一個發掘人性、出售娛樂體驗的供應商。騰訊構築了一個「現實版的虛擬世界」，在這裡，一切的角色、地位、秩序及兌付方式，都是現世的和物質主義的，並且因更便捷、更廉價，所以更加的現實，我們不妨稱之為「QQ現實主義」。馬化騰是這個虛擬世界的創造者，當它成型之後，便構成了驚人的、能夠自我繁衍和變型的能力，日後，給騰訊帶來巨大商業利益的QQ空間、QQ遊戲，無一不是這一邏輯的延伸。

三個戰略級的衍變

QQ秀讓騰訊在「移動夢網」業務之外，尋找到了互聯

網增值業務的盈利模式，這一獲利完全來自於QQ用戶，因而騰訊可以全面主導。在2003年前後，QQ秀所產生的收入仍然無法與移動QQ相比，大約只有後者的1/8，但是，它所帶來的可能性和想像力卻要大得多。從此，QQ、QQ會員、QQ秀以及Q幣，構成一個獨立的、閉環式運轉的QQ世界，騰訊的內部組織體制也誘發出一系列戰略級的衍變。

衍變一：與工程師文化相交融的產品經理制。

從創業的第一天起，騰訊就是一個被工程師文化統治的企業，馬化騰、張志東等人都迷信技術的驅動力，幾乎所有精力都投注於研發和不斷更新。「阿凡達計畫」帶來了兩個變化：首先，它是第一個由市場部門，而不是技術部門提出的專案；其次，對用戶體驗的定義由實體層面提升到了情感層面。在執行上，QQ秀不再分R線和M線，而是以項目為主體，採取了產品經理制的新模式。

從此以後，產品經理制被確立了下來，「誰提出，誰執行」「一旦做大，獨立成軍」成為騰訊內部不成文的規定。這一新模式無形中造就了「賽馬機制」，我們將看到，後來為騰訊帶來眾多「意外」的創新，如QQ空間、QQ遊戲乃至微信，都不是頂層規劃的結果，而是來自基層的業務部門的獨立作業。工程師文化與產品經理制在內在的驅動力上有天然的衝突性，然而，卻在騰訊實現了無縫融合。

衍變二：以Q幣為流通主體的支付體系。

在賣靚號時期，Q幣的價值非常有限，可是，QQ秀誕

生後，剛性需求被激發了出來。2003年2月，曾李青從華為的無線業務部門挖來業務經理劉成敏，由他牽頭搭建Q幣銷售體系。4月，劉成敏便與杭州電信旗下的聲訊台簽訂了代銷Q幣的協議，電信開通了16885885聲訊服務，撥打這個電話便可以購買Q幣，電信代為扣費，所得收入，騰訊與聲訊台以五五比例分成。

這一模式被迅速複製到中國的300多家城市聲訊台。同時，劉成敏還與1萬多家網咖建立了Q幣銷售的管道關係。再加上騰訊自有的線上支付系統，騰訊在一年多的時間裡，擁有了三種支付管道。日後，因市場開拓有功，劉成敏被提拔為無線增值業務部門的大總管。

對於騰訊來說，建立一個屬於自己的支付系統是戰略性的成功，這也是中美兩國社群型網站在盈利模式上分道揚鑣的標誌性事件。在日後的演進中，我們將看到，幾乎所有美國新聞門戶或社交網站的盈利都依賴廣告，而中國網路企業的選擇則要豐富得多。

衍變三：以特權和等級制為特色的會員服務體系。

與支付體系同樣具有創新意義的是，QQ秀在收費和服務模式上進行了獨特的探索，新的會員運營理念逐漸形成。儘管在當時，中國的互聯網從業者沒有提出網路社群或社交網路的概念，但其實，QQ從誕生的第一天起，就是社群與社交的產物，只不過它是以即時通訊用戶端的方式呈現出來。也正因此，它在廣告的承載和展現上有先天上的不足，

逼迫它尋找新的使用者互動方式和盈利出路。

顧思斌是QQ秀小組的早期成員，歸屬於吳宵光和許良領導。他畢業於北京郵電大學，實習期間就進入騰訊，是真正意義上的「科班子弟兵」。他回憶說：「自從有了QQ秀業務之後，騰訊在服務內容上的豐富性和機動性都大大增強，我們發現，QQ秀與QQ會員從本質上來說都是產品，需要建立體系和進行流程化的運營，互聯網產品的收入增長取決於對用戶情感需求的挖掘和對整個服務流程的掌控。」

騰訊在會員體系的建設上抓住了兩個要點：一是「特權」的設計，二是等級的差異。會員支付了不同的費用，就可以享受到不同的特權服務，而不同的服務內容又是有等級上的差別。這種從傳統的旅館經營中借鑒過來的思路，在互聯網增值服務中同樣有效。

2003年年底，QQ秀一改單件銷售的模式，推出了「紅鑽貴族」（一開始稱為「紅鑽會員」，後來因其容易與QQ會員混淆，改為「紅鑽貴族」），這是日後為騰訊帶來重大獲益的「鑽石體系」的發端者。

「紅鑽」是一種包月制的收費模式，用戶每月支付10元，便可以享受到多項「特權」，其中包括：獲得一枚紅鑽標識，每天可領取一個「紅鑽禮包」，以及每天可免費贈送5朵「鮮花」，並可設定每天自動換裝，贈送好友QQ秀不花錢，在QQ商城也可享受超額的折扣等等。這些「特權」意味著，掛上了「紅鑽」的QQ秀用戶將是一群在虛擬世界裡

被特別照顧的「貴族」。

在QQ秀的成長史上，「紅鑽」服務的推出是一個引爆點，在此之前，每月的虛擬道具收入約在300萬元到500萬元之間，而「紅鑽」推出後，包月收入迅速突破了千萬。

進入網遊，沒有凱旋的「凱旋」

2003年，馬化騰迎來了創業以來最為豐收的一年。

騰訊成為「移動夢網」最大的合作商，移動QQ帶來1000萬名簡訊用戶和意想不到的巨額盈利，而QQ秀的誕生，使得騰訊找到了另外一個獨有的盈利空間。此時，精力充沛的馬化騰決心進入兩個新的領域：網路遊戲和新聞門戶。他的決定在騰訊內部引起了不小的反彈，而在一開始，這些領域也的確拓展得非常不順。

就在QQ秀正式上線的那個月，2003年3月，王遠和李海翔被派到上海，成立遊戲運營事業部，辦公地點在浦東陸家嘴的電信大廈。王遠租了400多平方公尺的辦公室，招募了30多名員工。

早在2002年的春夏之際，騰訊就開始討論是否要進入網遊領域，5位創始人發生了意見分歧。與馬化騰的意見相反，張志東明確表示反對，在他看來，QQ根基未穩，不宜開拓新的戰線，他對馬化騰說：「我們誰都不是玩網遊的人，對此一竅不通。」許晨曄和陳一丹不置可否，曾李青也

表現得很是猶豫。

然而在馬化騰看來，網遊是一個不可被錯過的機會。在2001年，中國網路遊戲市場的規模只有3.1億人民幣，到2002年就擴大為10億元，網路遊戲使用人數超過了800萬，每一個使用者每月在網路遊戲上的平均花費為18.8元。這個數字甚至讓有些人做出樂觀的預測：網路遊戲使中國獲得了在世界主流產業裡領先的機會。

在市場上，確實已有人奪得了先機。在2001年，陳天橋創辦的上海盛大公司以30萬美元取得韓國Actoz公司旗下網路遊戲「傳奇」在中國的獨家代理權，僅用一年時間就創造了60萬人同時上線的驚人紀錄，日收入也達到100萬元人民幣。幾乎與此同時，網易的丁磊也投身網遊，他收購「天下」的研發團隊，在2001年12月推出了自主開發的「大話西遊Online」，接著在第二年的6月推出更成熟的「大話西遊2」，這成為網易繼簡訊業務之外的另一個利潤池。

一向與丁磊惺惺相惜的馬化騰對這位同齡人的直覺很是敬佩，在他看來，QQ的年輕用戶群與網遊有「天然的契合度」，騰訊不應該錯過這一眼看著即將崛起的新市場。

早期騰訊有一個不成文的約定，任何一項新業務，如果5位創始人中有一人反對，就不得執行。2002年5月，一年一度的E3電玩展在洛杉磯舉辦，馬化騰想帶張志東和曾李青一起去看看，借機「給他們開開眼、洗洗腦」。張志東藉口很忙不願意去，同樣很忙的曾李青拗不過馬化騰，只好答

應與他同行。曾李青回憶了一個有趣的事:「在去美國領事館辦簽證的時候,馬化騰居然被拒簽,輪到我的時候,就跟簽證官大談騰訊公司的遠大前景,簽證官被我說動了,便問,還有誰一起去。我指著剛被他拒簽的馬化騰,說,還有他,他是我的老闆。簽證官把馬化騰叫回來,重新給他蓋了章。」

洛杉磯之行,讓曾李青對網遊的看法大為改觀,回國後,他說服張志東,從技術部門和市場部門分別抽調出李海翔和王遠,兩人搭檔進軍網遊領域。

被遠派上海的這支網遊團隊,成了試錯的犧牲品。

為了快速切入市場,遊戲部選擇了代理模式。有「第一韓國通」之稱的王遠選中了Imazic公司開發的「凱旋」,這是一款在當時最為先進的3D角色扮演遊戲,比2D的「傳奇」升級了一代。日後李海翔回憶說:「我們當時覺得,要引進就引進最好的,開發「凱旋」的韓國團隊是全亞洲技術水準最高的專家組合,遊戲採用了3D引擎中最為強悍的Unreal II引擎來開發。我們第一次看到遊戲時,都被畫面的華麗程度給鎮住了,甚至可以說直到2005年也少有其他的3D遊戲能超越其水準。」

然而,最好的卻未必是合適的。

從一開始,「凱旋」就被不祥的氣息所籠罩。騰訊早在2003年4月份就對外宣布了即將在5月20日進行內部測試的消息,有20萬玩家註冊報名。可是,由於程式漢化的複雜程

度超出預期，到5月16日晚上，遊戲部門被迫發表「內測推遲」的聲明，士氣在開陣之前便已折去一半。到了8月1日晚上7點，「凱旋」的公測版發布，誰料在12小時內，脆弱的伺服器就被撐垮，張志東不得不緊急派人進行重建。

「凱旋」所採取的3D技術，對電腦配置及網路寬頻的要求相當高，這對當時中國的網路環境提出了極大的挑戰，因此，儘管騰訊的技術團隊對底層程式和伺服器進行了多次優化，但仍然無法保證遊戲的流暢性，畫面鋸齒和馬賽克現象始終無法解決，導致「凱旋」成為一款叫好不叫座的雞肋型產品。盛大公司的發言人以揶揄的口吻對媒體說：「我們對騰訊進入網遊領域表示敬畏，不過，騰訊也要對網遊本身產生敬畏。」

騰訊第一次進入網遊，便以尷尬的結局告一段落，馬化騰對遊戲部門進行大清洗，王遠和李海翔都被調離，遊戲運營事業部撤回深圳。「我要重新找一個指揮官，他至少應該非常喜歡玩遊戲。」馬化騰後來說。

成立青年的新聞門戶

同樣是在2003年，馬化騰著手創建新聞門戶。據曾李青回憶：「他很早就想做門戶，可是被否決過好幾次，最終大家勉強同意試一下。」

騰訊之前有一個社群型的網站www.tencent.com，主要是

為QQ用戶提供服務及發表交流訊息,其每天的頁面流覽量(PV)有70萬到100萬,已是一個不小的門戶。規劃中的新聞網站便是在它的基礎上搭建的。

就在這時,天上「掉下」一個讓馬化騰日思夜想的網域名稱:www.QQ.com。

負責法律事務的郭凱天回憶了這個戲劇性的過程:當公司決定做新聞門戶的時候,法務部去檢索了一下,發現www.QQ.com這個網域名稱在很多年前就被一位做視頻生意的美國人給註冊了,他在網域名稱交易市場給掛出了約合2000萬元人民幣的出讓價,騰訊當然不願意出那麼多的錢。因引進MIH而立下功勞、此時已擔任騰訊海外業務副總裁的網大為便以個人名義試探性地給這位美國人發出一封信,沒料到很快得到了回覆。此時,美國互聯網還沒有從泡沫中恢復過來,網域名稱價值大幅縮水,最終,網大為以6萬美元(當時約合50萬元人民幣)的價格買進了www.QQ.com。

2003年7月,由40多人組成的網站部成立了,曾經在網易和TOM線上擔任過內容總監一職的孫忠懷被招攬進騰訊,他與翟紅新一起被任命為網站部的總編輯和總經理。編輯中心被設在了「離新聞源最近」的北京。僅3個多月後,到12月1日,便正式上線了。

馬化騰在公開的場合表示了他對新誕生的騰訊網有很大的期望,他認為,有了這個新聞門戶,騰訊就有機會形成「一橫一豎」的業務模式,即在即時通訊工具之外,以門戶

為另一個入口，將所有的互聯網服務囊括進去。

日後來看，2003年的這個騰訊網是一個沒有多大特點的網站，其分類幾乎完全拷貝了其他的新聞門戶，「別人有的，它都有，別人沒有的，它也沒有」。沃爾特‧李普曼曾對媒體的功能進行過精準的定義，在他看來，一個合格的媒體首先要在第一時間告訴它的讀者發生了什麼，同時再告訴他們，正在發生的新聞意味著什麼，這才是「我們的工作」。也就是說，媒體追求的核心能力有兩個：一是速度，二是態度。若有前者，可獲得讀者和商業價值；若有後者，便可卓爾不群。2003年的騰訊網，離這兩條無疑都比較遙遠。

在2004年8月的雅典奧運會期間，騰訊第一次將QQ流量導入www.QQ.com。在深圳大梅沙召開的一次業務會上，吳宵光給孫忠懷提了一個絕妙的主意：由網站部製做一個「迷你首頁」，將奧運會金牌的最新動態在QQ用戶端向使用者推送，點擊即可進入騰訊網主頁。

「迷你首頁」的創意，第一次將QQ用戶端與新聞門戶無縫銜接了起來，它一推出就給騰訊網帶來了流覽量急遽的上漲。有媒體很敏感地評論說，在「門戶大戰」中，一個新的強人出現了，在重大事件及突發新聞上，騰訊通過自家持有的中國最大即時通訊軟體即時彈出新聞提示，要比人們登錄新浪網獲取新聞更即時、更「突發」。根據alexa.com發布的資料顯示，在奧運會結束後，騰訊網的每日流覽量已衝到

了中國門戶網站綜合排名的第四位。

10月，騰訊網全新改版，提出了「青年的新聞門戶」的新定位。馬化騰宣布，在三年內要衝進門戶網站的前三強，曾有記者讓他預測，誰將留在三強內，馬化騰說：「有一家是新浪，還有一家是騰訊，另外一家，不知道。」

儘管騰訊以「獨門武器」實現了流量上的勝利，不過後來幾年的事實將證明，流量並不等於影響力和廣告價值。

騰訊所擁有的上億QQ用戶大多數為25歲以下的青少年，並非社會輿論的主流傳播力量，而這些用戶在廣告主（當時在門戶網站上投放廣告的前5個行業分別是汽車、金融、房產、IT數碼產品和互聯網公司）的眼裡也屬於「低含金量人群」。更致命的是，騰訊一直沒有尋找到自己的「媒體態度」。

在相當長的時間裡，騰訊網的媒體價值與它的流量一直不能匹配，它的公共影響力無法與新浪相提並論，在廣告收入上也不及新浪、搜狐和網易。

第六章
上市：夾擊中的「成人禮」

除非一個人摒棄細枝末節，具有更廣闊的視野，

否則，在科學中就不會有任何偉大的發現。

——愛因斯坦（Albert Einstein，物理學家）

上市這個事情有很重要的里程碑意義，

有一種舒一口氣的感覺。我們一直危機感比較強。

變成了公眾公司以後，騰訊會走得更穩健、更長遠。

——陳一丹

為什麼選擇高盛

劉熾平第一次見到馬化騰，是在香港港麗酒店的大堂咖啡吧，時間是2003年一個秋雨的下午，與馬化騰同行的是公司另一位創始人陳一丹。

劉熾平當時的身分是高盛亞洲投資銀行部的執行董事，主管電信、媒體與科技行業的投資專案。他們此次見面是MIH從中牽的線，談的話題是騰訊上市。「馬化騰不太愛講客套話，說話的邏輯性很強，同時，他也是一個不會輕易亮出底牌的人。」這是劉熾平對馬化騰的第一印象。

MIH在進入騰訊之後，繼續努力於股份的增持，同時開始謀劃上市事宜。在香港律師事務所的安排下，2002年6月，MIH通過可換股債券投入等方式，讓騰訊的註冊資本得到了更充裕的支持，騰訊的5位創始人的股份也隨之相應降低。上市前，騰訊股權結構變為創業團隊占46.5％，MIH占46.3％，IDG占7.2％。2003年8月，騰訊贖回IDG剩餘的股份和MIH少量的股份，至此，MIH與騰訊團隊分別持有50％的股份。

正是在這一時期，由於中國互聯網在泡沫破滅後的優異表現，國際資本市場對中國企業表現出了濃厚的興趣，從而引發了又一輪「中國概念股」的小高潮。從2003年12月到2004年12月間，有11家互聯網公司獲得了海外上市的機會，其中包括從事無線業務的TOM線上、空中網和掌上靈

通，以及線上招聘網站51job、線上旅遊網站藝龍網、財經門戶金融界、網路遊戲公司九城和盛大。騰訊因在即時通訊領域的壟斷性地位以及在移動增值業務中的獲利，也成為這波集體上市熱中的一員。

劉熾平對互聯網業務非常嫻熟，對中國市場也很熟悉。他從小在香港長大，1991年赴美留學，先後就讀於密西根大學、史丹佛大學和西北大學凱洛格商學院。他當年有一位經常在一起打球的朋友謝家華，後來創辦了網路鞋店Zappos，被亞馬遜以8.5億美元的價格收購。碩士畢業後，劉熾平先在麥肯錫工作，1998年進入高盛亞洲。在高盛期間，他參與了廣東粵海集團重組案，中間涉及100多家債權銀行、400多家公司。劉熾平在兩年多時間裡幾乎每天工作到凌晨兩、三點，親自跑了20多家公司，「我對中國企業的認識都是在粵海重組案中得到的，做完這個項目，基本上再做任何項目都覺得容易了」。

劉熾平早在2000年前後就聽說過騰訊，高盛收到過騰訊的融資提議書，「那時的融資規模很小，大家也看不清它的未來，就放過去了」。此次，當MIH把騰訊介紹給高盛的時候，盛大也同時找上了門。高盛的高科技部門分成兩個小組，「背靠背」地爭取這兩個項目，其中劉熾平負責與騰訊的談判。在工作開始之初，他要求本案同事必須做的第一件事情是：先去申請一個QQ號。

在騰訊方面，馬化騰等人對上市的意義並不是非常清

晰，只是覺得「是個公司大概都要去上市的」。同時，馬化騰對選擇哪家承銷商也沒有概念，之前他已見過了不少的投資銀行，包括摩根史坦利、美林、瑞銀和德意志銀行等等，所得到的建議大同小異。

與劉熾平見面時，馬化騰對他的第一個觀感是，「他是我見過的香港人中，普通話講得最好的一位」。此外，劉熾平的名片上居然有一個QQ號，這讓馬化騰感覺很親切。在接下來的談判中，劉熾平提到的兩點建議也給他留下了很深的印象。

首先，劉熾平直率地認為，騰訊現在的收入過度依賴「移動夢網」業務，「這是一種寄人籬下的業務模式，會讓投資人覺得騰訊缺乏可塑性，對未來沒有信心和想像力。所以應該在公開募股的時候，強調網路效應，發掘即時通訊工具的發展潛力」。劉熾平的這一觀察，頓時讓馬化騰有一種找到了知音的快感，就在那一時期，他力排眾議，冒險進軍網路遊戲和新聞門戶，正是基於對這一隱患的擔憂。

其次，劉熾平提出，在公司的估值上不妨保守一點，與其一下子就把市值飆得太高，倒不如慢慢地把公司的價值做出來，讓那些購買了騰訊股票的股民能享受到增長的福利。馬化騰回憶說：「他的這個想法也與我們的風格比較接近，之前見過的投行，都給出了很進取的估值建議，讓我們覺得有被忽悠（編注：大陸東北方言，意指唬弄、欺騙）的感覺。」

劉熾平的平實姿態，讓馬化騰最終下決心將上市的事務交給高盛，並對這位與眾不同的投行經理頗有認同感。

那斯達克？還是香港？

　　在謀劃上市的過程中，有一個選擇曾引起不小的爭論，那就是要在美國，還是在香港上市。

　　當時絕大多數的中國互聯網公司都選擇在那斯達克上市，那裡被認為是「全球互聯網的搖籃」，之前的「三巨頭」新浪、搜狐和網易無一例外都在那裡登陸資本市場。然而，劉熾平卻提出了在香港聯交所上市的建議，他的理由有三點：

　　第一，騰訊的商業模式在北美找不到一個可類比的標竿企業，美國的所有即時通訊工具，從ICQ到雅虎通，再到MSN，都不是一個獨立的公司，也都沒有找到盈利的模式。美國人認為，所有的互聯網創新都應該先出現在矽谷或波士頓六號公路，而全世界其他地方無非都是對美國式創新的一種回應，這就是布勞岱爾（Femand Braudel）所謂的「世界的時間」[3]。現在，騰訊講了一個美國人從來沒有聽過的故事，

作者注3：「世界的時間」是法國年鑒派歷史學家布勞岱爾提出的概念，意即人類文明並非均衡地發生在地球的每一個地方，每個時代都有少數兩、三個地區代表著那個時代人類文明的最高水準，每個民族都應該謹慎地尋找自己的方位，判斷自己到底是與「世界時間」同行，還是被遠遠拋棄在後面。

他們也許不願意為一個中國人的故事買單。這是那斯達克的悲哀。

第二，香港更接近騰訊自己的本土市場，香港的分析師和股民顯然比美國人更了解騰訊。理論上，一家立足於服務大眾使用者的公司，它的上市地點愈貼近它的本土市場，公司價值就反應得愈為真實。香港聯交所對互聯網公司的估值肯定沒有那斯達克高，但是發生股價大起大落的情況也比後者要少，對於追求持續增長的騰訊來說，這也許是一件好事。

第三，在香港上市還會帶來一種可能性，就是做為紅籌股（編注：指在中國大陸創辦和發展的公司，到香港或海外發行股票），在未來有可能回歸中國內地的資本市場。最了解騰訊的，始終是它的億萬用戶，可惜在當時，中國的證監當局對互聯網公司視而不見，關閉了申請的視窗，在劉熾平看來，這是一種與那斯達克相映成趣的偏見。

除了這三點與市場有關的理由之外，最終讓馬化騰下決心選擇香港的原因還有一點，就是員工選擇權的兌現。騰訊在創辦後不久就向早期的核心員工承諾了選擇權，馬化騰想要以較低的價格在上市前完成購買，可是這在美國的資本市場會被看成是一種「降低公司利潤的不恰當行為」，而在香港，這一做法則被普遍認可。在馬化騰看來，後者的規則對員工更為有利。

據劉熾平的回憶，在上市地點的選擇上，騰訊高層主管

內部發生了比較激烈的爭論，而最終，馬化騰拍板接受了高盛的建議。

被光環掩蓋的上市

在2004年的集體上市熱中，騰訊顯然不是最耀眼的那一家，它的風頭被其他更有炒作話題的公司所掩蓋。

春節過後不久的3月11日（紐約時間3月10日），TOM互聯網集團在美國和香港兩地正式掛牌交易，一舉創造了兩個紀錄：它是第一家在香港上市的內地互聯網企業，也是首家在那斯達克和香港創業板同時掛牌上市的中國互聯網企業。此次上市，TOM淨融資額約為1.7億美元。TOM由香港首富李嘉誠家族控制，總裁是年輕的王雷雷，他的祖父王諍是中華人民共和國第一任中央軍委電信總局局長，也是第一任郵電部黨組書記。正因如此，TOM的簡訊收入先後超過騰訊、網易以及新浪等，成為夢網業務中的「SP之王」。

5月13日，中國最大的網遊公司上海盛大網路在那斯達克上市，得到國際投資者的大力追捧，短短半小時之內，成交超過150萬股，股價由11.30美元開高後一路升至12.38美元。在後來的半年內，盛大股價一度飆高至44.30美元，成為市值最高的中國互聯網企業。31歲的陳天橋以超過150億元人民幣的身家，取代丁磊，躍升為新的中國首富。

在TOM和盛大兩大明星企業的籠罩之下，沒有光環「加

持」的騰訊顯得低調不少。

有一次，在香港長江中心召開的上市策略討論會上，高盛與騰訊在融資規模和本益比上發生了分歧。高盛認為騰訊提出的方案「起碼應該縮水1/5」，而馬化騰則認為香港人對內地市場所知甚少，騰訊的價值被嚴重低估了，溝通陷入僵局。劉熾平見狀，便把馬化騰從67層的會議室叫出來，兩人坐進電梯，跑到大廈外面抽起煙來，他向馬化騰耐心解釋了投資人的心態，兩根煙過後，馬化騰的心情才有點平復下來。

在緊張的工作中，劉熾平開始慢慢喜歡上了騰訊的這些創始人，他回憶說：「他們都是一些特別認真的人，很單純，甚至有點書呆子氣，與我之前接觸過的企業家或專業經理人都不同。在寫招股書的時候，有些部分是例行公事，比如行業現狀、趨勢分析等等，可是馬化騰和其他創始人一字一句地斟酌，有時還會激烈地爭論。在對於未來的預測上，他們不願意寫上可能做不到的數字。」

6月2日，騰訊與高盛證券聯合在香港舉行了第一次投資者推介會，宣告已通過聯交所的上市聆訊（編注：指香港聯交所對申請上市的公司進行全面評估，判斷能否上市。），即將招股上市。招股書顯示，騰訊在過去的2003年實現營業收入7.35億元人民幣，利潤為3.22億元人民幣，公司將發行4.2億新股，相當於25％股權，每股招股價2.77至3.7港元，約為2004年預期本益比的11.1至14.9倍，集資總額將達11.6

億至15.5億港元。

在後來的兩週裡，騰訊高層主管們開始了密集的全球路演，他們分頭參加了80多場投資人見面會。曾李青甚至飛到南非去做路演，「印象最深的是，要硬背很多拗口的英文單字，而事實上，很多南非人根本不知道有深圳這座城市」。劉熾平陪同馬化騰主攻美國市場，「整天在美國各個城市飛，最痛苦的是時差，每到一地，我們就預訂一個很早的早餐，服務生來敲門時，就不得不起床」。

在一次飛行旅途中，筋疲力盡的劉熾平閉目斜躺在座位上，鄰座的陳一丹突然把他拍醒，提出一個邀請：「喂，你願意加入騰訊嗎？」在上市籌備過程中，劉熾平的聰明、堅毅和快速學習能力得到了騰訊創始人團隊的一致認可，「土

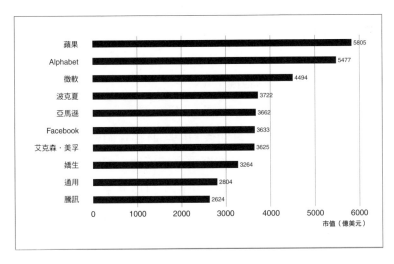

全球十大市值最高的上市公司（2016.09.06）

「鱉＋洋龜」結合產生的化學作用更是值得期待。

6月16日，股票代碼00700.hk的騰訊公司正式掛牌上市，上市交易價定在招股價的最上限3.7港元。開市時股價表現還不錯，一度最高曾見4.625港元，午後即遭大規模的拋盤打壓，收盤時跌破發行價，當天共有4.4億股成交量，以發行4.2億股票計算，換手率高達104％。也就是說，絕大多數購買騰訊股票的股民在第一個交易日就選擇了拋售，很多年後，他們將為之懊悔不已。

通過上市，騰訊共籌集資金14.38億港元，同時造就了5個億萬富翁和7個千萬富翁。根據持股比例，馬化騰因持有14.43％的股權，帳面財富是8.98億港元；張志東擁有6.43％的股權，帳面財富為4億港元；曾李青、許晨曄、陳一丹共持有9.87％的股權，三人的財富合約6.14億港元。騰訊的其他7位高層擁有另外6.77％的股權，7人共有4.22億港元。

整頓風暴中的「跛腳企鵝」

日後查閱2004年6月前後的中國財經媒體報導，沒有一位評論員認為騰訊正在創造歷史。相反地，很多都是對騰訊不太有利的消息，這也是造成上市當日換手率很高、股價跌破發行價的客觀原因之一。

就在上市前的一天，6月15日，北京的資訊產業部發布了一則「通知」，它如同一枚投擲在水面上的炸彈，頓時激

起驚人的波瀾。

這則「關於開展移動簡訊服務自查自糾活動的通知」，要求各地移動公司針對簡訊業務市場准入、業務宣傳、定制申請、服務提供、方便退訂、收費透明化、處理投訴、違規處罰等多個環節，進行嚴格的自我糾查，經過整頓改革如果仍然存在問題，相關服務商將被吊銷有關經營資格。早在4月19日，資訊產業部已經發布過「關於規範短資訊服務有關問題的通知」，嚴令整頓混亂的簡訊服務市場，6月份的「通知」正是整頓實施的開幕。

在過去的3年多時間裡，各家增值內容服務商為了增加收入無所不用其極，最惡劣的行為有兩種：一是不經用戶同意就隨意扣費，有一些服務商從移動公司的資料庫中抓取出一批用戶名單，直接扣取費用，當時稱為「暗扣」，實質與盜竊無異。二是發送大量黃色、暴力資訊，誘惑用戶訂閱。而中國移動公司則對此採取了縱容的態度，有些地方分公司甚至積極配合，其目的是為了提升業績，或是為了從中收受賄賂回扣。在移動公司每年接到的投訴中，對簡訊業務的投訴量占了七成，而其收入只占整個移動公司年收入的3%。

一個無法回避的事實是，在暴利驚人、泥沙俱下的那些年裡，騰訊的SP業務中，誘發用戶衝動訂閱的事情也時有發生，包括騰訊在內的十幾家大型SP公司都曾被資訊產業部門公開警告。不過，與絕大多數的SP公司不同，馬化騰、張志東等人對此的警惕心非常大，在兩週一次的總辦會

上，常常因此發生激烈爭執。馬化騰把SP業務劃分為紅色業務、黃色收入和綠色收入三種，其中，「紅色」即處於警戒線上的收入，「黃色」為灰色地帶的收入，「綠色」為正當收入。據不少高層主管回憶，他多次對曾李青等人提出要增加「綠色收入」，「寧可減少甚至沒有紅色、黃色收入，也不能冒道德和法律上的風險」。

在他的鉗制之下，騰訊在夢網中的收入排名從第一位跌落，一度排在第四、第五的位置上。

民眾對SP服務商的憤怒，在2004年的中央電視臺「3·15消費者權益保護日」直播晚會上全面爆發。在那次晚會上，三大電信運營商成為眾矢之的，民調顯示，電信企業亂收費被列為最被痛恨的商業行為之一，其得票僅次於正在高漲中的房價。在巨大的社會輿論壓力下，資訊產業部發動了嚴厲的整頓行動。

對簡訊業務的整治，使得一路狂歌猛進的「移動夢網」進入政策轉捩點。這個曾經拯救了中國互聯網產業的創新事業露出了難堪的「底褲」。6月底，網易率先發布收入預警，宣稱來自簡訊的收入將在第一季的基礎上驟降37%至41%，這一消息引發在那斯達克上市的12家中國科技股的股價出現集體下滑。

因為上市地點選在香港，騰訊僥倖逃過了股價狂跌的命運，不過仍然受到不小的衝擊。在騰訊的整體收入中，來自電信增值服務的收入占了總收入的56%，而其他歸入互聯網

增值業務的收入也有一半與此相關，所以，如果精確計算的話，剛上市時的騰訊幾乎是一個被「移動夢網」「綁架」了的寄生型企業。開始於6月份的整頓，讓騰訊在接下來的一年多裡，陷入收入增長乏力的困局。

對QQ的集體圍剿

另外一個比收入增長乏力更讓人膽戰心驚的事實是，幾乎同時，互聯網領域發生了一場針對QQ的圍剿運動，幾乎所有門戶網站都開始推出自己的即時通訊工具，「諸神之戰」一觸即發。

就在騰訊上市的兩週後，有兩位重量級人物先後出現在北京國際俱樂部酒店，他們各自向騰訊發出了戰帖。這兩位的名聲和財力均在馬化騰之上，分別是網易的丁磊和微軟的比爾・蓋茲。

2004年6月29日，一向很少在媒體上露面的丁磊北上進京，舉辦了一場大型記者見面會，高調為網易泡泡做推廣。這是丁磊與馬化騰（兩位同年同月出生、中國互聯網最優秀的產品經理）第一次如此近距離地對峙在同一個戰場上。

網易在2002年11月就推出了網易泡泡，它對QQ進行了「無差異化的跟進戰略」，騰訊首創的群聊、發送表情以及截圖等功能被一一移植到泡泡中，甚至，泡泡的語音引擎也與騰訊一樣，採用了Global IP Sound技術。一年後，丁磊將之

升級為戰略產品，專案經理直接向他彙報。2003年年底，網易泡泡推出「掛泡泡送簡訊」的大型促銷活動，掛一天泡泡，能兌換120通簡訊，這導致泡泡用戶迅猛激增，其後一年裡，帶來1500萬註冊用戶，最高同時上線50萬人，網易泡泡成為市場占有率僅次於QQ的第二大國產即時通訊工具。

在2004年6月的那場記者見面會上，丁磊還帶來一個爆炸性的武器，他宣稱網易已研製成功一款類似於Skype的即時語音溝通工具，「我們真正的突破點是在任何環境下均可通訊，語音品質達到了GSM的品質，下一版本我們的語音通訊品質會超過電話的通訊品質。網易在實驗網中已完全通過測試，跟傳統電話互通在技術上完全沒問題。而且現在這個版本的泡泡已有這樣的功能，軟體已裝在裡面了，只要政策允許就可推出」。這是一個值得被記錄下來的事實，標記了中國的互聯網企業早在2004年就完成了即時語音通訊上的重大突破，若非遭到國有的電信運營商的蠻橫阻撓，2011年的微信將早出生7年，而且這個機會應該屬於丁磊的網易。

在丁磊召開發布會的三天後，前來參加首屆「中國國際服務業大會和展覽會」的比爾‧蓋茲出現在同一個酒店，這是他第9次的中國之行，宣布微軟將加大在中國的研發和推廣力度。當記者問及微軟對它旗下的即時通訊工具MSN在中國的前景時，他暗示：「也許我們的步伐會更快一些。」兩個多月後，微軟悄悄在北京和上海分別成立了MSN中國

的市場和研發中心。

2004年前後，衝入即時通訊領域、試圖與騰訊一決雌雄的，遠遠不只網易和微軟兩家。

6月7日，雅虎中國正式推出雅虎通6.0中文版，其中增加了「巧嘴娃娃」的發聲動畫功能，此外，還在聊天視窗內整合了雅虎搜尋、線上相簿及多款互動小遊戲。此時出任雅虎中國總裁的是不久前在「西湖論劍」上調侃過馬化騰的周鴻禕，3721網路實名在2003年11月被雅虎以1.2億美元收購，周鴻禕擔負了重振雅虎中國的責任。他預測隨著市場的細分化，QQ一家獨大的格局不可能持續，在接受《21世紀經濟報導》記者的採訪時，他還對馬化騰的多元化戰略提出了質疑：「騰訊的多元化發展可能也是一個軟肋（編注：大陸流行語，意指弱點或痛處），做門戶、做郵箱、做遊戲，可能就會分散推動實力。之前QQ的成功因為它專注，而多元化發展之後，它集中在即時通訊上的力量還有多大，這無疑是它給自己下了一個挑戰。」

7月7日，新浪宣布以3600萬美元收購朗瑪公司。朗瑪UC在喜歡新潮的都市青年中很受歡迎，註冊用戶已增加到8000萬，最高同時上線人數為31萬，市場占有率僅排在QQ、MSN和網易泡泡之後。新浪將之更名為「新浪UC」，取代之前一直沒有起色的「聊聊吧」。

10月25日，上市不久的TOM線上宣布與Skype簽署了戰略合作協定，「將把當今世界最領先的互聯網語音溝通工具

和即時通訊服務帶給廣大的中國互聯網用戶」。

甚至連電信運營商也進入了這一領域。11月，中國電信推出了電信級互聯網即時通訊軟體——Vnet Messenger（簡稱VIM），用戶只要擁有一個VIM號碼，就能夠連接固定電話、PHS，甚至手機，實現通話、傳輸檔、開電話會議等功能。

此外，搜狐推出了「搜Q」，263推出了「E話通」，網通推出了「天天即時通」，連從事電子商務的阿里巴巴也有了自己的「貿易通」。當時《證券時報》的一篇報導披露，中國出現了200多款類似的產品，對騰訊的圍剿之勢赫然形成。

更讓騰訊被動的是，在當時的業界內外出現了「互聯互通」的呼聲。周鴻禕在上任之後，就努力推動雅虎通與MSN「互聯互通」，以期打破騰訊的壟斷。《通信世界報》在一篇長篇評述中認為：「即時通訊軟體的互通性不解決，受難的會是整個行業。從發展角度來看，聯合也許是最好的出路，因為『溝通無極限』是人類對資訊溝通交流的理想。」

這樣的聲音，對於騰訊來說，無疑非常不利。

告別少年期

在2004年夏秋之際網路界發生的這一連串事件，讓馬化騰幾乎沒有時間消化上市給他帶來的喜悅。

從股票掛牌的那一天起，騰訊就告別了青澀的少年期，它如同一個接受了「成人禮」的青年，將面對一個更為兇險和遼闊的人生。它的生命機能將發生變化，而所有的競爭對手都視之為成熟的敵人。阿迪茲（Ichak Adizes）在《企業生命週期》一書中描述道：「在企業生命週期的青春期，企業得以再生。這是一個充滿了痛苦的過程，而且時間也拖長了，衝突與行事缺乏連續性。創業者發現自己面臨三個方面的挑戰：職權的授予、領導風格的轉變和企業目標的替換。」阿迪茲的這些話正是騰訊當時的寫照。

　　7月，騰訊搬出了給它帶來好運的賽格科技創業園，遷入南山區的飛亞達大廈，全公司的員工已增至760多人。馬化騰每天被各種會議和決策所包圍，一位員工回憶說：「他的辦公室門口常常排起很長的隊，經理們拿著檔案、報表和單據，默默地等著他簽字。」在10月份過生日的那天，董事會決定送給他一件特別的禮物，那是一架專業級的高倍天文望遠鏡，所有的創業同伴都期待著小馬哥在埋頭簽字的同時，能夠看清更遠的未來。

　　當然也有讓馬化騰高興的事情發生，他和妻子在深圳威尼斯酒店舉辦了一場不太張揚的婚禮，從此告別了悠閒的單身生活。在一開始，他的那些創業同伴除了替老闆高興之外，也暗自替自己高興，在過去的幾年裡，馬化騰幾乎每天都到晚上10點之後才離開公司，結婚以後的他，開始按時下班，大家也就「解放」了。可是，沒過多久，新的「折磨方

式」很快出現了,大家常常在午夜12點之後收到他的工作郵件。

在12月,為上市立下汗馬功勞的劉熾平正式決定加入騰訊,他向馬化騰申請了一個專設的職位:首席戰略投資長(CSO)。

當時負責全公司人力事務、當初在飛機上向他發出邀請的陳一丹很抱歉地告訴劉熾平,他在騰訊得到的薪水將要比他在高盛少三分之二。對數字超級敏感的劉熾平笑著說:「也許哪一天,騰訊的股票會上漲100倍哩!」

PART 2

出擊

第七章
調整：一站式線上生活

戰略性決策的最終產物是虛假而單純的，
企業將市場與產品結合起來，
通過新的要素組合，拋棄一些舊東西，
並從現有的地位擴張而達成新目標。
——伊格爾·安索夫（H.Igor Ansoff，美國管理學家）

在未來幾年，
馬化騰試圖全面接管中國網民的網路生活。
——《互聯網週刊》，2006年1月

「虛擬電信運營商」的幻滅

在相當長的時間裡，馬化騰對騰訊的戰略規劃是建立在「想像」的基礎上。

隨著QQ用戶數的增加，他一度試圖搭建一個開放式的「黃金平台」。2001年1月，在QQ註冊用戶超過4000萬之際，馬化騰對《中國電腦報》記者說：「騰訊的戰略是架構一個平台，歡迎各個垂直行業，如遊戲、資訊、電子商務、ISP、IP電話等架構在上面，構成一個包羅萬象的應用環境。到那時，QQ既是一個即時通訊工具，又能給它的用戶提供更多實用的商業資訊，這樣，QQ就成了一個『黃金平台』。」

這個戰略還沒有來得及實施，中國電信產業的變局就為騰訊打開了另外一扇門，對於在「移動夢網」業務中大獲其利的騰訊，外界猜測它會很快進入電信領域，實行「虛擬電信運營商」戰略。

早在2000年9月，為了推進固定電話與行動電話的業務分家，資訊產業部頒布《電信管理條例》，將電子郵件、語音信箱、線上資訊存儲和檢索、電子資料交換、線上資料處理與交易處理、增值傳真、互聯網接入與資訊服務、視訊會議服務等列為電信增值服務的內容，將轉售電信業務列為基礎電信業務的一類。這一新條例被認為是電信管制開放的一個信號，北京郵電大學教授呂廷傑在當時便評論說：「新條

例是向網路元素出租的方向發展,這就導致了虛擬運營商的出現成為不可避免的潮流,有可能促成中國電信產業可操作性的競爭。」

不久之後,「一無所有」的中國移動公司便以不尋常的開放姿態,推出「移動夢網」業務,轟開了簡訊增值服務的大門。到2003年前後,通過夢網專案「曲線」進入電信領域的民間公司清晰地看到了一種新的可能性。網易和騰訊相繼提出成為「虛擬電信運營商」的戰略目標。

2003年9月,騰訊與上海電信合作,推出「電話QQ」業務,使用者撥通96069或上網登錄「電話QQ」的網站頁面,獲取QQ帳號後,根據語音提示,便可以與普通電話相聯通,公告稱:「這一業務的開放範圍包括上海電信所屬的所有電話門類,以及移動和聯通的手機用戶、鐵通和網通的固定電話使用者。電話QQ業務免收開戶費和資訊費,使用固定電話或卡類電話的資費分別與現行普通電話、卡類電話的資費標準相同。」也就是說,騰訊通過與上海電信的合作,進入了最核心的話音業務領域,由QQ直撥普通電話,只剩一步之遙。

2004年,丁磊在網易泡泡的新版本中植入了網路電話的技術,媒體報導認為:「一旦政策允許,網易可以通過點數卡或泡泡『金幣』支付通話費用。這時候,點數卡就變成了電話充值卡,網易將有機會成為一個真正意義上的虛擬電信運營商。」

　　騰訊、網易的這些行動引起了壟斷的國有電信企業的集體警惕。2005年7月，信產部發布通知，明確規定：「除中國電信和中國網通能夠在部分地區進行電腦到電話（PC to Phone）方式的網路電話商用試驗外，任何單位和個人都不得從事這項業務。」

　　民間互聯網企業的「虛擬運營商」之夢就此破滅。

　　通過「移動夢網」實現了階段性戰略目的的中國移動也開始「收網」。後來的事實顯示，開始於2004年下半年的內容服務商整頓，最終成為一次清逐行動，中國移動從此關閉了合作開放的大門。當國有的電信運營商用政策管制的手段，將網易和騰訊阻擋在門外的同時，它們自身其實也「自我閹割」了創新進取的動力。在未來的幾年裡，它們靠政策的庇護賺得盆滿缽滿，一直到2012年年底，騰訊用微信再次從一個意想不到的角度對它們的電信壟斷提出了挑戰。

被中國移動「驅逐」的日子

　　從2004年下半年開始，騰訊的無線增值業務就遭受到嚴重的衝擊。馬化騰後來說：「無線增值業務在騰訊的業務收入中占比太高，而我們與電信運營商的業務關係又很緊密，在清理過程中，我們的壓力也許是最大的。」

　　在持續的「不活躍用戶」清理行動中，簡訊用戶數量出現了急遽的縮水。

很多年後，劉成敏仍對當時的景象心有餘悸，他談到了一個細節：「2004年10月，我們突然接到中國移動資料部的電話，要求立即到京談事。到了北京，他們就把一張新的協議書遞到了我們面前。中國移動提出要重新商議『161移動聊天』的分成比例，否則就中止這一項合作。『161移動聊天』是無線增值業務中的一個明星產品，占了業務總收入的三成左右。因為所有的通道資源都在對方那裡，我們幾乎沒有任何討價還價的餘地。」

　　12月，中國移動宣布與騰訊合作的「161移動聊天」業務協定到期，分成比例重新商議，根據新的規則，騰訊每月淨利潤將大幅減少約400萬元人民幣，一年高達4800萬元。此外，中國移動還逼迫騰訊調整了簡訊收入的分成比例，從15比85調整為5比5，進一步壓縮了騰訊的利潤空間。

　　受到這些不利消息的影響，聯交所的騰訊股價在低位徘徊，投資人信心缺失。2005年4月，騰訊董事會為了展示信心，不得不宣布回購占已發行股本10％的股票，按當時股價計算需要約9.74億港元。到11月，騰訊又宣布了一項金額最高為3000萬美元的股票回購計畫。

　　到2006年，中國移動再出「殺手鐧」，直接對移動QQ動手。

　　騰訊之所以能夠在「移動夢網」項目中獲得最大、最穩定的收益，關鍵在於龐大的QQ用戶基數，因此它對運營商的依賴度比其他內容服務商都要小得多。其中，移動QQ是

最核心的產品，擁有700萬的用戶，占到了騰訊全部簡訊使用者的七成左右。過去幾年裡，中國移動對即時通訊工具一直垂涎三尺，在它的規劃中，如果能夠擁有一款屬於自己、類似於QQ的產品，便可以順利地向兼具運營商與內容供應商的角色轉型，由此形成一個閉環的、無須與任何其他公司分利的業務模型。

2006年年初，兩家終於到了攤牌的時刻。中國移動自行外包開發了一款名為「飛信」的即時通訊工具，同時向騰訊提出了兩個強制性要求：第一，移動QQ與飛信進行「業務合併」，否則，將把移動QQ從夢網業務中踢出；第二，整個QQ體系與飛信「互聯互通」。

由於擔心用戶體驗不佳，而且成本費用也難以分攤，騰訊以條件不成熟為理由拒絕了中國移動。

6月，飛信測試版上線，中國移動宣布：「飛信絕非只是一個產品那麼簡單。它是未來戰略的重要一步，通過飛信平台，中國移動可以推出許多增值服務，如線上遊戲、線上購物、虛擬社群、手機支付等。」同時，中國移動發布了「關於規範移動夢網聊天類業務的通知」，內容是：對於現存的聊天社群類夢網業務，不再與此類業務開展任何形式的行銷合作；移動QQ、網易泡泡將被允許開展到2006年年底，相關SP的合作協定續簽到這一時間點終止。

2006年12月29日，就在終止合作的最後一天，騰訊在香港發布公告，移動QQ將與飛信在6個月內「合併」，其業

務將逐步過渡到飛信平台，過渡期的產品被稱為「飛信QQ」。

在歷時兩年半的清逐行動中，騰訊賴以為獲利之本的無線增值業務遭遇到了空前的打擊。

在整個2005年度，騰訊總收入比前年同期增長了24.7％，達到了人民幣14.264億元；淨利潤增長了10％，為人民幣4.854億元。其中，互聯網增值服務收入比前年同期增長了79.2％，在總收入中的占比由38.4％上升到了55.1％，而無線增值服務收入則下降了19.3％，在總收入中的占比從上一年的55.6％下降到了36.3％，首次被互聯網增值業務超過。

到2006年3月，騰訊宣布第三次回購股票，回購金額最高達3000萬美元。為了增加收入，騰訊還收購了無線增值服務提供者卓意麥斯（Joyman）科技有限公司100％的股權。到年底，無線增值業務的收入由5.17億元增加到7億元，其中卓意麥斯貢獻了1億元，年度財報承認「收入增加主要反映來自卓意麥斯所提供的基於內容的簡訊服務收入的增加」。而在公司的全部收入中，無線增值業務的占比繼續下滑到25.0％，互聯網增值業務的占比則上升到了65.2％。

在手機上「自立門戶」

中國移動對昔日合作夥伴的「清逐」，再一次證明了「入

口」在資訊產業中的不可挑戰的地位：誰擁有了「入口」，誰就擁有了話語權和資源配置權。馬化騰在後來對擁有入口級產品的企業十分警惕，其教訓及心得應是得自於此。

在政策性排擠之下，「寄生」於夢網的內容服務商出現了集體雪崩的景象，各家慌亂紛飛，作鳥獸散。其中最為堅決的是丁磊，網易及早撤出，躲進了網路遊戲的「避風港」。最為狼狽不堪的是「SP之王」、在香港上市不久的TOM，在簡訊收入大幅下滑的時刻，它「劍走偏鋒」，推出了一些灰色業務，調查記者趙何娟在《天下有賊》一書中披露：「TOM最出名的就是在北京郊外租了一棟房子，雇用了上百個女子，通過1259*的電話號碼進行陪聊，聊的都是黃色內容。」這種黃色陪聊有一個非常文雅的專業名稱：互動式語音應答（IVR）業務。幾年後，TOM一蹶不振，其他的內容服務商，譬如空中網、掌上靈通等也相繼衰落。

與網易或TOM相比，騰訊的處境稍稍好一些，然而也可謂危急。

在過去的幾年裡，騰訊決策層一直對SP業務保持著一種克制的態度，馬化騰之所以「一意孤行」，相繼投入遊戲、門戶等業務也與內心的恐懼有關。然而，無線業務部門表現出強烈的自救欲望，在巨大的業績壓力之下，市場行銷部提出了一個折衷的方案：「如果擔心灰色收入影響到騰訊的聲譽，那麼，是否可以在體系之外收購或另建一家新的公司，即便出問題，也能起到防火牆的作用？」這一提議在總

辦會上引起了激烈的爭執，馬化騰在2005年年底下決心制止了這一計畫，其直接後果是導致了部門負責人唐欣的離職。

「那時真的很艱難，看上去幾乎無路可走。簡訊是我們當時主要的收費管道。」馬化騰日後回憶說。在再三斟酌之後，他決定「回到騰訊的核心能力」，利用QQ資源，在移動市場上重新布局。

2006年年初，頂替唐欣主管行銷業務的劉成敏陪同馬化騰祕密會晤中國聯通總裁，試圖改換門庭，另謀戰略合作。馬化騰向聯通高層演示了一款新研發成功的一鍵通（PTT，Push-to-Talk）功能，這是一種新的移動技術，在美國高通提供的Brew移動平台上運行，可以快速地進行「一對一」或者「一對多」通話，就像使用對講通話機一樣，而這便是2012年的微信「對講」功能的雛形。馬化騰希望與聯通合作，在聯通手機中內置QQ，向使用者提供一鍵通服務，以此與中國移動形成差異化競爭。聯通拒絕了騰訊的建議，它當時的戰略重心是CDMA業務，而聯通版的即時通訊工具「超信」也發布在即，QQ對聯通的利用價值似乎不大。

在合作未果的情況下，馬化騰迅速做出了自立門戶的決策。2006年，騰訊相繼推出超級QQ和手機QQ兩大產品。

超級QQ是進化版的移動QQ，它對用戶提供簡訊包月服務，每月費用為10元，騰訊將它與電腦端的QQ號碼實現了無縫對接，提供功能表式服務，用戶可以在手機上累積QQ在線時長、簡訊設置QQ資料，此外則有收看資訊、天

氣、笑話等。後來,騰訊更把QQ會員的特權功能植入,推出了QQ特權、遊戲特權、休閒特權和生活特權等4大類100多項VIP特權服務。劉成敏稱之為「簡訊門戶」。

手機QQ是安裝在手機上的QQ軟體,操作介面類似電腦版QQ。騰訊與諾基亞、摩托羅拉等手機製造商合作,在其手機中預裝軟體。在一開始,手機QQ收取每月5元的服務費,後來取消,所有用戶均可以免費下載和使用。騰訊的收入主要來自於簡單的手機遊戲和簡訊增值服務。

超級QQ和手機QQ在2006年的出現,有相當重要的戰略意義。

騰訊借此擺脫了對中國移動的「入口」依賴,建立了完全屬於自己的兩個移動門戶。到了2007年年底,騰訊終於走出了「移動夢網」的清理陰影,移動增值業務收入恢復性地突破8億元人民幣。在聖誕晚會上,無線業務部門的員工表演了一個小品,「地主傻兒子企圖強娶喜兒,最後喜兒家裡憑藉家資殷實、財大氣粗,拒掉了這椿不對等的婚事」。據員工回憶:「劇情高潮處,大螢幕鏡頭切換到了正在台下觀看節目的無線業務高級執行副總裁劉成敏臉上,劉成敏咧著嘴開懷大笑。」

另外一個尤為深遠的意義是,手機QQ為騰訊在日後的智慧手機時代贏得了戰略性的先機,在後來的幾年裡,無線業務部門直屬的3G產品中心相繼開發出手機QQ遊戲大廳(2006年)、手機騰訊網(2006年)、手機QQ流覽器(2007

年）以及手機安全管家（2010年），形成了一個移動門戶矩陣。2013年5月，已經退休的劉成敏在他的北京寓所對我說：「騰訊在手機端的布局和投入比所有的互聯網公司都要早，而且要早很多年。在當年，賈伯斯的iPhone還在實驗室裡，很多人看到了智慧手機的未來，可是誰也不知道它將以怎樣的方式引爆。我們是被逼到了一條正確的道路上。」

像水和電一樣融入生活當中

在更多的時候，戰略轉型是激烈競爭的結果，而未必是事先成熟規劃的產物。

與中國移動在夢網專案上的爭執，讓馬化騰不得不放棄了「虛擬電信運營商」的戰略企圖，轉而回到互聯網，重新尋找定位。這時候，他非常需要在騰訊內部找到一個可以談戰略的人。

劉熾平正式到飛亞達大廈上班，是2005年春節過後。他搬進一間空曠的辦公室，除了一個祕書，沒有人向他彙報任何事宜，連馬化騰也不清楚，「首席戰略投資長」的日常工作是什麼。劉熾平說：「我管三件沒有人管的事情，一是戰略，二是併購，三是投資者關係。」

他的作用很快顯現出來，在騰訊股價風雨飄搖的時候，他多次到香港向機構投資人闡述公司的前景。「把投資者關係做好，你的股價就會有一個比較好的反應，認受度就會提

高。」2005年，在他的建議下，騰訊兩次回購股票，以顯示信心。他還幫助公司完成了一系列的收購案，其中包括郵箱公司Foxmail、網路遊戲公司網域以及內容增值服務商卓意麥斯、網典和英克必成等。「我們還跟金山有接觸，我們看好他們在網路遊戲和防毒軟體上的能力。」這些都是騰訊之前從來沒有嘗試、也非常不熟悉的工作。

「5年商業計畫」是初進騰訊的劉熾平拿給外界的第一張證明。2006年年初，他提出了騰訊的「5年商業計畫」，描繪了騰訊每一個業務的發展藍圖，制定了一個在當時看來遙不可及的目標，即未來5年內騰訊公司年收入將達到100億元人民幣。

一組可以類比的資料是，2005年騰訊年收入只有14億元人民幣，在那斯達克上市的百度年收入為3億元人民幣。當時發展勢頭最好的是三大門戶網站，其中新浪年收入為1.9億美元，網易為2.1億美元，搜狐為1.08億美元。

後來的事實是，騰訊完成了劉熾平定下的目標，還提前了一年。財報顯示，2009年，騰訊公司全年收入突破124億元人民幣。

更多的時候，劉熾平陪著馬化騰「坐而論道」。「常常是我在說，他在聽，當時他對很多戰略概念並不是非常熟悉，但他有很好的感悟力，往往能舉一反三，直接到達問題的核心。」在無數次交流之後，他們達成的共識是，騰訊唯一的核心能力是掌握了人際關係網路，由此出發，向使用者

提供各種線上生活服務，也許是一條走得通的道路。

　　那麼如何定義「線上生活」？馬化騰與劉熾平創造出了一個新的英文單詞——ICEC。I代表Information（資訊），C代表Communication（通信），E代表Entertainment（娛樂），C代表Commerce（商務）。「多元化的目的是提供線上生活，線上生活的背後則是社群，上述所有服務都將通過社群串起來。」

　　到了2005年8月，馬化騰第一次向媒體宣布了騰訊的新戰略主張：「騰訊希望能夠全方位滿足人們線上生活不同層次的需求，並希望自己的產品和服務像水和電一樣融入生活當中。騰訊已經初步完成了面向線上生活產業模式的業務布局。」在接受《第一財經日報》的採訪時，馬化騰更具體地談及了騰訊的企圖心：「無線（增值）有100多億元的盤子，我們必須進去；網遊有70多億元的盤子，騰訊不能放棄；廣告有30多億元的盤子，騰訊不能放棄；騰訊不能放棄的還有搜尋、電子商務。」

　　「線上生活」的提出，讓人們看到了一個前所未見的中國互聯網公司。不過，並不是所有人都看好馬化騰的新戰略，在當時的媒體評論中可以聽到擔憂的聲音。

　　《互聯網週刊》在一篇名為「馬化騰初顯強悍：騰訊包辦中國人的網路生活」的報導中認為：「馬化騰的優勢在於其手中相對忠誠的、數以億計的QQ註冊用戶，但他的難度在於試圖完全由自己提供所有的生活娛樂資源。這意味著手

握龐大用戶的馬化騰有可能面臨來自所有互聯網公司的競爭，而且極易在多元化的擴張中迷失發展的焦點。」

互聯網評論員馬旗戟則提出了兩個問題：「第一個問題，線上生活究竟是一個怎樣的概念？它有邊界嗎？邊界在哪裡？騰訊離邊界有多遠？而且與其他舊門戶相比，騰訊網也有極其明顯的弱點，那麼騰訊網準備如何讓線上生活更完美？第二個問題更抽象，現實生活本身就是大平台，但至今沒有人，也沒有機構可以實現「生活—行銷」的全面融會貫通，那麼線上生活靠什麼能夠做到？」

馬化騰對此的解釋是：「從表面上看，大家可能覺得騰訊什麼都想做，但實際上，我們一切都是圍繞著以即時通訊工具QQ為基礎形成的社群和平台來做的。」

不過即便如此，在企業戰略理論上，這仍然是非常危險的。麥可‧波特（Michael Porter）在《競爭優勢》一書中曾經對「戰略性關聯」提出過警告，他認為，某些看上去很美妙的關聯並不增強競爭優勢，即使關聯能創造明顯的優勢，但是在實踐中一系列難以克服的組織障礙也仍然會妨礙關聯的獲取，這些障礙包括組織結構、文化和管理結構等等。

後來的事實也證明，騰訊將發生一系列的組織及管理變革，其主旨都是為了適應「線上生活」戰略。

第二次組織架構調整

在新戰略提出之後，首先面臨挑戰的便是現有的組織結構。

在2001年的第一次架構調整中，公司的業務部門被切分為研發線（R線）和市場線（M線），但是隨著產品類型的增加，這種模式已經變得不適用了，前線的專案愈來愈多，後方的研發擠成一團。劉熾平回憶說：「我那時粗粗算了一下，全公司比較重要的產品線就超過了60個，每家都對技術有適時性的需求，遞交到R線之後，幾乎無法安排，這已經影響到了正常運轉。」在QQ秀項目中，R線與M線已被打通，實行了產品經理制，而之後的新聞門戶、搜尋以及網遊，無一不是研發、內容與運營的重新人力組合。

因此，騰訊在2005年10月24日對內發布了「深騰人字38號」檔，宣布進行第二次架構調整。公司的組織架構被劃分為8個序列，分別由5個業務部門和3個服務支援部門組成。

B0：企業發展系統，包括國際業務部、電子商務部、戰略發展部、投資併購部，負責戰略、投資併購及相關業務，由首席戰略投資長劉熾平兼管。

B1：無線業務系統，包括無線產品部、移動通信部、電信事業部和各地辦事機構，負責與電信運營商相關的業務，

負責人為劉成敏。

B2：互聯網業務系統，包括互聯網研發部、社區產品部和新成立的數位音樂部，負責QQ及相關業務，負責人為吳宵光。

B3：互動娛樂業務系統，包括互娛研發部、互娛運營部、管道行銷部，負責網路遊戲業務，負責人為任宇昕。

B4：網路媒體業務系統，包括網站部、廣告銷售部、搜索產品中心，負責門戶網站業務，由首席資訊長許晨曄兼管。

O線：運營支援系統，包括運營支援部、系統架構部、安全中心、管理工程部、研發管理部和客服部，負責伺服器、資料庫及安全業務，負責人為李海翔。

R線：平台研發系統，包括即時通信產品部、深圳研發中心、廣州研發中心，負責技術研發，由首席技術長張志東兼管。

S線：職能系統，包括行政、人事、財務、法律、投資者關係、內審、公關及董事會辦公室，由首席行政官陳一丹兼管。

劉成敏、吳宵光、任宇昕和李海翔等人被提拔為執行副總裁。

此次調整意味著事業部制度的形成。各事業部以產品為單位，專案開發，分工運營，從此，騰訊「一分為多」，「兄

弟爬山，各自努力」。從業務比例的構成來看，B1和B2為最主要的收入部門，幾乎占全公司總收入的八成以上。B4的新聞門戶業務在此時尚不起眼，但因戰略上的意義而受重視。比較特殊的是B3系統。在2005年10月前後，騰訊的棋牌遊戲用戶已經超過聯眾，但是並沒有找到真正的爆發點。在決策層看來，網遊的前景值得期待，因此將之獨立成軍，原本屬於次級單位的互動娛樂事業部被整體提拔，日後證明，這是一個成功的戰略安排。

在五大業務系統之外，馬化騰認為，電子商務和搜尋也是騰訊必須涉足的領域，因此在2005年中期便悄悄組建團隊，將之分別隸屬於B0和B4系統，期待成熟之後，再行分離。

在這個架構中有一個非常微妙的安排：騰訊所有的業務基礎都來自於流量，然而，在組織架構中並沒有一個類似於「總參謀部」這樣的機構來進行流量的統籌配置。這一職權其實被掌握在了「總辦」手上。也就是說，騰訊的組織架構頗類似於「大權獨攬，小權分散」的模式，各事業群的負責人在業務拓展上被授予了最大的許可權，但其命脈始終由最高決策層控制。

在一次內部高層主管會議上，馬化騰談及了調整後的管理理念，他說：「未來5年，騰訊最大的挑戰就是執行力。市場怎麼樣，大家都看得見，但不一定都拿得住。通過完整的指標體系和組織結構保證壓力的傳導，通過嚴格考核和末

位淘汰制留住好的人才,而所有這些,能把騰訊打造成一個不依賴個人精英,而是依靠體制化動力的成熟體系。」

在這部不太長的騰訊史上,2005年是一個轉折性的年份,在賴以為源的無線增值業務遭遇瓶頸的危急時刻,馬化騰團隊進行了激進的戰略調整,「線上生活」戰略的提出以及第二次組織架構調整帶有標誌性的意義。它意味著這家由即時通訊工具起家的企業,在創業7年之後,攜帶著數億用戶、十幾億元現金以及他們年輕的雄心,踏上了一條充滿了不確定性的多元化征途。從此之後,一個陌生的、野心勃勃的騰訊悄然呈現在人們的面前,它幾乎涵蓋了當時所有的互聯網產品型態,在每一個細分領域都蓄勢待發。5個業務系統可以被看成5家獨立的公司,它們如同5隻「章魚之手」,各憑其力,伸向所有的競爭對手。在此之前,沒有一家中國公司或美國公司達到過「提供一切線上生活服務」的目的地,它看上去更像是一個不可能的任務。隨後騰訊所遭遇到的種種質疑、攻擊均與此有關。

為了實施「線上生活」的戰略,騰訊自然進入了互聯網的各個領域。而騰訊各業務系統強而有效的執行力,對業務產生了積極的推動,其「斐然成績」不可避免地對同行產生了衝擊。此時此刻,騰訊就像一個精力充沛的年輕人,活躍在互聯網的各個領域。

螞蟻搬家，與淘寶對戰

「馬化騰到底想要幹什麼？」這是很多人在問的問題。

2005年9月10日，馬化騰前往杭州參加第五屆「西湖論劍」，馬雲、丁磊、馬化騰、汪延和張朝陽出現在同一場論壇上，主持人、經濟學家張維迎用他的陝北普通話問台上的列位：「除了自己的企業之外，你最看好誰的企業？」這是一個很微妙的問題，沉吟片刻之後，馬雲選了丁磊，丁磊選了馬化騰，馬化騰選了汪延，汪延選了馬化騰，張朝陽選了丁磊。這樣的答案當然有遊戲和情面的成分在內，不過，被選中兩次的馬化騰似乎已成了目標和「假想敵」之一。

在當時同場的5人中，馬化騰與丁磊、汪延、張朝陽均有競爭關係，看上去唯一與騰訊沒有業務交集的是馬雲的阿里巴巴。然而，僅僅兩天後，情勢就發生了變化。

9月12日，騰訊發布獨立功能變數名稱的電子商務交易平台拍拍網（www.paipai.com），一個月後，與之配套的線上支付工具財付通上線運營，這被媒體看成是馬化騰對馬雲的宣戰。從拍拍上線開始，QQ流量的導入效應就非常明顯，有超過六成的拍拍用戶是從QQ的各個介面被吸引過去的。2006年3月13日，騰訊宣布拍拍網已擁有700萬註冊用戶，並在這一天正式進入商業運營。同時，騰訊發布了搜尋網站搜搜網（www.soso.com），這意味著騰訊在電子商務和搜尋兩大領域內均將推行封閉戰略。

兩個月之後，拍拍與淘寶之間的一場遭遇戰突然爆發。

2006年5月10日，在與eBay的市場爭奪中勝出的淘寶網急於變現，馬雲提出了一項名為「招財進寶」的收費服務，宣布將為那些願意通過付費推廣獲得更多訂單的淘寶賣家提供競價排名服務，這一決定違背了馬雲在前一年做出的「淘寶三年免費」的承諾，引發淘寶賣家激烈反對，賣家自發組織了一個「反淘寶聯盟」，鼓動在六一節舉行萬人集體罷市。

5月15日，拍拍網推出了「螞蟻搬家，搬出美好前程」的促銷活動，賣家只要在拍拍網成功導入自己在協力廠商交易網站的參考信用度，鋪貨20款以上，就很有機會獲得黃金推薦位。同時，買家在拍拍網購買任何商品，並通過財付通完成付款，則可獲得最高600元的購物券獎勵。針對淘寶的「招財進寶」計畫，拍拍網宣布「未來三年完全免費」。

拍拍的斜刺殺出，在焦頭爛額的馬雲看來無異於「趁火打劫」。他表現得非常憤怒，在杭州的一次記者見面會上，他認定騰訊和eBay是這次罷市風波的幕後推手，他直接點出了馬化騰的名字，說：「馬化騰這招用得很好，這就是競爭的味道。」此外，他還披露「騰訊拍拍網成立之初大量向淘寶挖人」，當記者問及他對拍拍網的看法時，馬雲認為這是淘寶網的模仿品：「在C2C市場，騰訊拍拍網不過是業餘選手，拍拍網走上了永遠回不來的路（一味模仿），幾年以後它會吞下這個苦果，馬化騰也會有這樣的後果。」

對馬雲的指控，馬化騰在接受記者電話採訪時表示無

辜：「我們私下是很好的朋友，不可能搞這種背後的惡性競爭。」對於騰訊挖淘寶網牆腳的事情，馬化騰反駁說：「一來，這種人才流動很正常；二來，從淘寶網過來的人一共也才兩、三個，談不上挖牆腳。」就在雙方隔空交火的同時，網上開始大量流傳「原來罵淘寶的聲音是這麼出來的！」等文章，直接點名「騰訊公司雇公關公司攻擊淘寶網」。騰訊以「名譽侵權」為由，將登載這一系列匿名文章的千橡公司告上法庭，要求賠禮道歉、消除影響，並索賠500萬元。

在淘寶賣家和拍拍網的雙重打壓之下，馬雲選擇了妥協，在「六一大罷市」的前夕，5月31日，淘寶網宣布通過全民公投決定「招財進寶」服務的去留，結果投反對票的比例高達63%，導致這一收費服務夭折。

經此一役，拍拍網聲名鵲起，到了2007年3月，其交易額超過eBay，成為第二大C2C網站。在後來的幾年裡，淘寶調整收費策略，再沒有給拍拍網太多的進擊機會，不過，阿里巴巴上下均視騰訊為自己最危險的敵人，馬雲曾對媒體說：「QQ的確有點可怕，它的攻擊總是悄悄的。」

成為全民公敵

2006年5月24日，騰訊發布第一季財報，顯示調整中的公司正在走出「夢網困境」。在這一季，其總收入為6.453億元人民幣，比上一季增長50.3%，比去年同期增長114.8%；

毛利為人民幣4.696億元，比上一季增長62.4％，比去年同期增長136.5％；其即時通訊註冊帳戶總數達到5.315億，比上一季度增長7.9％。

漂亮的業績令股價當日漲幅達到26％，一掃一年前的頹勢。

然而，就在業績衝高的同時，質疑與指責也隨之而至。

5月25日，就在季報公布的第二天，《21世紀商業評論》主筆吳伯凡對馬化騰進行了採訪，寫成「企鵝帝國的半徑」一文。這是主流財經媒體較早以「帝國」一詞來形容擴張中的騰訊，吳伯凡因而提出了一個「管理半徑」的問題。

他寫道，騰訊的「事業」被界定為「線上生活」，這顯然是一個無遠弗屆的事業，也意味著騰訊將會「全線開戰」。一個僻居深圳、以單一的IM業務起家的小公司正在開疆闢土，建立虛擬世界裡的中央帝國。最善意的評論者也會為它擔心。正如我們從歷史上一個個帝國的興衰中看到的，開闢疆土是相對容易的，但如果統治能力的半徑達不到疆域的半徑，這樣的帝國難以持久。騰訊有沒有核心能力？如果有的話，它的核心能力的「發射功率」能夠覆蓋到它所有「從核心出發」的業務嗎？從業務的「空間結構」而言，所有這些業務能相互關聯，且形成「眾星參北斗」之勢嗎？從業務組合的「時間結構」而言，由「種子產業、苗圃產業、果木產業、枯木產業」形成的業務組合能相互接替、左右逢源嗎？果木產業在成為枯木產業之前，能承受如此多的種子和

苗圃產業之重嗎？

很顯然，這都是一些沒有標準答案的問題。彼得·杜拉克將企業管理視為「藝術」而非「科學」，其潛台詞便是對不確定性的警告與尊重。在「企鵝帝國的半徑」中，吳伯凡從經營戰略、核心能力和管理能力三個方面對騰訊提出了疑問，他的結論是，「騰訊現在看上去沒有勁敵，但其實有一個勁敵與它形影相隨。這個勁敵就是騰訊自己，如果它把握不好它的業務半徑和管理半徑的話」。

如果說吳伯凡是站在騰訊的立場上對其「全線開戰」的戰略提出了警示，那麼，另一位財經記者則是從業界的角度給予了一個新的、更具聳動性的定義。2006年6月，程苓峰在他任職的《中國企業家》雜誌上把騰訊視為「全行業敵人」，他的文章標題是「『全民公敵』馬化騰」，這期雜誌很快在互聯網業界被廣為傳閱。

程苓峰是一位年輕的互聯網觀察者，他後來入職騰訊，擔任騰訊網科技頻道的主編，接著又離職成為一個獨立的自媒體人。他在6月發表的這篇報導「定義」了騰訊日後的輿論形象。

程苓峰寫道：「在中國互聯網，有一個人跟陳天橋、馬雲、丁磊、張朝陽、李彥宏5個人同時過招。他長相斯文，行止儒雅，卻被叫做「全民公敵」，他掌管著中國市值最高的互聯網公司。」程苓峰在文章的「導讀」部分就進行了這樣的描述，進而他一一列舉了騰訊所涉足的、幾乎無所不包

的領域，感歎道：「其實中國互聯網橫跨多個業務線的企業不在少數，但幾乎沒有一家互聯網公司能在兩條以上的業務線中同時做到領先，除了騰訊。」甚至如果把騰訊放置於全球互聯網的範圍內來觀察，它的野心也是令人吃驚的。「互聯網四大天王 Google、雅虎、eBay、MSN 幹的所有業務，騰訊都幹了。」報導這麼寫道。

在這篇報導中，程苓峰敏銳地窺視出了騰訊多元化戰略中的一個特徵：緊盯市場動態，以最快的方式複製成功者模式，利用 QQ 用戶優勢進行後發超越。他引述馬化騰的話說：「因為互聯網市場太新、太快，往哪裡走都有很多可能。如果由自己來主導可能沒有辦法證明所選擇的就是對的，幾個月內都有很多新東西冒出來，憑什麼判斷哪個是熱點？有競爭對手了，人就開始有了鬥志；看看別人哪些做得好，哪些做得不好，如果別人殺過來，應該怎麼辦？是硬頂，還是去別的地方迂迴作戰？」

馬化騰後來將上述這段話概括為一個策略：「後發是最穩妥的方式」。

這種後發策略，勢必造成兩種情形的出現。

第一，騰訊會被認定為一個「模仿者」而非「創新者」。程苓峰寫道：「馬化騰不以為然。他說，我不盲目創新，微軟、Google 做的都是別人做過的東西。最聰明的方法肯定是學習最佳案例，然後再超越。我不爭第一，沒意義。新產品一出來就要保證穩定，不能想怎麼改就怎麼改，要慎重。」

第二，騰訊以天下為敵，同時，天下以騰訊為敵。「無論馬化騰願不願意，幾乎所有互聯網公司都在立穩腳跟、完成原始用戶積累之後自動向騰訊宣戰。IM對使用者有著信箱、遊戲等其他任何服務都無法比擬的巨大黏性，誰不眼饞？」

這兩種情形在2006年年初露端倪，不過日後的演進態勢比文章所描述的還要激烈很多倍。程苓峰沒有來得及揭示的另外一個事實是，騰訊為了保持後發進攻的優勢，必然會在用戶資源的壟斷上不遺餘力。「模仿而不創新」「以天下為敵」和「拒絕開放」便成為騰訊的「三宗罪」。

曾李青的離開

任何一家企業在其成長歷程中，都會出現若干個「關鍵時刻」。它們出乎之前的規劃，然而又是主動確定的結果，它們被呈現出來的時候往往是陌生而不可靠的，因而充滿了戲劇性。在這一「時刻」的選擇，展現了企業家的個人魅力及特質，並決定了這家企業在未來一段時期的命運走向。

在我看來，在這部騰訊史上，第一個「騰訊時刻」是1999年2月10日，OICQ的發布標誌著企業找到了專注的方向，在廝殺激烈的互聯網世界裡覓到了一寸生存之地。第二個「騰訊時刻」應該是2005年8月，「線上生活」戰略的提出意味著騰訊向全能性、生態型企業的重大轉型，它日後的

所有成就及爭議均奠定於此。如果說，在第一個「騰訊時刻」中，馬化騰展現了專業和敏銳的一面，那麼，在第二個「騰訊時刻」則展現了他的大膽與謀略。

在每一個「關鍵時刻」，企業組織內部的業務模組將發生權重變化，組織失衡和權力調整便必然隨之出現。2005年秋季之後，隨著新的公司戰略的制定和第二次組織架構的調整，一場人事上的地震不可避免地發生了。2006年2月，騰訊發布公告，任命劉熾平接替馬化騰擔任公司總裁，馬化騰仍保留董事會主席兼首席執行長職務。劉熾平的工作分工為日常管理和運營。

這一任命出乎很多觀察者的意外，這意味著之前長期負責市場和銷售事務的曾李青被邊緣化。到2006年的11月，曾李青向董事會提出退休，騰訊在2007年的6月對外宣布聘任他為終身顧問。在離開之前，曾李青請廣東的一位知名畫家畫了一幅《五馬圖》送給他的夥伴們。五匹神態各異的駿馬，絕塵於天地之間，寓意騰訊的五位創始人。馬化騰將它掛在飛亞達大廈的三樓會議室裡，騰訊內部很少有人知道它的來歷。

在過去的8個年頭裡，曾李青與馬化騰、張志東一起構成騰訊的「鐵三角」。他們個性迥異，特長鮮明，馬化騰擅長產品，張志東擅長技術，曾李青擅長市場，而這三者幾乎是一家創業企業必須擁有的核心能力。而陳一丹總掌公司後方，許晨曄則穩定門戶網站，在中國的其他互聯網企業中，

如此互補的創業組合幾乎沒有出現過。

　　儘管是電信專業的出身背景，不過曾李青在行事風格上，卻更接近於傳統的製造業或服務業人士，在與外界接觸時，相比文靜靦腆的馬化騰，他更像是一個「做決定的人」。早年追隨他開拓Q幣業務的丁珂記得第一次見到曾李青時的景象：從大樓的另一頭，一個碩大的身軀搖搖晃晃地逛了過來，他嗓門很大，套著一件西裝，打著領帶，可是下面卻穿著一條齊膝藍色短褲。在工程師文化濃烈的互聯網公司，風格粗獷的曾李青是一個另類。

　　曾李青一手打造了騰訊的市場和行銷體系，其角色很像列寧時期的紅軍創建人托洛斯基，他所領導的無線增值業務團隊一度貢獻了超過六成的收入。當他離開的時候，騰訊與電信運營商的關係正降到冰點，無線增值業務收入在總收入中的比例已下滑到1/4。很顯然，處在轉型時期的馬化騰更需要一位懂得戰略、資本運營以及有國際化視野的助手。

　　曾李青在騰訊的最後一項工作，是推薦了網域公司。網域的創始人張岩是他的大學同學：「他在大學時候就知道玩，沒想到還玩出了名堂來。有一次我去湖南的網咖做調查研究，發現很多人在玩網域「華夏」，回來後就建議公司把它買下來。」騰訊以2990萬元收購深圳網域19.9％的股權，將「華夏」改造成「QQ華夏」，這一團隊後來又開發出「英雄島」等網遊產品。到了2010年，騰訊收購了網域的全部股份。

　　離職後的曾李青在休息半年後復出，創辦德迅投資，其英文名為Decent，留有很明顯的Tencent痕跡。據說凡是從騰訊出來的人創辦新公司，曾李青都願意聽一下他們的計畫，有機會就投資一點。2013年5月，他在位於深圳CBD區的卓越中心德迅投資的辦公室接待我，談及馬化騰時仍習慣用「大老闆」來稱呼，在我們交談的身後書架上，站著一隻碩大的布絨QQ企鵝。

第八章
大戰 MSN：榮譽與命運

出於戰略上考慮，我選擇的第一個征服目標
往往不是不堪一擊的小公司，而是最強勁的對手。
——洛克斐勒（John D.Rockefeller，美孚石油公司創始人），
《寫給兒子的信》

創新永遠是遭遇的結果。
——葛斯納（Louis V. Gerstner，前 IBM 董事長）

MSN 來了

2004年8月，在微軟公司總部已經工作了9年的熊明華受命回到中國，組建MSN中國研發中心，他決定把基地建在上海。幾乎同時，微軟在北京組建MSN中國市場中心，負責人為中國區員工、已有10年服務經歷的羅川。這意味著騰訊歷史上最重量級的敵人出現了。

在過去的兩年多裡，有關MSN即將進入中國的消息甚囂塵上。與大張旗鼓的網易、新浪等不同，微軟一直沒有專門的MSN中國運營團隊，可是它的用戶數卻是網易的3倍。來自調查機構易觀國際的資料顯示，2005年，在沒有任何宣傳和當地語系化支援的情況下，MSN在中國即時通訊的市場占比為10.58％，雖然和QQ的77.8％相距甚遠，但已是當時中國第二大即時通訊軟體。

更重要的是，在約2000萬商務人士用戶中，騰訊用戶約950萬人，占47％，MSN用戶約1075萬人，占53％，其中在過去的兩年裡，MSN新增的用戶有95％來自騰訊QQ流失的用戶。當這些資料被報告到微軟總部時，美國人大吃一驚，在羅川等中國區員工的大力主導下，微軟做出了將MSN業務獨立出來、實施本土化運營的決策。

1965年出生的熊明華是微軟MSN業務部門最資深的華人產品經理。他早年在一家台灣人創辦的軟體公司工作，從事Windows中文化技術的開發，是一位擁有實戰經驗的設備

驅動程式專家，也就是一般人說的開發病毒軟體的專家。去美國後，他先在IBM工作，1996年加入微軟，那時，比爾·蓋茲正發動對網景的攻擊，熊明華在IE流覽器部門擔任產品經理，參與了IE 3.5到IE 5.0的版本開發，「目睹了微軟如何『絞殺』網景的全過程」。1999年，熊明華又進入視窗部門，參與了Windows 2000和MSN的開發。「2001年以後，我的選擇權到期了，便想退休或者回到中國創業。」此後，他經常回國，到聯想、方正等公司交流訪談，擔任浙江大學客座教授，並出版了《軟體發展的科學與藝術》和《軟體發展過程與案例》兩本專書。在一次授課時，台下的學員中便有任宇昕和吳宵光。

熊明華回到上海兩週後，張志東便通過朋友找到了他。

黃昏時，他們在東平路、衡山路交界的藏隴坊餐廳見面，張志東隨身帶來了兩瓶紅酒。他們聊了四、五個小時，張志東對技術的嫻熟讓熊明華留下了很深的印象，臨告別時，張志東直接問熊明華：「你願意加入騰訊嗎？」

這只是兩軍開戰前的一個小細節。對張志東的邀請，熊明華一笑置之。「在當時，MSN的眼中並沒有假想敵。我們沒有把QQ當回事，它的UI（介面設計）做得太爛了，軟體發展水準也不高。」熊明華很快組建起一支30多人的研發團隊。

隨同熊明華從西雅圖回國、後來轉投騰訊的鄭志昊回憶道：「我們去大學招聘大學生，在每一個招聘現場都被圍

死，黑壓壓的都是人，簡歷堆成了山，他們看見微軟的人就好像看見了神一樣，把我們徹底嚇壞了。」一年多後，跳槽到騰訊的鄭志昊再去校園招聘學生，「幾乎沒有一個TOP10的學生願意來騰訊。我們根本招不到最優秀的人才。這時我突然意識到，騰訊是用二流乃至三流的人才，在與微軟打仗」。

「收購」張小龍

在21世紀開始的那些年，對微軟的畏懼幾乎是所有IT公司的本能。1984年，全美十大個人電腦軟體公司中，微軟排名第二，到2001年微軟排名第一，而當年的其他9家公司都已在排名中消失了。微軟統治了全球90%的電腦介面，Windows作業系統、Offices辦公軟體、IE流覽器以及收購過來的Hotmail郵箱、Skype網路電話，構成了一個令人生畏的巨型平台，比爾‧蓋茲通過捆綁戰略擊潰網景的故事更是殷鑒不遠。

在中國市場上，比爾‧蓋茲採取了放任盜版的戰略。1998年，他對《財星》雜誌說：「只要中國人做盜版，我們希望他們可以盜版微軟的。他們將會盜版上癮，在接下來的10年，我們會想方法把盜版收回來。」事實正是如此，微軟一直到2008年才開始著手打擊中國市場上的盜版行為。

在微軟宣布了MSN本土化戰略之後，從資本市場到互

聯網業界，很多人認為騰訊的末日可能就要到來。負責公共事務的許晨曄回憶，有一次他去參加一個互聯網論壇，至少有兩個人走過來，小聲向他求證：「聽說你們騰訊打算讓MSN收購？」當時網上還流傳一封以比爾・蓋茲的口吻寫給馬化騰的信，其中寫道：「QQ群不是社會網路，感謝QQ給中國小朋友普及了即時通訊的概念，等他們長大了，工作了，有錢了，就慢慢轉移到了MSN，無縫切換。」在騰訊內部，儘管緊張的氣氛愈來愈重，不過，在馬化騰和張志東看來，MSN要動搖QQ的基本盤並不是一件容易的事。正如湯恩比（Arnold J. Toynbee）所揭示的，「高級別的文明體從來都是在異常困難而非異常優越的環境中降生的。挑戰愈大，刺激愈強」。

就在2004年9月9日，騰訊推出2004年QQ正式版，這是騰訊上市之後QQ的第一次大型改版。該版本也是繼2002年8月版之後的又一經典版本，它在技術上有三大特色：第一，強化了網路傳輸功能，大力提升了傳輸檔的速度，並支援中斷點續傳；第二，推出QQ網路硬碟和互動空間；第三，改進了QQ群的組織結構，在群聊的基礎上設計了「群中群」。這些改進，對於即時通訊的使用者而言都可謂「剛性需求」，因此受到熱烈的追捧。尤其讓馬化騰高興的是，雲端硬碟和傳送速率的加快都是工具性的提升，對於商務人士的吸引力非常之大。

在一次高層主管會上，吳宵光講了一個聽來的真實故

事：微軟派市場調查員在北京的辦公室裡做用戶調查，一位用戶在問卷的「月收入」一項上填寫了5000元，調查員立刻將問卷抽了回去：「對不起，您不是我們的目標用戶。」騰訊的所有高層主管笑得前俯後仰。

最讓馬化騰擔心的是，QQ在商務市場上的口碑一直不佳，儘管新版本做了不少改進。在當時主要城市的辦公室裡，掛著QQ的電腦會成為被嘲笑的對象。很多公司明文規定上班時間不得使用QQ，在他們看來，QQ僅僅是個聊天和搭訕的工具，MSN才是辦公資訊化的必需品。

「我們沒有能力短時間解決這個尷尬的問題，不過，如果能夠找到一款阻擊性的產品，也許情況會好一些。」沿著這條思路往前走，大家討論到了一個平台級的產品——電子信箱。「對於商務人士來說，即時通訊工具與信箱有最密切的關聯性，騰訊的QQ郵箱不夠好，1億多QQ用戶中，使用QQ郵箱的不到1％。而微軟的Hotmail太強了，我們必須要補上這塊板。」

補板的最佳辦法，就是收購Hotmail在中國的最強競爭對手，於是Foxmail進入了騰訊的視野中。

Foxmail的開發人是華南地區一位傳奇的軟體工程師張小龍。張小龍就讀於華中科技大學電信系，1994年研究所畢業後到京粵電腦工作。在1996年前後，獨立寫出了Foxmail。「Foxmail沒有模擬誰，是比Outlook更早的一款郵件用戶端。我記得我寫Foxmail的時候，丁磊正在寫Webmail。所不同的

是，丁磊的信箱是基於網頁開發的，而我的是基於用戶端。當時中國的聯網速度很慢，反而用戶端比較快。」Foxmail出來後，中文版使用人數在一年內就超過400萬，英文版的用戶遍布20多個國家，名列中國「十大國產軟體」。

張小龍因此被業界視為繼求伯君之後的第二代軟體工程師的代表人物。張小龍個性內向，不喜歡混圈子，是一位業餘網球高手。他對商業的興趣不大，在Foxmail如日中天的時候，他都沒有想要組建一家公司來進行商業化運營。此後，他進入廣東科學院下屬的靈通公司。1998年，張小龍以1200萬元的價格將Foxmail賣給了深圳博大。接下來便是互聯網泡沫的破滅，博大一直沒有找到讓Foxmail實現盈利的辦法，張小龍只好帶著10多位工程師轉而去做企業信箱伺服器，這是一個很小的市場，可謂苟延殘喘。

2005年2月，劉熾平代表騰訊前往收購Foxmail，曾李青與他一起執行。騰訊與張小龍的談判，因雙方的氣質接近，對互聯網的理解相同，一開始就順利契合。談判進展得很快，3月16日，騰訊對外公布，已正式簽署收購Foxmail軟體及有關智慧財產權的協定，這是騰訊歷史上的第一例收購案，確切的收購價格迄今未對外宣布。張小龍不願意到深圳工作，馬化騰做出讓步，成立了廣州研發中心，由張小龍出任總經理。

也是在2005年的2月，在主管國際事務的網大為的努力下，騰訊與美國Google宣布業務合作。騰訊已經開始為其國

內用戶提供Google的網頁搜尋服務。同時，騰訊還將提供Google在網上針對搜尋結果的廣告服務AdSense。Google的網頁搜尋框嵌入騰訊的各主要互聯網服務，包括QQ即時通訊的用戶端、網站、TT流覽器、騰訊TM和騰訊通RTX。

收購Foxmail和與Google合作，被看成是騰訊應對MSN本土化的兩個外部性防禦。

羅川的三重攻擊

儘管做了不少的準備，微軟中國在MSN上的種種大膽行動還是讓騰訊應付得非常吃力。

就在騰訊收購Foxmail的20多天後，4月11日，微軟與聯和投資有限公司在上海宣布成立合資企業——上海微創軟體有限公司，剛剛就任的微軟（中國）有限公司總裁唐駿出任CEO，上海市市長和微軟首席技術長蒙迪（Craig Mundie）出席了簽字儀式。一個月後，在微創的基礎上成立了上海美斯恩網絡通訊技術有限公司，微軟與聯和分別注資500萬美元和300萬美元，羅川出任總裁。聯和投資是一家隸屬於上海國資委的投資型企業，這種合資背景引人無數的聯想。

從組建的第一天起，羅川的想法就是儘快實現盈利，因此，在業務拓展上，MSN採取了最開放的分包合作模式。

美國互聯網企業進入區域市場通常會採取兩種模式：一種是雅虎模式，即完全交給當地的合作方經營，總部提供品

牌和技術支持，最後只是分享利潤。另一種模式則是Google
模式，建立龐大的工程師、行銷隊伍，採用完全當地語系化
的操作型態。微軟不願意喪失對MSN的主導權，在與聯和
投資的合作中，微軟儘管股份比例小於對方，卻在協議中強
勢規定，由微軟方控制公司的全部經營權。然而同時，微軟
沒有足夠的決心打一場戰略性的戰役，上海美斯恩的註冊資
本金僅為800萬美元，即微軟只投入了不到500萬美元。因
此，羅川決定採取一種新的辦法，他將之稱為頻道內容合作
的商業模式。

　　MSN中國推出了MSN中文網網站，由此形成一個門戶
型的平台，羅川將各個頻道以承包經營的方式向社會招標。
因MSN名聲很大，迅速引來了眾多專業型的合作夥伴，在
第一批的名單中就有淘寶網、上海文廣、賽迪網、人來車
網、英語村、貓撲網、聯眾世界、指雲時代、北青網9家大
型網站，羅川以合縱連橫的方式，在一夜之間組建起一支
「聯合縱隊」，有人稱之為「抗QQ聯盟」。媒體評論說：
「MSN中國的這種合作模式，一方面規避了外資合資公司在
內容、政策上的風險，同時又能夠迅速將MSN Messenger流
量導入到網站，轉化為收入。」

　　羅川使出的第二個盈利辦法是，快速切入電信增值業
務。已在中國市場浸淫10年的他，對手機簡訊的暴利心知肚
明。MSN中國出資收購了深圳的一家從事電信增值服務企業
的清華深迅，向MSN用戶提供10元包月的簡訊服務。在此

之前，沒有一家國際互聯網公司敢於進入這個充滿了爭議和道德風險的灰色領域。

　　2005年10月13日，羅川拿到了第三張攻擊性的好牌：在這一天，雅虎和微軟宣布達成了一項「里程碑式協定」，使其全球的即時通訊用戶之間都能實現互聯互通。全球這兩大即時通訊服務供應商之間達成的業界第一個互通協議使MSN Messenger和雅虎通用戶能實現互動，從而有望形成全球最大的即時通訊社群，共同占領超過44％的全球市場占比，因此全球將近一半的IM用戶第一次實現互通，人數將超過2.75億。

　　羅川在第一時間做出了反應，他向媒體表態，只要安全性得到保證，MSN願意和包括騰訊QQ在內的更多IM互通。

　　雅虎與微軟的這份互通協議，讓騰訊在這個秋天陷入一場非常被動的輿論漩渦之中。幾乎所有的媒體及專家都為互通而歡呼，很多人認為：「隨著MSN和雅虎通在中國市場的迅速發展，尤其在商務階層，兩者的實力已毫不亞於騰訊。雙方互聯互通之後，將進一步加大實力，甚至有可能令QQ迅速在商務階層中淪落為弱小IM。」MSN中國的公關部對記者表示，請你們轉告馬化騰先生，羅川總裁願意在任何時間、任何地點與他洽談互聯互通的事宜。

重新定義即時通訊

對於羅川發出的「互通邀約」，馬化騰予以堅決的回絕。他總是能在關鍵時刻，表現出潮汕弄潮人血脈中固有的那股不妥協的強勢姿態，儘管這一點也不像他的外表，或者不那麼討人喜歡。

他的理由是：我們不能拿用戶價值冒險，這樣不負責任。在他看來，用戶需求、安全、費用三個因素是聯通與否的關鍵，事實上，安全問題遲早會解決，但還有「成本和利益要談清楚，如果沒有有形價值的互換，那應該有無形價值的互補，這樣才有可能雙贏，雙贏了才會互聯互通」。他拒絕與MSN談判，也不打算讓QQ與網易泡泡等國內即時通訊工具互聯互通。在他看來，仍沒有見到有效「互聯互通」的可操作模式。

馬化騰這種以用戶價值為理由、以利益為最終考量的態度，在很多堅信「世界是平的」的基本教義自由派聽來非常不爽，也第一次給人留下「拒絕開放」的印象。然而，這卻可能是商業競爭的本質。兩年後發生在美國的一個類似的案例可以佐證：2007年10月，為了阻擊正在快速崛起中的Facebook，微軟的Hotmail將許多來自Facebook的邀請信歸類為垃圾郵件，導致Facebook用戶增長下跌了幾乎70％，最終，兩家坐下來談判，祖克柏答應了微軟的投資要求，後者以2.4億美元獲得1.6％的股權。

MSN利用「互聯互通」大造輿論攻勢，咄咄逼人，讓馬化騰有點心煩。2005年10月27日，騰訊在北京舉辦QQ 2005版本的新品發布會，騰訊從來沒有為一個版本召開發布會的傳統，此後也再沒有舉辦過。臨時動議是馬化騰提出來的，他決定利用這樣的場合「把話一次講清楚」。

發布會上，馬化騰公布了最新的資料：截至2005年6月30日，騰訊QQ的註冊帳戶數已經達到4.4億，這個數字相當於美國和日本人口的總和，月活躍帳戶突破1.7億，而最高同時上線用戶數量也已經突破了1600萬。接著，馬化騰宣布：「中國的即時通訊應用目前已經領先世界，即時通訊的下一個發展階段也將進入由中國領導的即時通訊全面社會化的階段。」

這是馬化騰第一次面對媒體，系統性地闡述他對即時通訊產業的觀點。「他其實挺緊張的，稿子是事先擬好的，在飛機上，他一直在練習朗誦。」許晨曄說。

馬化騰在這個演講中提出重新定義即時通訊。

他認為：「以騰訊QQ為代表的很多即時通訊產品已不再是一個簡單的溝通工具，而是一個訊息資訊、交流互動、休閒娛樂的平台，語音、影像、音樂點播、網路遊戲、線上交易、BBS、Blog（部落格）、資訊共用等新的應用都可以基於這個平台開展，並正以前所未有的速度改變人們的生活方式。中國網民已走在即時通訊應用的時代尖端，一個新的即時通訊時代會由中國帶動，而中國的即時通訊社群將會在短

時間內發展成全世界最大的單一文化社群。」

　　進而，他提出了即時通訊的三個發展階段：由「技術驅動」模式向「應用驅動」，再向「服務和使用者驅動」模式的目標轉變。在這一轉變中，即時通訊產業發展將呈現應用娛樂化、社群化和互動化、個人資訊處理、無線互聯網資源整合、安全性、當地語系化應用六大趨勢。

　　應用娛樂化：用戶對即時通訊聊天之外的娛樂需求正在不斷增長，更加豐富化的娛樂應用已經成為即時通訊未來重點的發展方向。為了滿足用戶日益旺盛的娛樂應用需求，許多即時通訊服務提供者都在不斷地開發基於即時通訊平台的豐富化應用，虛擬形象、魔法表情以及虛擬寵物等新的應用層出不窮。

　　社群化和互動性：即時通訊服務正和電子郵件、搜尋引擎、上網流覽資訊等網路應用一樣最大化地融入了網民的日常生活中，線上生活在未來兩、三年內將成為互聯網應用的熱點。同時，一個純粹的通訊工具，正在被賦予新的內涵，成為一個豐富的個人空間。

　　個人資訊處理：做為資訊傳輸的終端，即時通訊的個人資訊處理功能將根本上決定即時通訊產品本身的生命力，這其中不僅包括了文字對話、語音通話、影像交流在內的資訊交互功能，還包括了檔案傳輸、發送圖片的資訊共用功能，同時還包括了聊天紀錄的有效保存、上傳下載的資訊管理功

能。人性化的設計模式將成為即時通訊的決勝因素。

無線互聯網資源的整合：隨著手機的應用在不斷地被研究開發，無線上網成為網路使用者寵兒，用手機登錄或接受來自Internet的資訊也受到使用者的青睞，尤其是即時資訊或消息。未來互聯網與無線網的融合是必然歸宿，即時通訊與無線網的互聯互通也是必經之路。隨著3G的開通，即時通訊用戶的移動需求更高，即時通訊的移動增值服務將大有作為。

安全性：安全已經成為未來即時通訊保障基礎應用的根本之道。由於整個行業尚未制定即時通訊安全標準，目前很多流行的即時通訊軟體都是明文存儲、明文傳輸，密碼輸入，加密簡單。對此，騰訊非常願意與廣大同業合作，共同攜手制定即時通訊安全標準，提高即時通訊的抗風險和防病毒能力。

當地語系化應用：隨著即時通訊產品個人屬性的加強和應用範圍延伸，與當地語系化應用的融合將成為即時通訊產品的主要發展趨勢。這種融合的趨勢將首先體現在即時通訊服務商對本地使用者資源的管理、分析，以及對本地文化的理解，並在本地用戶需求的基礎上，對產品應用的不斷優化。

日後來看，這是一篇「看見了未來」的演講，馬化騰看見了娛樂對中國互聯網經濟的巨大財富價值，看見了後來風

靡一時的社群化、當地語系化概念，看見了「互聯網手機」的前景，也看見了安全的重要性，而5年後，正是在這一領域他將遭遇最嚴峻的挑釁。馬化騰唯一沒有看見的是開放，這也是戲劇性的地方，他的此次演講正是對微軟與雅虎互聯互通的一次強硬回應。

有超過50家媒體的記者受邀參加了騰訊的發布會。沒有人關心QQ 2005版在功能上有多大改進。馬化騰的朗誦字正腔圓，但缺乏技巧，他的演講內容被刊登在各大新聞門戶的科技頻道裡，卻幾乎沒有引起任何的討論。記者們唯一關心的是：「騰訊為什麼不願意與MSN互通？」他對即時通訊的重新定義，被解讀為「策略性的防禦」。《北京現代商報》的記者寫道：「最近傳出許多中小即時通訊廠商也在尋求和雅虎及MSN的互通，打造『抗QQ聯盟』，這無疑加劇了對騰訊的壓力。在不願違背自己互聯互通意願的前提下，也只有挑起行業標準之爭，才是其唯一的選擇。」

MSN做錯了什麼

騰訊的「避戰」策略，沒有給微軟「借梯上樓」的機會。接下來，就看MSN中國的團隊能走多遠。

自2005年5月MSN中文網上線之後，9家合作夥伴帶來了一定的收入，按照廣告收入的分成原則推算，到年底MSN平台的廣告營收大致在7000萬元左右，這幾乎相當於當時騰

訊的網路廣告收入，合作夥伴的數量也逐漸增加至20多家。然而，跨國企業的「大公司病」很快就讓羅川和熊明華舉步維艱，愈來愈難以支撐。做為一種市場競爭的策略，處在品牌高位的MSN只需將騰訊做過的事情重新做一遍，就可以奪走大半的市場占比，這也正是騰訊後來屢試不爽的戰法，可惜，羅川和熊明華連這樣的機會都沒有。

首要的問題是，指揮體系的紊亂。

一個令人難以置信的事實是：在微軟管理體系內部，羅川的市場部門與熊明華的研發中心分別向兩個大區上司彙報，兩人之間毫無隸屬關係，也就是說，在中國市場上，MSN沒有一個統籌全域的負責人。熊明華團隊承擔了很多的研發任務，開發中國版MSN的技術只占了其1/5的工作。儘管北京的微軟中國高調推出MSN，可是西雅圖的想法卻未必如此，此時的比爾·蓋茲與鮑爾默（Steve Ballmer）正全力以赴應對與Google和美國線上的戰爭。由於中國區的業務只占到微軟全球業務的2%，而MSN又是一個子工程，西雅圖幾乎沒有任何精力看上海美斯恩一眼。做為區域市場的一個部門總經理，羅川的權力十分有限，根據上海美斯恩的內部報告，即使是總經理，其大多數職務都必須在微軟的全球體系裡層層上報審批，可自行批准的專案僅限於「總付款金額等於或少於50萬美元」的合約。

如果說騰訊將它與MSN的競爭視為一場戰爭的話，那麼，在微軟看來，這連戰役都算不上，頂多是一場無關痛癢

的局部戰鬥而已。

其次，微軟的全球開發模式很難適應區域性的市場競爭。

MSN的技術研發方向被微軟總部控制，是全球一盤棋，針對中國市場的當地語系化考慮並不多。對於MSN每一項功能的開發，都需要提交到美國總部論證，而各國環境差別極大，做為一個亞洲的區域市場，中國區提出的需求總是無法排上隊。這無疑是跨國公司在一個區域性市場裡的典型困境。

譬如，離線消息的功能。中國研發中心的工程師們早在2005年年初就提出了這一需求，可是連遞交到決策會上討論的資格都沒有。經無數次的爭取，一直到2008年，微軟總部才批准開發，而此時戰鬥早已落幕。

再譬如，類似於QQ秀的虛擬道具功能。MSN在韓國的版本已有了完全相同的功能，可是，MSN在韓國是與當地一家公司合資運營的，因版權的談判曠日長久，導致遲遲無法引入中國區。這種開發機制上的遲滯和羈絆，讓MSN在創造用戶體驗和增值服務的營收上始終棋落一著。

與QQ相比，MSN受到最嚴重的詬病是，大檔案傳輸功能落後。幾乎在所有的BBS討論區裡，年輕的軟體工程師們都在譏笑MSN，而很多商務人士棄用MSN也大多是因為這一剛性需求無法滿足。對此，熊明華顯得無可奈何。

「微軟的工程師完全有能力做好這個功能。問題出在

MSN將所有的用戶資料都放在美國的伺服器裡，而中國政府對此非常不滿，這直接導致我們在與各地的資料中心談判時，很不順利。一些城市，特別是上海、北京等重要城市的電信部門都不願意與我們合作或是提出很多限制條件，而外資公司不被允許在中國獨立建設自己的資料中心。其後果就是，MSN的資料通過各地電信的伺服器中轉時，效率非常低下。」

MSN的兩款功能曾得到用戶的歡迎。一個美國孵化的MSN Spaces，引入中國之後很受歡迎，它帶有社交的成分和最時髦的部落格型態。熊明華指定鄭志昊為這一產品的負責人。另一個是「MSN機器人」，可以實現人機對話。然而，在離線消息、檔案傳輸等基礎性通信功能上的落於下風，以及統籌戰略上的無度，使得MSN從來沒有真正威脅到QQ的基本盤。

其三，羅川獨創的分包合作模式在運營中出現了混亂。

被引進到MSN平台上的合作夥伴行業不一、訴求各異，且都急於獲利，從而造成中文網的頻道風格千差萬別，價格落差很大，甚至出現互相拆臺、壓價的現象。上海美斯恩根本沒有能力居中協調，久而久之，廣告價值便大幅縮水，羅川所謂的「打造白領門戶」的願景徹底落空。時任聯眾董事長的鮑岳橋曾透露過一個資料：聯眾出資600萬元成為MSN唯一的遊戲平台合作夥伴，可是運營一個月下來，由MSN導入到聯眾的遊戲用戶竟只有20個人！聯眾在一個

季度後就中止了此次合作。

MSN試圖從電信增值業務中搶一杯羹的做法，也遇到非常不好的時機，中國移動已經開始大規模清理「移動夢網」中的灰色增值服務，清華深訊被用戶投訴存在未經用戶同意私自開通收費簡訊等行為，遭到中國移動的警告，MSN中國減緩了發展簡訊包月服務的步伐，其收入幾乎可以忽略不計。

其四，微軟與雅虎的互聯互通沒有取得預料中的「里程碑式的效果」。

正如馬化騰在一開始就預料的，MSN與雅虎通能夠聯通的只是兩家的線上狀況和基本消息，語音、影像，還有MSN Spaces等，聯通都很困難，如果聯不到位，用戶可能仍會覺得是兩個網路。漸漸地，這一被普遍看好的模式便少有人問津。

如果說上述問題都發生在機制和制度層面，那麼，到了2006年年初，微軟又接連犯下了兩個非常華麗的戰略性錯誤。

2005年12月13日，微軟發布Live戰略，宣布從下一年開始，將微軟的系列服務都整合到一個新的Windows Live平台上，「這些改進使得Live Messenger更像一個管理連續性資訊的管理器以及社群網中心」。

在MSN中國區的工程師們看來，Live戰略無異於一場災難。熊明華沮喪地說：「在新推出的版本中，MSN不見了！

它被包裹在一個看上去功能更多，也貌似更強大的系統之中，但它不再是一個獨立的即時通訊用戶端，它由一個平台級的產品，一下子降格為一個外掛程式。」當時負責MSN Spaces運營的鄭志昊日後說，在本質上，微軟始終是一家軟體技術公司，不是互聯網公司，它沒有運營一個互聯網產品的經驗。

「當我們看到Live Messenger的時候，便知道戰爭即將結束了。」張志東說。

到2006年6月，微軟中國接著做出了一個讓騰訊上下歡欣鼓舞的決定：它宣布終止與雅虎中國在搜尋上的合作，微軟將上線自己的「Live搜尋」。這意味著一年前大張旗鼓的互通聯盟自我解體。

身心疲憊的熊明華和羅川相繼離開了微軟。

熊明華不久後出現在騰訊公司。在過去的一年多裡，他深深地感受到了一家跨國公司在中國生存的艱難，種種無力感讓他想要換一下環境。而這段時間，每到假日，他總會收到張志東從深圳發來的問候信。「儘管他沒有再提及加盟之事，可是我能感受到他的誠意。」加入騰訊的熊明華被任命為騰訊的聯席CTO，與張志東一起主持騰訊的技術部門，在騰訊的最高管理層出現了第二張來自國際公司的面孔。熊明華的MSN舊部鄭志昊和殷宇也隨之來到了騰訊，日後分別擔任社交平台和即時通訊部門的副總裁。騰訊在此役中的意外收穫是，得到了一批高水準的技術人才。

從此之後，在騰訊那份冗長的「敵人」名單中，MSN被剔除了。根據易觀國際的資料，到2008年的第二個季度，QQ的市場占比增至80.2％，MSN已萎縮到4.1％，被移動飛信超越。隨著MSN的落敗，其他那些市場占比更少的企業相繼減弱了對即時通訊產品的投入，「抗QQ聯盟」就此瓦解，騰訊在自己的主戰場打贏了一場艱難的保衛戰。

　　2010年10月，微軟宣布關閉MSN Spaces部落格服務，全球3000多萬名用戶面臨搬遷，而微軟提供的部落格服務商沒有針對中國使用者的中文版，這幾乎是棄上百萬用戶於不顧。鄭志昊主持的QQ空間部門在第一時間開發出部落格搬家工具，打出了「QQ空間等你回家」的廣告，有超過三成的MSN中國用戶把自己的部落格搬到了騰訊。到了2012年12月，微軟宣布放棄MSN，轉而支持Skype的發展。

中國人統治中國互聯網

　　如果說在2002年互聯網泡沫之後，中國公司走上了一條與美國完全不同的商業運營之路的話，那麼，到了3年後的2005年左右，他們的努力在本土市場上得到了檢驗，在幾乎所有的細分領域裡，如C2C（Customer to Consumer）、B2C（Business to Customer）、網路書店、搜尋、信箱、遊戲、新聞門戶等等，中國公司幾乎完勝所有的美國競爭對手，騰訊在即時通訊領域戰勝MSN，僅僅是其中一例。

eBay 與淘寶：2003 年 3 月，在北美獨大的 eBay 以 1.5 億美元收購當時中國最大的線上交易社群易趣網，由此進入 C2C 市場。幾乎同時，馬雲創辦淘寶網，兩者爆發對抗性競爭。eBay 很快陷入內部鬥爭，兩個創業者相繼離開，而淘寶網則以堅決的免費戰略和野蠻的視窗彈出技術，硬生生地從 eBay 手中奪走愈來愈多的客戶。到了 2005 年年底，淘寶已搶走 57% 的市場，並從此再沒有給過 eBay 翻身的機會。

亞馬遜與當當：驚人相似的故事同樣發生在 B2C 領域。2004 年前後，當當網與卓越網平分中國的網上圖書市場，到了 8 月，亞馬遜以 7500 萬美元收購卓越網。卓越亞馬遜一改之前只做精品圖書和影音製品的經營策略，試圖移植亞馬遜「大而全」的售貨模式，導致經營成本大增，創業團隊及 80% 的卓越員工陸續離職。在其後幾年裡，當當在圖書領域的市場高出卓越亞馬遜的 3 倍，而後者在拿手的資訊家電（3C 商品）上竟也毫無建樹，被京東商城搶去了幾乎所有的市場。

Google 與百度：1973 年出生的布林和佩吉比李彥宏要小 5 歲，不過 Google 的創建卻比百度要早 16 個月。Google 的營業收入來自網路廣告，其中關鍵字廣告，即根據受眾的流覽或搜尋歷史將廣告推送到特定人群眼前為其核心技術，然而，這一模式在中國卻遭遇瓶頸。2001 年 9 月，百度推出了搜尋引擎競價排名的商業模式，即由企業為自己的網頁出資購買排名，按點擊次數計費，李彥宏為此搭建了一個龐大的

區域代理網絡，有超過20萬人直接或間接為百度服務。百度的這一做法因涉嫌干擾搜尋的公正性而飽受爭議，然而在商業上卻取得了巨大的成功。Google搜尋於2005年8月正式進入中國，一直到2010年被迫離開，一直未能實現超越百度。

Hotmail與網易郵箱：微軟的Hotmail曾經是所有中國從事電子信箱業務公司的標竿，可是，它從來沒有真正獲得過較大的市場，丁磊的網易郵箱長期堅持技術優化和免費升級的策略，使得Hotmail無法找到實現盈利的機會。

在所有的美國公司中，處境最為不堪的是雅虎。因其創辦人擁有華裔血統的關係，雅虎早在1998年5月就開通了中文雅虎，提出「找到任何事，溝通所有人」的宣傳口號，它一度是排名第一的中文門戶網站，幾乎所有新聞門戶都以學習雅虎為目標。可是很快，它就因為對新聞事件的反應遲緩和模糊不清的定位而被用戶拋棄，它在門戶、信箱、搜尋和即時通訊工具上都有涉獵，可是無一可以擠進前三。楊致遠在中國的最大收穫是，與孫正義一起投資了面相奇特的馬雲。到了2005年8月，阿里巴巴宣布收購雅虎中國的全部資產。

上述這些案例，構成了一個「整體性事件」，並十分清晰地表明，當互聯網經濟進入馬化騰所指出的「服務和使用者驅動」的階段之後，區域性的文化、消費及政策特徵成為企業競爭的首要考量指標，而在這一方面，用筷子吃米飯、呼吸著鄉土空氣長大的黃皮膚本地人當然比遠道而來的美國

人或歐洲人更有優勢。生產安踏牌運動鞋的丁志忠曾經用一個比喻,描述了中美企業對中國消費市場的不同理解,他說:「耐吉、愛迪達的籃球鞋主要是在塑膠地板上穿,彈性是重要考核指標,而安踏的消費者只有1%能在塑膠地板上打球,其他都是在水泥地上。安踏更關心的是,在水泥地上打球的孩子如何才能不扭到腳。」丁志忠的這段話,用於互聯網產業也非常「合腳」。

在很長的時間裡,中國的互聯網人對美國模式頂禮膜拜、亦步亦趨,然而到了2005年以後,在每年數以百計的互聯網論壇上,已很少能見到對中國市場指手畫腳的美國人,他們講趨勢和技術還可以,但說到對中國市場的看法,大家都會抿嘴偷笑。

第九章

空間：有別於Facebook的社交模式

中國的成功（部分歸結於騰訊的成功）顯示，

「虛擬商品」很可能意味著巨大的商機。

——瑪麗・米克（Mary Meeker，摩根史坦利分析師）

QQ空間是一個意外，

我們很偶然地闖入了社交網路的年代，

並形成了自己的風格。

——劉熾平

創造一個大號的QQ秀

香港人湯道生於2005年9月底進入騰訊，那時他一句普通話都不會說。他剛從美國搬回香港時，每天坐大巴士來回，路上要花去三個小時，生活上有不少變化。湯道生畢業於密西根大學電子工程系，其後一邊在史丹佛大學修讀研究所，一邊在甲骨文公司工作，專攻資料庫與企業管理應用，也熟悉通訊網路與郵件系統技術。

受劉熾平邀約，湯道生加入騰訊，他被分在架構部。「前兩個月主要是在熟悉QQ的技術架構，並通過拼音輸入法學習普通話。」

到年底，主管互聯網增值業務的高級副總裁吳宵光突然闖進他的辦公室，對他說：「Dowson，互聯網事業部有一個業務，現在遇到不小的麻煩，你去幫幫忙吧。」

遇到麻煩的是QQ空間。架構部已經派過兩批人前去增援，都無功而返。湯道生隨即被調入互聯網事業部，出任QQ空間的技術總監。

QQ空間是吳宵光部門應對新變化的一次嘗試，它只是一個部門級的產品，誰也沒有料到，騰訊將從這裡殺出一條血路。

在整個2005年，當騰訊與MSN為爭奪即時通訊用戶端打得不可開交之際，互聯網世界卻在此時發生另一場更為劇烈的轉型，一種被稱為社交網路的怪物誕生了，它將從底層

上攻,擊穿被巨人們控制的世界。

在中國,最早被網民接受的帶有社交性質的產品是部落格。2003年6月,一位叫「木子美」的女網友在中國博客網發表網路性愛日誌,從而引起全社會對「部落格現象」的討論,從此每一個網民都成為內容的創造者,互聯網進入了一個草根狂歡的世代。

在2003年年底和2004年年初,美國相繼誕生了MySpace和Facebook,前者迅速引爆了流行,後者則在2007年之後取而代之。在亞洲地區,韓國的賽我網(CYworld)早在2001年就設計出了「迷你小窩」的網上個人空間,兩年多後,隨著部落格和交友概念的潮流化,賽我網成為韓國最大的線上社群。

2004年12月,在戰略發展部的主導下,成立了互聯網增值部門,團隊很快搭建起來,許良做為總負責人,時任QQ產品經理的林松濤被調來帶領產品開發工作,但在研討新的產品方向時大家卻面臨選擇。

根據許良的回憶:「當時被拿出來討論的兩個模式,分別是博客和賽我網,我們並沒有注意到Facebook。」博客有太強的媒體化屬性,與會者幾乎都沒有這方面的經驗,相對的,賽我網模式卻並不陌生。

「其實,我們可以做一個大號的QQ秀。」一位技術人員叫道。

他的看法得到了大家的應和。但在策劃的過程中,林松

濤和產品團隊逐漸發現，只是加強版的QQ秀是遠遠不夠的。首先，即便用戶秀自己也是要基於社交的基礎，QQ秀逐漸出現在QQ平台上，而QQ空間需要營造自己的社群氛圍與互動方式。其次，秀的方式也要與時俱進，不能只是選擇圖片這麼簡單，需要用戶有更深入的參與和內容貢獻。最後，要想讓用戶為這些裝飾性增值服務付費，需要培養用戶的歸屬感，要讓用戶真的覺得這是自己的家，所以團隊決定把QQ空間定位成「展示自我和與他人互動的平台」，走上了一條與博客、賽我網都不同的道路。

QQ空間一開始的表現出乎意料的好，用戶快速增長，活躍度很高，甚至收入也超出預期，但問題也很快出現了。

被研發出來的早期QQ空間產品更像是一個多功能的個人主頁系統，擁有換膚、日誌、相簿、留言板、音樂盒、互動、個人檔等10多個功能，在技術上，這算是一個比較大型的網頁類項目。然而，對於只做過用戶端產品的許良團隊來說，沒有預料到運營的複雜性。當用戶增加到60萬人同時上線的時候，系統就跑不動了。儘管看上去QQ空間就是一些網頁的集合，可是使用者的使用習慣卻不同，使用者生成內容（UGC）大量產生，尤其是照片的上傳量以倍增的速度成長，原來的底層設計沒有考慮到這樣的壓力，所以，速度就變得非常慢。

湯道生到了項目組後，首先修改了技術攻關的流程。「之前的做法是頭痛醫頭，腳痛醫腳，打到哪裡，改到哪

裡，而我在美國工作中用到的是資料化管理方式，就是系統性地思考問題，把所有細節都排列出來，然後按照先後節奏，精細化地解決，只有這樣才能發現『看不見的問題』。」

在湯道生的主導下，QQ空間進入一個快速更新的階段：2006年4月，QQ空間發布3.0版，完成全面架構、性能優化；6月，發布4.0版，推出全屏模式；7月，發布空間日誌新版文字編輯器，支援動畫、音訊等多媒體內容；9月，推出資訊中心及好友圈。雖然當時業界對SNS產品的定義還不太清晰，但QQ空間已經具備了不少好友間互動的功能，比如在QQ用戶端的好友列表上，每當好友更新了日誌或發了照片到空間，好友頭像旁邊的黃星星就會閃動，引導好友去查看與評論。其實這就是後來每個SNS產品都必備的「好友動態」雛形，說起來比Facebook推出News Feed功能還要早。

同年9月，在微軟中國負責MSN Spaces業務的鄭志昊也被吳宵光招進了騰訊，協助湯道生推動SNS業務的發展與布局。QQ空間的註冊用戶數在第三季突破了5000萬，月活躍用戶數約2300萬，日造訪人數超過1300萬。

打造黃鑽與進階式會員體系

QQ空間的成功，出乎騰訊決策層的意料，在後來接受我的採訪時，馬化騰、張志東和劉熾平都一再提及這一點。

在2005年日趨炙熱的社交化浪潮中，中國的三大新聞門戶都選擇了博客模式，其中尤以新浪最為積極，取得的成就也最大。到了2006年中期，新浪博客的月活躍用戶數超過2000萬，全面替代門戶類頻道成為新的使用者入口。可是，在商業模式上的先天缺陷卻讓所有的用戶積累價值無法兌現，這使得三大門戶在社交化轉型上陷入歧途，直接導致了門戶時代的終結。

就如同Google超越雅虎，並非是因為它的用戶基數超越，更主要是關鍵字廣告模式的應用，騰訊靠QQ空間異軍突起，就本質而言，是得之於盈利模式的創新。湯道生日後總結地說：「到2006年的4.0版本發布之後，QQ空間還被定義為QQ的部落格專區，不過在型態上，它其實已經具備了SNS社群的基礎。」

當QQ空間日漸成為一個戰略級產品之後，吳宵光和湯道生開始考慮另一個問題：「QQ空間該如何實現盈利？」

再三推敲之後，他們在廣告模式與會員制模式之中做出了選擇。

2006年5月，QQ空間推出「黃鑽貴族」服務，這是繼QQ秀「紅鑽」之後的第二個「鑽石」體系。黃鑽的月費也為10元，購買者可以享受10多項特權，包括個性空間皮膚、花藤成長加速、照片大頭貼、個性功能變數名稱、影音日誌、動態相簿等等，其運營邏輯與「紅鑽」如出一轍。

在2007年，儘管騰訊的無線增值業務走出低谷，但只能

保持低水準的增長，而網路遊戲業務還在艱難摸索，是「建立基礎的一年」（2007年騰訊財報中的用詞）。在這樣的形勢之下，QQ空間的突然發力，無疑讓騰訊上下興奮不已。

在2007年度的財報上，有這樣的描述：「本集團於2007年取得的主要成就是將QQ空間發展為非常重要的社交網路平台，於年終擁有1.05億活躍用戶……QQ會員受惠於捆綁策略（為訂購用戶增添功能並令其尊享特權，以提高其忠誠度）而取得強勁的自然增長。」在這一年，騰訊的互聯網增值業務收入達到25.14億元，比前年同期增長了37.7%。

吳宵光所領導的互聯網增值業務，包括QQ會員、黃鑽、紅鑽與綠鑽四個包月業務，在後來幾年得到了高速的發展，收入不斷增長，一度為騰訊最大的收入來源。四個包月業務團隊分別在不同產品部門裡，每個團隊在產品功能與運營上有各自的探索，各自都想成為業績最好、收入最高的包月業務，同時也有友好的相互學習的氛圍，一起複製成功的經驗。

同年9月，騰訊對QQ會員服務進行了全面升級，推出了「QQ會員成長體系」，設計出「QQ會員成長值」的概念，加強了會員用戶的持續付費的意願，把最優質忠實的用戶沉澱到會員體系中，而QQ會員成了QQ用戶體系內最高價值的用戶群體，同時他們也是騰訊各項業務最想爭取的目標族群。

後來，黃鑽、紅鑽與綠鑽也相繼推出類似的成長體系，

並共同摸索出一套包月業務的經營理念與運營體系。騰訊的這項創新受到了全球互聯網所認可。

若放之於全球互聯網界來觀察，QQ空間在獲利模式上的創新可謂獨步天下，無其他公司可以比擬。據摩根史坦利的互聯網研究報告顯示，多年以來，亞洲互聯網公司在虛擬商品的探索上一直領先於歐美同業，在2005年以前，日本和韓國公司引領創新，之後以騰訊為代表的中國公司起而代之，不但將商業規模放大，更在服務體系上趨於豐富化。

在2006年，中國的非遊戲虛擬商品銷售額為2.52億美元，到了2007年增長為3.99億美元，至2008年更增長為6.23億美元，兩年翻了一倍多，其主要的貢獻者便是QQ會員和QQ空間的崛起。

有「互聯網女皇」之稱的摩根史坦利女分析師瑪麗‧米克在研究報告（2009年）中專題研討了騰訊的盈利模式。在她看來，由虛擬商品（不只是小玩具）所形成的小額付款可以形成大額收入，在這一方面，「中國是世界上虛擬商品貨幣化的代表和領先者，中國的成功（部分歸結於騰訊的成功）顯示了虛擬商品很可能意味著巨大的商機」。

大獲成功的綠鑽

在社交網路中，透過會員制的方式獲利，是騰訊成功的祕密之一。

再舉網路音樂為例。

騰訊提供音樂服務是從2005年2月開始的，10月時，成立了專門的數位音樂部，隸屬於互聯網業務系統（B2），與互聯網研發部、社區產品部並列。吳宵光對部門經理朱達欣說：「你也許能在音樂界，當一個中國的賈伯斯。」

在西方音樂界，賈伯斯是一位「魔鬼兼天使」的人物。2001年11月10日，蘋果發布了iPod數位音樂播放機，試圖改變人們收聽音樂的方式。兩年後，蘋果iTunes音樂商店正式上線，賈伯斯說服唱片公司將樂曲放在iTunes裡銷售。到2005年年底，「iPod+iTunes」的組合為蘋果公司創造了近60億美元的營收，幾乎占公司總收入的一半。iPod占據了美國音樂播放機70%以上的市場，iTunes超越沃爾瑪，成為全球最大、最成功的線上音樂商店。

吳宵光對數位音樂部的期許，便是能有如iTunes模式一般的成績。

多年以來，中國的互聯網一直是盜版音樂的天堂，有無數的「愛好者」把數以百萬計的樂曲上傳到網上，而各大網站則提供免費的平台以此「黏住」用戶，消費者從來沒有為收聽音樂支付過一分錢，騰訊也許可以開出一片新的天地。

然而，當朱達欣與四大唱片公司——EMI、索尼、環球和華納分別談判的時候，得到的卻是一致的冷漠，儘管唱片公司都對網上盜版音樂深惡痛絕，可是也同樣不看好QQ音樂的努力，他們都對朱達欣提出了一個同樣的問題：「如果

網民可以在百度MP3上免費收聽音樂，那麼，他們憑什麼要付費給騰訊？」

朱達欣顯然無法說服唱片公司。於是，QQ音樂從上線的第一天起就陷入了尷尬的境地，唱片公司給予騰訊的服務許可權是：免費使用者可以享有30秒試聽音樂的服務，但只提供每月10元的包月服務，不能購買單曲。這樣的服務在盜版橫流的市場中幾乎沒有生存的可能。因此，在長達兩年的時間裡，QQ音樂奄奄一息，因為使用率過低，最後甚至被吳宵光從QQ用戶端中撤下。

轉機出現在2007年。隨著QQ空間的流行，QQ音樂決定走一條不一樣的路。

「我們開始想一個問題，在怎樣的情景和條件之下，網民願意付費購買正版音樂？我們的答案不是歌曲本身，而是服務。」那麼，什麼是音樂服務，而且是網民必須的剛性服務？朱達欣觸到了一個新的需求點：場景音樂。

「QQ空間是用戶在虛擬世界裡的、獨享的私人場所，如同一個家庭的客廳，當客人到訪的時候，用音樂款待客人是一種最常見的禮貌。也就是說，存在著這樣的一種可能性：人們購買音樂的動機，是為了對特定的人表達情感。」

這樣的推理有點曲折，卻非常真實和「東方」。

朱達欣開始與四大唱片公司新一輪的談判。「我們跟唱片公司翻臉了，我對他們說，原來的合作模式根本走不下去，必須重新開始。」根據新的合作約定，QQ音樂提供全

曲庫免費聽，線上收聽部分，以廣告收入的方式分成，而收費部分則實行保底分成。朱達欣團隊設計出了一個名為「綠鑽貴族」的服務體系。

2007年6月，在新發布的QQ 2007 Beta 3版本中，QQ音樂包月服務「音樂VIP」正式升級為「QQ音樂綠鑽貴族」，資費為每月10元，購買這一服務的使用者可以享有10多項服務許可權，其中包括音樂免費使用、QQ免費點歌、遊戲音樂特權、演唱會門票打折、獲得歌星簽名照片以及將自己喜歡的樂曲設置為QQ空間的背景音樂。

後來接替朱達欣出任QQ音樂負責人的廖珏透露：「一半以上的用戶是為了QQ空間的場景音樂而購買綠鑽。」2008年7月，QQ音樂進而推出了高品質特權下載的服務。

一直到2013年年底，在中國互聯網上，盜版音樂仍然猖獗，局面沒有得到根本性的改善，賈伯斯的iTunes模式從未出現，然而，騰訊卻以自己的方式成為唯一通過正版音樂獲得收入的互聯網公司。騰訊拒絕對外公布具體的收入資料，根據調查公司易觀國際提供的資料顯示，2012年第一季，中國無線音樂市場的80億元，其中三大運營商占96%的市場占比，剩餘的4%主要都由騰訊拿走。易觀國際評論說：「雖然僅有4%左右，但騰訊在沒有類似運營商獨家壟斷資源（手機鈴聲）的情況下，尚能培養出大量付費用戶，不得不佩服其市場策劃能力。」

此後，QQ音樂開足馬力推進數位音樂正版化，並拓展

會員使用場景和特權。至今，綠鑽會員已有39項特權覆蓋不同的場景。與此同時，QQ音樂總計與200多家達成版權戰略合作，累積超過1500萬首的正版歌曲，付費會員數超過1000萬。QQ音樂亦試圖在發布數位音樂專輯及舉辦線上演唱會方面探索新的生態。2014年年底，周杰倫通過QQ音樂獨家發行了個人首張數位專輯，不到一週銷量便突破15萬張。繼周杰倫之後，鹿晗、李宇春、竇靖童、林俊傑、韓流天團BIGBANG以及世界級巨星愛黛兒等40餘位音樂人和音樂組合在QQ音樂上發布了數位音樂專輯，累積銷量突破2000萬張。在中國數位音樂從無序到有序的過程中，QQ音樂所開創的正版化戰略及構建付費生態的種種行動，逐漸普及化，並為業界所接受。

美國大學與中國網咖

在對QQ空間的運營模式進行了系統性描述之後，接下來的故事則與競爭有關。QQ空間的敵人出現在2006年年底。鄭志昊表示，他是在深圳城中村的一間網咖裡發現了這一可怕的事實。

與湯道生一樣，在加入騰訊之前，鄭志昊在美國已經生活了10多年，他習慣穿西裝、打領帶、做事有板有眼，喜歡坐在星巴克與人闊論互聯網的未來。進入騰訊後，有同事建議他：「你應該去網咖看看。」鄭志昊說，他對中國互聯網

的真正認識，是從那一刻開始的，正是在那個陰暗的角落，他發現了QQ空間最兇悍的敵人。

那天晚上，鄭志昊獨身前往深圳城中村的一家網咖，去之前，他聽從同事的意見，脫掉了西裝，解去領帶，穿上了運動鞋，原因是「如果遇到打劫，可以跑得快一點」。

深圳是一個迅速擴張中的移民城市，隨著城區規模的擴展，來不及拆遷的農民和他們的村莊被包圍在城市之中，構成一個獨特的「城中村」景象。這裡街道狹窄，到處是違章建造的鐵皮屋，除了原住民，更多的居住者是貧窮的外來打工者、無業遊民，甚至還有小偷。因為治安非常差，幾乎所有的樓房都裝上了鐵窗。

鄭志昊去的是一家非常不起眼的網咖，那裡燈光暗淡，撲鼻而來的是牆紙發黴、劣質煙味和臭腳丫混雜的奇怪氣味，幾十台電腦發出鬼火般的藍光，屋裡的人都很安靜，安靜得像一群被欲望禁錮著的少年鬼魂。對於在美國西部生活多年的鄭志昊來說，他如同走進了好萊塢電影中的倫敦地下城，這是一個陌生的、見不得光的暗黑世界。

在2006年年底，類似鄭志昊走進的網咖，遍布中國各地，總數約14.4萬家，擁有電腦657萬台。而且這個資料每年仍在急速增長，最高峰出現在2009年，網咖總數高達16.8萬家，擁有電腦1260萬台，每年約有1.5億人在這裡上網。這些網民的特徵是「三低」：低年齡、低學歷、低收入，平均年紀為18歲到20歲，大多為沒有收入的學生和打工者。

這些網咖大多出現在城郊接合處或大學附近,平均擁有電腦100台左右,不過也有超大型的店家。2006年年底,在山東濟南就出現了號稱全球最大的網咖「巨龍網咖」,擁有1777台電腦,營業面積達到5688平方公尺,集超市、美食城、撞球等多種服務於一體。

這10多萬家大大小小的網咖,正是中國互聯網的基礎盤。「得網咖者得天下」,在很長一段時間裡是一個從不被公開討論的中國祕密。

對於誕生於矽谷及西雅圖的美國公司,這是一個不容易理解的事情。

縱觀美國的互聯網歷史,大學是所有技術、消費屬性和文化的孵化之地。全美有2700多所四年制大學,任何互聯網產品只要占領了其中的1/3,或者在排名前100的大學中「引爆流行」,便足以成就一家讓資本趨之若鶩的大公司。可是在中國,如果你的產品不能出現在那10多萬家網咖的桌面上,那你永遠是在自娛自樂。

高學歷的美國大學生與「三低」的中國網咖人,讓這兩個國家的互聯網世界隔洋相望。

當鄭志昊走進深圳城中村網咖的時候,正有一家創業不久的公司,在這裡悄悄地發動對騰訊的攻擊。在鄭志昊的印象中,過去那麼多年裡,唯一對騰訊的基礎用戶構成過衝擊的,便是這家叫51.com的年輕公司。

網咖爭奪大戰

在高高在上的騰訊的視野裡，51是一個看不見的敵人。很多年後，凱文・凱利（Kevin Kelly）對馬化騰說：「騰訊未來的對手不在你現有的名單裡。」馬化騰第一時間就想起了2006年的51。

在2005年前後，當SNS概念悄悄風行美國的時候，中國互聯網的大公司正為集體走出虧損泥沼而舉杯慶賀。新聞門戶的廣告激增以及網路遊戲的火熱，讓它們急於收穫。儘管有遠見的觀察家們已經瞭望到了Web 2.0時代的到來，不過大家都把寶押在部落格模式上。新浪網於2005年4月推出的新浪部落格，靠名人效應和嫻熟的媒體化運作吸引了所有人的眼球。於是，機會留給了鎂光燈之外的幾個小人物。

放棄了美國德拉瓦大學博士學業而提前歸國的王興，2005年12月以Facebook為藍本，創辦了校內網（xiaonei.com），這是中國最早的校園SNS社群。2006年10月，畢業於美國麻省理工學院的陳一舟將之收購，走上了一條完全拷貝Facebook的中國式道路。

與留學美國的王興、陳一舟不同，1977年出生於浙江東陽一個小山村、曾在馬雲的中國黃頁公司做過業務員的龐升東卻闖出了另外一條草根之路。

龐升東曾對互聯網史研究者林軍回憶他第一次聽到SNS這個名詞時的情景：2005年5月，靠炒房賺得第一桶金的龐

升東決定回到互聯網繼續冒險,他以100萬元人民幣收購了
張劍福創辦的個人資料庫公司10770。6月的一天,龐升東在
上海黃浦江邊的咖啡吧裡參加一次互聯網創業者的聚會,客
齊集的創始人王建碩突然隨口蹦出了SNS。「我拿出本子想
記下來,可是又不會寫,就乾脆直接把本子遞過去,讓王建
碩寫下來,方便自己之後去網上搜索。」在稍稍弄明白SNS
是怎麼一回事後,龐升東決定將10770改造成互動社交型的
51.com。

　　龐升東非常敏銳地意識到,在網路社交中,圖片的吸引
力遠遠大於文字,因此,51在技術開發上重點強化了圖片上
傳功能的優化,並縱容帶有色情性質的圖片傳播。在上線3
個多月後,51的註冊用戶就達到了500萬。2006年1月,紅
杉資本(Seguoia Capital)對51投資了600萬美元。

　　曾經日夜奔波於縣城的鄉鎮企業、為馬雲賣過中國黃頁
產品的龐升東對中國市場的理解,與只會在校園和大都市裡
「興風作浪」的海歸派截然不同。龐升東從一開始就把目標
對準了跟他一樣的邊城青年,他說:「51要學的不是
Facebook,而是賣保健品的史玉柱,占領櫃檯比什麼都重
要。」在互聯網世界裡,這個「櫃檯」就是遍布城鄉角落的
10多萬家網咖,龐升東組建了一支深入地市的推廣經理團
隊,在各地網咖大量派送51滑鼠墊、51文化衫,張貼海報,
甚至以很低廉的價格在網咖招牌邊刷上51的標識。

　　在龐升東的心中,51的假想敵只有一個,就是騰訊。

在51的介面設計及功能開發上，龐升東採取了全面複製QQ空間的做法：51秀、51商城、51群組、51問問。龐升東還建立了與Q幣相同的網咖支付體系。「只要騰訊出什麼新花樣，51在一個月內一定跟上。」

更誇張的是，龐升東甚至想出了一個從騰訊那裡吸納用戶的做法：當使用者登錄51的管理中心頁面時，會收到系統的一個提示：「為便於您的記憶，請將您的主頁位址填在QQ資料裡，這樣還能給您的主頁增加訪問量。」這樣，51的個人頁面間接得以在QQ平台上病毒式地傳播。另外一個讓騰訊很頭痛的是，51大肆到騰訊挖牆腳，有10多名騰訊員工集體跳槽到51，其中包括幾位遊戲部門的核心骨幹。

這就是鄭志昊走進深圳城中村網咖時，正在發生的情景。2006年大多數的月份，51的用戶增長數一直在QQ空間之上，這讓騰訊非常緊張。「他們跟我們爭奪每一個網咖。」鄭志昊說。

三戰51

「如果沒有51的壓迫性侵襲，QQ空間的成長也許沒有那麼快。」這是很多人日後的共同回憶。在後來的兩年多裡，湯道生和鄭志昊領導了一場保衛戰。

戰爭在三個層面展開：一是技術，二是網咖，三是對彩虹QQ外掛的遏制。

儘管在架構和底層設計上進行了重構，可是，相對於急速增加的使用者生成內容，QQ空間的回應速度還是跟不上。對於技術人員來說，每個星期最崩潰的時間是週六晚上六點，那是全國10多萬家網咖最爆滿的時刻，也是上網的高峰時間，電腦的登錄速度會讓人窒息。更糟糕的是，坐在深圳或北京的辦公室裡，並不能體會到真實的情況，中國的網路布局非常複雜，各個區域的上網速度不同，從而在技術上造成很多難點。鄭志昊說：「我剛到的時候，聽到的都是投訴的聲音，QQ空間無法打開、照片下載速度很慢，我算了一下，打開一個空間，一般需要5秒鐘。」

於是，鄭志昊要求技術人員製作一張全國地圖，凡是打開速度高於5秒的就繪成紅色，低於3秒的就繪成黃色，3秒到5秒之間的則為綠色。地圖製作出來後，掛在牆上，大家看到的是「祖國江山一片紅」，其中，尤以西北、西南和東北地區的顏色最深。接下來的任務是，技術團隊一塊一塊地啃，在地圖上，綠色和黃色一點一點地增加。花了差不多一年的時間，到了2007年年底，一張黃色的中國地圖終於出現在大家的面前。

而此次速度優化上的闖關，為QQ空間日後流量的倍數增長提供了至關重要的保證。

而網咖的爭奪更加白熱化。

51與騰訊都會雇用人員到各個網咖貼宣傳廣告，兩家人常常因此發生衝突。「我貼上去，你派人撕掉，或用自己的

廣告單覆蓋上去，然後，我再去撕，再去覆蓋。有時候，就會打起來。」後來，鄭志昊想出了一個促銷的活動：QQ空間發布促銷公告，宣布將在每天晚上的12點對網咖贈送「黃鑽」，網民可以在那個時刻到網咖的櫃檯認領代碼號。「於是每到12點的時候，很多網咖的櫃檯就會排起長長的隊伍，大家都知道QQ空間在派發黃鑽了，51沒有這樣的促銷品，只好乾瞪眼。」

到2007年結束的時候，雙方看上去打成了平手。兩家均對外宣稱，註冊用戶數突破了1億大關。易觀提供的一份報告顯示，在排名前十大的社交網站中：QQ空間在流量和訪問用戶兩項上排名第一，在交互性上則排名第五；51在流量上排名第二，訪問用戶量排在QQ空間、新浪博客和百度空間之後，而在交互性上赫然名列第一。這對於沒有任何入口資源的51來說，已是非常顯赫的戰績了。

然而，在此之後，51突然犯下了一系列令人遺憾的戰略性錯誤。

首先是創業者團隊發生內訌，一直領導產品開發團隊的張劍福稱病退出，產品部門與市場部門矛盾凸顯，各種流言使得軍心渙散。

其次是在風險資本的催促下，51貿然推動「去低端化實驗」。繼紅杉資本後，Intel資本、SIG海納亞洲以及紅點創投相繼投資51，到了2008年7月，史玉柱以5100萬美元換取25%的股權，並宣告將在一年半後把51推進那斯達克。龐升

東放棄之前的網咖戰略，把推廣重心轉移到了校園和中大型城市。

最後是51急於增加盈利，匆忙開放應用程式介面（API），引進了100多款網路遊戲。由於審查不嚴，遊戲品質良莠不齊，雖然在短期內吸引了用戶，但是很快因環境破壞導致大量用戶流失。

在51採取錯誤戰略之際，騰訊又抓住外掛事件給予它致命一擊。

2008年2月，虹連網路科技有限公司在上海組建，它推出了一款名為「彩虹QQ」的協力廠商外掛程式產品，宣稱擁有IP位址探測、顯示隱身好友等騰訊QQ的「增值」功能，這一外掛程式迅速躥紅網路。後來才知道51正是虹連的投資方，通過這種方式，51可以輕易獲取騰訊的用戶資料，並據為己用。

2008年11月7日，騰訊向深圳福田法院起訴15名集體跳槽到51的員工，原因是這些員工違反競業條款。同月25日，騰訊宣布彩虹QQ為非法外掛程式，開始大規模強制卸載，所有裝有彩虹QQ的用戶均被提示「發現非法QQ外掛軟體」，聲稱此類外掛容易洩露用戶隱私，建議立即卸載，如果用戶不予卸載，QQ將立即退出，無法正常使用。

龐升東對騰訊的這項做法進行了公開回應，他堅持認為「彩虹QQ完全是基於用戶的體驗需求而推出的產品，並無任何商業謀利目的」。在12月，他索性將彩虹QQ直接更名

為「51彩虹」。

2009年，騰訊向湖北武漢市江岸區人民法院提起訴訟，告上海虹連網路科技有限公司以及由龐升東出任董事長的上海我要網路發展有限公司涉嫌電腦軟體著作權侵權及不正當競爭，要求停止提供51彩虹的下載服務，並賠償50萬元人民幣。2011年7月，法院判決騰訊勝訴。此時，內憂外困的51在中國社交網站爭奪戰中已徹底被邊緣化，每日最高同時線上用戶跌至70萬人左右。

馬化騰與祖克柏正面對決

當騰訊在10多萬家網咖全力阻擊51的時候，北美的社交網路領域正發生著另一場Facebook超越MySpace的戰爭，祖克柏使用的招數是開放。《facebook臉書效應》的作者大衛・柯克派崔克（David kirkpatrick）寫道：「Facebook從來都沒能夠設計出最好的應用軟體，但是，祖克柏通過（成為）一個平台，為自身卸下一些負擔，而不用再面面俱到。」

2007年5月24日，Facebook在舊金山舉辦了一場「F8開放者大會」，剛剛渡過23歲生日的祖克柏身著T恤、腳穿一雙露出腳趾的橡膠涼鞋，向750位觀眾喊道：「攜起手來，讓我們掀起一場運動。」Facebook宣布向所有開發者開放應用程式介面（API）。

這是一場革命性的運動，在之後的6個月裡，有25萬名

開放者在Facebook上推出了五花八門的應用程式。第二年，Facebook改進了開放審核規則，引入評分系統，使得開放生態看上去更有秩序，流行終於被徹底引爆了。2008年5月，Facebook的全球訪問量首次超過了MySpace。到了2009年9月，用戶猛增到3億，來自180個國家超過100萬名註冊開發人員將Facebook當成了創業的平台。

Facebook的轟然崛起，自然讓中國的仿效者們亦步亦趨。2008年5月30日，陳一舟的校內網宣布推出API開放平台的測試版，成為中國第一個開放平台的本土SNS網站，之後51也開放了自己的遊戲平台。

在騰訊公司內部，開放一直是一個帶有禁忌性的話題，這一景象到了2011年之後才有了微妙的改變。「我們並非沒有考慮過這個話題，但是騰訊與Facebook不同，中國與美國不同。」馬化騰後來說。

騰訊與Facebook的不同體現在五點上。

其一，Facebook在實施開放戰略的時候，是由下向上攻擊的後進者，它以此顛覆規則，重構秩序，套用馬克思的名言，祖克柏在開放中「失去的是鎖鏈，得到的是整個世界」。而騰訊自2006年之後就成為用戶量最大、市值第一的領導性企業，是既有秩序的最大得益者，在馬化騰看來，開放並不能給騰訊帶來決定性的增長。

其二，騰訊與Facebook在關係鏈的底層設計上，有先天的差異性。Facebook天生就是一個社交型網站，它的好友關

係是公開的，而QQ是從即時通訊工具起家，關係鏈相對封閉，「好友的好友並不是我的好友」，全面開放意味著對這一邏輯的背叛。與實名制的Facebook相比，同為SNS社群的QQ空間儘管沒有強制實名，不過，進入空間的大多為熟人關係，因而能夠產生私密性的互動，這與媒體性質的部落格有本質性的差異。比Facebook先進的是，QQ空間與QQ先天融為一體，因此形成了更為豐富的多樣化溝通方式和盈利模式，而Facebook到2008年才開通自己的IM。

其三，Facebook除了平台以外一無所有，而騰訊則是「平台＋產品」的公司，它自身就是中國最優秀的產品開發者，若全面開放，必然造成「左手搏擊右手」「裁判與運動員同場競賽」的尷尬局面，這幾乎是騰訊無法忍受和維持的。

其四，在盈利模式上，Facebook真正關注的是應用軟體在每個平台中產生的訊息量，然後通過廣告獲利，廣告占其收入比例高達八成，從協力廠商應用中獲得的分成收入，只是相當於額外的獎金。而騰訊的收入來自於虛擬增值服務和網路遊戲，社群廣告從來微不足道，而且也未必會受到中國用戶的歡迎。

其五，相對於Facebook的全球化模式，受意識型態的影響，中國是一個「孤島型市場」，外來者不能自由進入，走出世界，也非常不易。所以，騰訊即便克服所有困難，向全世界進攻，也完全不可能成為第二個Facebook。

也許，還可以羅列出更多的差異點，但上述五點，已足

以讓馬化騰對 Facebook 之路視若畏途。一位騰訊高層主管回憶說，在 2011 年夏天之前，馬化騰曾經在總裁辦公會議上，也就是騰訊最高行政會議，認真討論開放問題，最終令他們止步的原因是，當時中國開發者面臨的環境魚龍混雜，尚未準備充足就進行開放可能會影響到使用者的資訊安全。謹慎可能是馬化騰和祖克柏最大的不同，「他挺欣賞祖克柏，可是，他一定不會穿著 T 恤衫和露出腳趾的橡膠涼鞋去任何公開場合」。

在業務層面上，吳宵光和湯道生仍然做出了防禦性的行動。2008 年 12 月，騰訊推出實名註冊的 QQ 校友網，在架構和社交場景上幾乎完全模仿 Facebook。到 2011 年的 7 月，QQ 校友網更名為「朋友網」，這個社交平台一度排在中國社交網站的前六名。在中國社交網路市場的大戰中，騰訊以 QQ 空間與朋友網雙社交平台並駕齊驅的策略，給 QQ 用戶提供不同型態的社交網路服務，並允許兩個社交平台差異化的發展。

後來的事實證明，騰訊在 Facebook 熱浪中的另類姿態也許是對的，至少在商業上是恰當的。Facebook 在中國最忠實的仿效者校內網並沒有能夠複製前者在美國的巨大成功，陳一舟在 2009 年 8 月將之更名為「人人網」，並於 2011 年 5 月 4 日在紐約證券交易所上市，可是人人網在第二年就陷入巨額虧損，並一直沒有尋找到理想的盈利模式，其活躍使用者人數與 QQ 空間的差距也愈來愈大。

美國戰略思想家約翰‧加爾佈雷斯（John Kenneth）曾經說：「以我們在美國所獲得的經驗來看待印度或中國，有一半是看不懂的，還有一半是錯誤的。」這樣的事實，再度在社交網路熱中被生動地呈現出來。在2009年5月後的一年多裡，QQ空間以一種非常意外的、在美國人看來幾乎不可思議的方式獲得了爆炸性的增長。

　　它致勝的武器是「種菜和偷菜」。

「開心農場」的爆炸性效應

　　進入2009年以後，剛剛從對51的戰爭中喘過一口氣來的湯道生每天都心神不寧，他上班後的第一件事就是打開Facebook以及中國的各家社交網站。

　　那段時間，正是社交網路形成統治權的偉大時刻，尼爾森公司在2009年3月宣告，全世界的互聯網使用者花在社交網路上的時間第一次超過了使用信箱的時間，這種新型的溝通方式已變成主流。同時，Facebook的開放效應正在發酵，眾多新奇的應用軟體層出不窮，而它們都會在最短的時間裡被複製到中國的社交網站上，其中最敏捷和成功的模仿者是前新浪員工程炳皓創辦的開心網。這家開辦於2008年3月的公司從第一天起就以快速複製為戰略，它率先將Facebook上最受歡迎的「朋友買賣」和「搶車位」兩個遊戲型應用引入中國，一度讓都市白領們趨之若鶩。

就在2009年的春節前後，湯道生發現在校內網上有一款中國人自行開發的遊戲「開心農場」突然紅了起來。它的玩法既簡單又有趣，用戶扮演一個農場的主人，在自己農場裡開墾土地，種植各種蔬菜和水果，同時又可以去偷取別人的果實。

這款遊戲由上海一家名為「五分鐘」的大學生創業公司開發成功，於2008年11月在校內網上線，僅一個星期就擠進了校內網的外掛程式應用前10名，到耶誕節前後，當天日活躍用戶數衝破了10萬，兩個多月後又快速突破了100萬。在2009年2月，開心網也推出了「開心花園」，進一步將「偷菜種菜」的熱浪繼續加溫。

「QQ空間與Facebook或校內網不同，它不是一個開放平台，不過我們可以與『五分鐘』合作，將這款遊戲引進到QQ空間。然而，一個最讓人煩惱的問題是，騰訊已經有了遊戲部門，如果我們也插足遊戲，會不會導致業務分工的紊亂？」這是湯道生當時最大的擔憂。

4月的一天，湯道生與同樣焦躁不安的鄭志昊困坐在辦公室裡，面面相覷。就在過去的兩個月裡，隨著農場遊戲的持續升溫，開心網和校內網的用戶活躍度迅猛提高，QQ空間明顯有被邊緣化的態勢。

那時鄭志昊對湯道生說：「我們就試試吧。」而湯道生用不熟練的普通話說：「那就試試吧。」

第二天，騰訊的談判代表就出現在「五分鐘」公司CEO

郜韶飛的辦公室裡。之後的幾天，雙方就開心農場入駐QQ空間的細節進行了談判。

騰訊提出三種合作方式：一次性購買代理權、全部收入按比例分成、騰訊承諾保底收入，一定基數之後實行封頂（編注：指規定獎金的最高額度）。郜韶飛選擇了第三種方案，日後來看，這是郜韶飛一生中最大的失誤。「誰也沒有想到後來會那麼瘋狂。」這位年輕的創業者說。

正是由於對可能性的估計不足，郜韶飛還堅持遊戲的伺服器由「五分鐘」來維護。

開心農場於2009年5月22日在QQ空間上線，接下來發生的景象都出乎所有人的預期。

上線第一天，天量級的用戶流量，一下子就把伺服器撐爆了，在騰訊的歷史上，從來沒有出現過這樣的先例，「五分鐘」不得不把伺服器的管理許可權讓渡給騰訊。郜韶飛團隊原來所寫的軟體根本無法承受如此巨大的流量衝擊，吳宵光緊急召集最精銳的程式師對軟體進行了重寫。

到6月1日，每天的農場活躍用戶已達到500萬人，分配給開心農場專案的伺服器負荷全部滿載，技術團隊持續優化，但顯然又將面臨爆量的危險。鄭志昊連夜寫信給張志東，「懇請伺服器上架和擴容上的傾斜支持」，並報告開心農場對QQ空間的活躍及商業化收入都有非常大的拉動。根據他的計算，在未來的兩個月裡，至少需要再增加數百台伺服器。

10分鐘後，張志東就回覆：「很高興看到我們的社交遊戲（SNSGame）開始有商業模式的冒頭，且具有相當大的規模效益。」並且一次就批示了近千台伺服器。

2009年8月，「開心農場」更名為「QQ農場」，新版本增加了農作物的品種，並將QQ會員的黃鑽服務體系與「種子」「農藥」等虛擬道具的購買全面銜接。此後，農場玩家以每天100萬的數量急遽增加，其線上及掛機時間之長也超出以往所有的經驗值。

數年之後，當QQ空間的團隊回憶當時的情景，每一個人仍然難掩窒息般的神情。

騰訊從來沒有對外公布QQ農場的流量資料。

「那是一個不可思議的數字，也許在很長的時間裡，都不會被打破。」湯道生幽幽地說。

主管整個後台體系的盧山透露了一個細節：在2009年的下半年，騰訊為QQ農場先後增加了4000多台伺服器，而「這是從來沒有發生過的事情」。另外，在騰訊的2009年三季的業績報告中寫著：QQ空間的活躍帳戶按季增長33.7%，於第三季末達到了3.053億，增長主要由於推出新的社交網路應用（特別是基於社交網路的休閒遊戲）廣受用戶歡迎。

按此推算，QQ空間在一季裡居然新增了7000多萬活躍用戶，這當然來自於QQ農場的刺激性效應。

QQ農場給騰訊帶來的收入也是一個沒有公開過的祕密。山東的《齊魯晚報》曾報導過一位名叫王浩的玩家在

QQ農場上的支出：「狗糧0.4Q幣一天，化肥有好有差，中等的高速化肥一袋要1Q幣，一天用兩袋化肥就是2Q幣，但是有黃鑽可以全場八折。」王浩最後得出的結果是每天花費1.92元，這樣連同會員費、黃鑽特權費，他一個月在QQ農場上要投入80元左右。

這是一位「中等玩家」的每月開支。若中國有100萬名「王浩」，那麼，QQ農場的每月收入便在1億元左右，而這在「全民偷菜」的2009年至2010年時期，無疑是一個非常保守的估算。

在QQ空間的歷史上，QQ農場如同把衛星推上既定軌道最有力的助推器。它不但讓用戶數量衝上了3億級（Facebook也是在2009年第二季因開放戰略而達到了這一用戶數），更重要的變化還有兩個：

第一，它讓騰訊在社交網路領域找到了有別於Facebook的收入模式。QQ農場的盈利來自於用戶購買虛擬道具的熱情，而這正是騰訊自發明QQ秀之後最為嫻熟的獲利方式。從2009年之後，QQ空間的收入大幅增加，成為排在網路遊戲之後的第二大收入貢獻部門，黃鑽收入在2010年達到高峰。到了2011年，騰訊在社群增值服務上的營收為72.21億元，其絕大部分來自於各種會員服務與虛擬遊戲道具。

第二，在「偷菜運動」最風靡的一年多裡，QQ空間以「農場」為流量入口，對騰訊全產品線的38個應用性產品進行了支援，其中包括QQ流覽器、QQ管家、話費充值以及

休閒競技遊戲等等,「充話費,送化肥」的活動也讓人印象尤其深刻。QQ空間因此獲得2009年的騰訊合作文化獎。從此之後,QQ空間成為騰訊在電腦端最重要的入口級產品。這支在組建時只有20個人的小團隊,以完全不同於Facebook的方式,在社交網路熱潮中為騰訊立下了戰功。

　　QQ農場的成功讓QQ空間團隊更有信心引入更多社交應用,後來也發展成戰略目標更清晰的騰訊開放平台。林松濤再次擔起開拓新模式的重要任務,舉起騰訊開放平台的旗幟,建立符合中國市場的開放與分成規則,讓騰訊邁出了服務行業生態的一大步。後來騰訊開放平台更整合了多個平台產品的流量,讓騰訊在網頁遊戲市場贏得了最大的市占率。

第十章
金礦:「遊戲之王」的誕生

對那些與事先設計的模式不相吻合的事實,

要予以特殊的注意。

──阿諾德‧湯恩比(Arnold. J. Toynbee,英國歷史學家),

《歷史研究》

挑戰不可能的任務,其樂無窮。

──華特‧迪士尼(Walt Disney,迪士尼公司創始人)

搶下網遊半壁江山

在騰訊當了三年半程式師之後，任宇昕終於從馬化騰嘴裡再一次聽到「遊戲」這個名詞。那是2004年4月的一天，馬化騰把增值開發部經理任宇昕叫到辦公室，問道：「現在有兩個業務模組，增值業務或遊戲業務，你選哪一個？」

過去的幾年裡，任宇昕一直在張志東主管的技術開發部門工作。隨著QQ秀、QQ會員等產品的開發上線，他於2002年被任命為增值開發部的經理，與負責用戶端技術開發的吳宵光一起，成為張志東的左右手。

「凱旋」遊戲的失利，一度動搖了騰訊繼續在遊戲發展上的決心，甚至連起初信心很大的曾李青也覺得「遊戲業務離QQ的核心關係鏈有點遠」。不過，馬化騰仍然決定再試一次。這一回，他計畫組建一個獨立的行動小組。

「按騰訊當時的組織架構，技術開發與產品運營分屬於兩個部門，也就是所謂的R線與M線，隨著騰訊的產品線愈來愈長，研發與市場出現了脫節現象，互聯網的特點就是一月三變，資訊一旦跨部門傳遞，效率自然下降。新組建的遊戲部，要把相關的人都集聚在一個團隊裡，試行事業部制。」於是，馬化騰決定將綜合市場部和增值開發部拆分重組，分別組建互聯網事業部和遊戲事業部，他分別找到這兩個部門的負責人鄒小旻和任宇昕，單獨與他們交流，讓他們二選一，任宇昕毫不猶豫地選擇了遊戲。

在主管人力資源的高級副總裁奚丹的記憶中，這是騰訊第一次從業務思維來組建團隊。他把鄒小旻和任宇昕約到飛亞達大廈旁邊的咖啡館，攤開一張人員名單，讓他們各自挑人。在一開始的一個多小時裡，誰也不說話，就乾坐著。到後來，性情爽直的鄒小旻實在忍不住了，就對任宇昕說：「你挑吧，你挑吧，把你要的人先挑走。」任宇昕容顏大開。

新組建的遊戲部人員分別來自三個部門，即「凱旋」遊戲組、增值開發部裡的棋牌小組和綜合市場部的一些運營人員。「丁磊把網易的遊戲部門叫做互動娛樂部，我覺得挺貼切的，於是也叫了這個名稱。」

任宇昕領命組建騰訊互動娛樂事業部的時候，北京的聯眾占據了棋牌遊戲的半壁江山，上海的盛大士氣正盛，「傳奇」的付費用戶達到史無前例的6000萬人，幾乎相當於一個中等國家的人口。2004年5月，陳天橋將公司送上了那斯達克。上市當天，公司即成為全球市值最高的專業網路遊戲公司，年輕的陳天橋一躍成為新的「中國首富」。在廣州，從夢網業務中抽身而出的丁磊迅速投入「大話西游」的開發，此外，第九城市代理了北美最火爆的「魔獸世界」，由保健品行業轉戰網遊的史玉柱也開發出了「征途」。中國的網路遊戲市場一時硝煙四起。

「在主管遊戲業務之前，我只是一個遊戲軟體的業餘愛好者，對於怎樣運營一款遊戲毫無概念，整個團隊也是湊合而成，我們被安頓在飛亞達大廈的六樓，對前途一無所知。」

當這些人第一次坐在一起開會的時候，彼此都看不順眼，他們之中有些人開發過大型遊戲，自認為是江湖上排得上名號的人物，有些人卻只懂簡單的棋牌遊戲，另外還有人對遊戲一竅不通，卻知道東北網咖裡的年輕人喜歡玩什麼。

做為一支戰鬥部隊的首領，任宇昕做出了兩個決定。

首先是如何架構互娛部。「當時有盛大模式與網易模式之爭，盛大將開發與運營分別開來，一個團隊專事開發，一個團隊專事運營，而網易則合二為一，實行的是專案制。後者的模式在一開始很困難，因為負責團隊的頭往往是技術出身，對運營一竅不通，可是長遠看，就可以倒逼出一批有運營頭腦的技術主管。我選擇了網易模式。」這一模式被固定了下來，日後騰訊以每個遊戲為獨立單位組建專門的工作室，成則報酬豐厚，敗則拆散重構，形成了內部的賽馬機制。

其次是主戰場的選擇。「反思『凱旋』遊戲的失利，我認為在當時的情形下，騰訊沒有具備運營大型線上遊戲的經驗，因此最可靠的戰術是，由易入手，邊打邊練，我決定主攻棋牌和小型休閒遊戲，當前之敵便是聯眾。」

任宇昕對外宣稱，騰訊棋牌遊戲將用3年時間超過聯眾。然而事實上，他只用了不到1年的時間。

一場事先張揚的比拚

聯眾成立的時間甚至比騰訊還早大半年。在鮑嶽橋的經略下，到了2003年年底，聯眾的註冊用戶已超過兩億，每月活躍用戶數高達1500萬，一度占據棋牌遊戲市場約80%的市場占比。儘管在南方遭到了邊鋒等網站的騷擾，但其霸主地位卻從未被撼動過。

當騰訊在2003年8月13日發布第一個遊戲公開測試版的時候，鮑嶽橋派人上去玩了一下，做了一個評估，他得到的彙報是：只有軍棋、升級、象棋、鬥地主和梭哈5個遊戲，與聯眾相比，幾乎沒有任何改進和新意，「都是我們的仿製品，不用怕」。的確，在任宇昕組建互娛部之前，騰訊遊戲組只有4名開發和運營人員，處在半死不活的狀態。

情形在新部門組建之後開始悄悄變化。

任宇昕首先下令重寫遊戲大廳和增加遊戲類別，使遊戲的操作體驗有了極大提升。同時，QQ的聚合優勢開始發揮力量，在新的QQ版本中加入了QQ遊戲的功能，用戶無須註冊，直接使用QQ帳號即可登錄。任宇昕把QQ秀中的「阿凡達模式」引入遊戲中，Q幣更成為玩家購買服務的一種最便捷的工具。

一位聯眾員工回憶了一個當時令他們最為絕望的功能：「騰訊在QQ上增加了一個顯示視窗，提示你的好友正在玩什麼遊戲，點擊之後，直接跳轉到遊戲室，你就可以加入。

QQ有2億多註冊帳戶，隨機產生的遊戲玩家就嚇死人了。」

棋牌遊戲的用戶增加也出乎騰訊自己的預料，在一開始，棋牌組的人約定，每增多1萬人就聚餐一次，結果在一個月裡，聚了13次餐，之後大家就再也不提這件事了。

很多年後，鮑嶽橋認定騰訊用「完全模仿」的卑劣手法將聯眾用戶吸引到了騰訊。他回憶當時的情景時說：「與大型網遊不同，棋牌類遊戲規則固定，沒有技術門檻，玩家又與QQ用戶高度重合，騰訊很容易模仿。」也有觀察者的印象與此類似：「聯眾的用戶被挖到QQ遊戲大廳，卻沒有任何不適應，因為無論從遊戲規則到介面、功能的分布，還是提示語，QQ遊戲大廳都直接照搬，如果是不熟悉的使用者，甚至無法分辨哪個是聯眾遊戲，哪個是QQ遊戲。」

不過，騰訊遊戲對此的理解稍有不同。孫宏宇是早期棋牌組的組長，他曾用一個月時間獨立改寫了騰訊遊戲大廳，根據他的回憶：「我們曾對比監測兩家使用者的資料，發現在騰訊用戶急遽增長的那個時段，聯眾用戶並沒有出現明顯下降，也就是說，玩騰訊遊戲的人大部分是被我們拉進來的QQ用戶，而不是從聯眾叛逃過來的。」

與鮑嶽橋一起創辦聯眾的簡晶說：「聯眾的市場占比最後被騰訊排擠了。其實我們本來是有一個措施的，但這個措施不是應對騰訊的，是為了應對聯眾未來的發展，因為聯眾不可能永遠停留在最早的產品型態上，它一定要跨越。」在簡晶看來，聯眾不應該死守技術門檻最低的棋牌市場，而應

當衝殺出去，通過自主開發、引進乃至以聯合運營的方式進入大型網遊市場，或者創造出新的遊戲型態。聯眾至少有兩年時間進行這樣的冒險，「衝出去也許仍然會死，但至少有一線生機，枯守棋牌，則必死」。

顯然，這是一個絕好的商學院教案，在某種意義上，聯眾不是死於被模仿，而是死於沒有應對，沒有繼續冒險創新。

到了2004年8月24日，在正式運營一年後，QQ棋牌遊戲同時上線人數達到62萬，到了12月底，甚至突破100萬，與聯眾相當。之後，兩者之間的用戶數對比發生更為猛烈的、此消彼長的反差。2006年年底，鮑岳橋被迫辭去聯眾董事長的職務。

在很多人看來，騰訊對聯眾的進擊，已近於動物世界裡一場發生在陽光下的血腥撲殺，雙方爪齒全顯，動作簡單，全憑力量取勝。

騰訊與聯眾之戰，幾乎和它與MSN之戰同時展開。

對於其他的互聯網創業者來說，後一戰儘管你死我活，卻是一場「即時通訊疆域」內的戰爭，他們盡可袖手壁立，旁觀其輸贏，甚至有點幸災樂禍，希望從中獵取一些利益。

然而，騰訊對聯眾的擊殺就完全不同了，騰訊強悍的戰鬥力，以及任宇昕團隊對流量和用戶資源的天才般的使用，引起了整個互聯網業界的震驚，幾乎每一個人都開始思考一個可怕的問題——如果哪一天，騰訊以同樣的戰術進入自己

的疆域，自己能否抵抗？

「泡泡堂」與「QQ堂」之戰

這個可怕的問題很快蔓延為冷酷的事實。就在棋牌遊戲超越聯眾的同時，2005年1月，騰訊推出「QQ堂」遊戲，這引爆了騰訊與當時的遊戲盟主盛大之間的一場戰事和法律風波。

「QQ堂」的仿效對象是盛大的「泡泡堂」。

這款遊戲的原型為韓國遊戲「BNB」。它是模仿經典紅白機遊戲「炸彈人」而成，是一款適合幼齡族群的益智類家庭休閒網遊，開發商是韓國NEXON公司。「BNB」於2001年上線運營，2002年，盛大購得中國代理權，並在次年以「泡泡堂」為名進行運營，到了2004年年底，「泡泡堂」的最高同時上線人數突破70萬，成為當時全球活躍用戶人數最多的線上遊戲之一。

「泡泡堂」遊戲的幼齡化特徵，與當時的QQ用戶十分吻合。任宇昕於2004年6月決定研發同類遊戲，他投入了互娛部所有的業務力量，這些人日後幾乎都成為騰訊遊戲各個部門的主要負責人。「QQ堂」於2004年9月進行內部測試，並於12月正式公開測試推廣。

任宇昕不否認「QQ堂」對「泡泡堂」的跟進戰略，他回憶過一個「創新誤區」的細節：「當時我和團隊一起花了

很多時間來對比「QQ堂」與「泡泡堂」兩個產品的差異，把細節全部羅列出來，一項一項地對比，他們是怎麼做的，我們要怎麼做，能否有一些改進和創新。比如，我們覺得「泡泡堂」的地圖設計得很單調，於是就開發了一些看上去很酷的地圖。再比如，「泡泡堂」的角色在地圖上行走時，只有手和腳會動，我們加入了頭部晃動，這樣就顯得比較可愛。然而，遊戲上線之後卻發現，這都是一些很糟糕的創新，地圖做得太花俏了，用戶玩著玩著就眼花了，而不斷晃動的腦袋更是讓用戶產生遊戲不流暢、卡機的錯覺。」

自以為做了很多創新的第一版「QQ堂」上線後，反應冷淡，同時上線數長時間徘徊在萬人以下。任宇昕不得不組織人員持續改版，在之後的半年裡，互娛部所有人員幾乎都在晚上10點之後才下班。

到了7月，「QQ堂」推出「酷比一夏」新版本，它的遊戲介面變得乾淨清新，還增加了「酷比」角色，大大提高了遊戲的趣味性。此後，「QQ堂」的最高同時上線用戶數迅速突破萬人，3個月內衝到了10萬人。在其後的一年多裡，「QQ堂」保持每月一次改版的節奏，在聽取用戶意見的基礎上持續優化，遊戲的熱度終於被引爆了。

「QQ堂」的出現讓盛大腹背受敵，根據盛大公布的2006年二季財報顯示：「其休閒遊戲『泡泡堂』在運營了3年之後遭遇到老化問題，休閒遊戲業務收入較上季下降17.8％。」

含蓄的陳天橋沒有直接發動對騰訊的攻擊，他說服擁有

BNB著作權的NEXON公司衝上火線。

2006年9月，NEXON以騰訊涉嫌著作權侵權和不正當競爭為由向北京市第一中級人民法院遞交起訴書。在訴狀中，NEXON向法庭提交了「QQ堂」涉嫌抄襲的37幅畫面，它認為：「無論是從遊戲畫面、操作方式、道具設計、背景顏色，還是背景布置的具體細節上，『QQ堂』均與『泡泡堂』相同或實質性相似；而且騰訊以『堂』命名遊戲，明顯是在利用「泡泡堂」在中國市場上的影響力，甚至在遊戲中採用相同的道具或實質性相似的名稱和圖形，是對遊戲玩家的一種誤導，使玩家誤以為兩款遊戲存在關聯。」

據此，NEXON認為騰訊的行為構成著作權侵權以及違背了「反不正當競爭法」第二條規定的誠實信用原則和商業道德，要求騰訊停止「QQ堂」的運營，並公開道歉，賠償50萬元人民幣。

NEXON對騰訊的提告，是中國網路遊戲產業第一起跨國著作權侵權案，引起輿論極大關注。其中涉及的侵權細節幾乎遍及整個產業的開發環節，對此認定也關係到網路遊戲研發的方向和智慧財產權的界定。

騰訊在訴訟中對自己的行為進行了以下答辯：「QQ堂」是完全由騰訊自主策劃、自主編寫、自主開發的網路休閒遊戲，不存在著作權侵權的問題，韓方指責的「抄襲」根本沒有根據，另外騰訊也不存在任何不正當競爭的行為。

這場官司打了6個月。主管法律事務的副總裁郭凱天

說：「官司開打的時候，我們心裡也沒有底，不知道法院會怎麼判，但是幾輪辯護下來，法律的邊界漸漸清晰起來，也就是從此之後，我們愈來愈注重智慧財產權和專利保護。」

2007年3月，北京市第一中級人民法院做出判決，判決書的焦點集中於兩點：第一，是否存在侵犯著作權行為。法院通過比對認為，NEXON提交的37幅畫面有的「屬於通用的表達形式，原告無權就其主張著作權」，有的「從整體上看均不相似」，有的「屬於思想範疇」，因此被告騰訊不構成抄襲。第二，是否存在不正當競爭行為。法庭認為「堂」字是漢語中固有的詞彙，原告將其運用於網遊領域做為名稱使用確有一定的獨創性，但也不能借此取得對「堂」字獨占使用的權利，所訴不正當競爭事項不具有事實依據和法律依據。

據此，法院駁回了NEXON的所有訴訟請求。

在對聯眾和「泡泡堂」的兩役中，騰訊展現了它在新產品開發上的幾個基本特點：緊盯市場新熱點，快速跟進優化，以及利用自己的流量優勢實現整體替代。

2006年6月，馬化騰在接受《中國企業家》雜誌採訪時對此進行了描述：「我不盲目創新，微軟、Google做的都是別人做過的東西。最聰明的方法肯定是學習最佳案例，然後再超越。」

有一個事實需在這裡陳述的是：在後來的若干年內，甚至一直到我創作此書之際，騰訊仍然被很多人冠以「抄襲大

王」之名。不過，在法律層面上以騰訊遊戲抄襲為由提起過著作權訴訟的，僅NEXON一家。

用QQ寵物，勾起人類的母愛情結

在「QQ堂」上線5個月後，2005年6月，騰訊推出了「QQ寵物」，這又是一次輕騎兵式的跟進超越。

數位寵物是日本人的發明。1996年，日本玩具商萬代（BANDAI）推出了全球第一款數位寵物產品「電子雞」，它的外形如一顆雞蛋，上面有三個按鍵，可以餵食寵物、與它一起玩遊戲、清潔它的居住環境，每個「電子雞」都有年齡、體重、飢餓和心情，它的進化和生存時間都取決於主人的照顧。

「電子雞」風靡一時，當時的日本少年幾乎「人手一雞」。繼萬代之後，日本遊戲廠商任天堂推出了掌上遊戲「神奇寶貝」，成為日本掌遊的經典產品。在中國，第九城市和盛大都曾在2000年推出類似的數位寵物，然而並沒有造成風靡的效果。

QQ寵物是由互聯網業務系統（B2）研發出來的，產品經理為汪海兵（2007年離開騰訊創辦淘米網），一年後被歸入互娛業務系統（B3）運營。他說：「我們決定推出QQ寵物，是基於一個非常本能的考慮：胖企鵝本身就是一個擬人化的數位寵物，對它進行養成進化的設計，有天然的用戶優

勢。」

　　QQ寵物在產品概念上並沒有出奇之處，可是，在環節構想和運營思路上卻有獨到的地方。

　　多年來，胖企鵝早已深入人心，遊戲設計人員在擬人化方面動足了腦筋，它比之前的數位寵物更像使用者自己的孩子。QQ寵物為用戶提供了餵養、學習、打工、娛樂、結婚、旅遊等多種休閒娛樂體驗，在後續的產品改進中，更是在精細化養成和用戶交互體驗上持續改進。

　　到了2006年7月，QQ寵物創造了最高同時上線人數突破100萬的紀錄，成為全球最大的網路虛擬寵物社區。2007年3月，QQ寵物的累積用戶已達億級，互娛部借鑒QQ秀和QQ空間的經驗，順勢推出了「粉鑽貴族」。與其他「鑽石」一樣，粉鑽的月費也為10元，可享受五大特權，包括身分顯示、物品打折、專屬物品購買、免費服務等等。

　　後來的幾年裡，粉鑽的服務內容不斷地增加，比如出現了「Q寵客棧」，粉鑽用戶「可以在每天17點到24點到Q寵客棧，在Q奶奶處選擇讓自己的Q寵寶貝進行託管」；此外，也開設了「Q寵醫院」，粉鑽用戶可以享受「免費看病的綠色通道服務和開立處方特權」；還有「冒險島旅行」，「成為粉鑽貴族即可立即擁有粉鑽賜予的神奇力量，可享受無限制參加QQ寵物冒險島奇幻旅程特權」；以及「免費徵婚」，也就是普通企鵝徵婚需要支付費用，而粉鑽用戶則免費。

在很多外部觀察者看來，QQ寵物毫無新意，無非再一次證明了騰訊在「抄襲」上的天分。然而，細緻地推敲這一產品的整個生命週期，還是可以發現不少的創新點，其中有些創意甚至是其他公司難以仿效的。

QQ寵物與QQ秀有脈絡上的天然承續，也就是從裝扮模式向養成模式的推進，不過，與一般意義上的網路遊戲相比，QQ寵物更像是一種網路生存的體驗活動。有資料顯示，養寵物的QQ用戶有七成為女性，它所煽動的是人類內心深處的母愛情結。這一遊戲內涵非常淺薄，但又十分的真實和溫情。這種人格化的導入及靈活掌握，是騰訊公司最擅長的祕密武器。馬化騰多年來所宣導的「線上生活」既包括人際的網路溝通、資訊交流和電子商務，同時也直指網路化的情感宣洩和展示，這種細微的訴求往往被忽視。

在QQ寵物一案中，我們清晰地看到了經典的騰訊式運營：鎖定一個「真實的訴求點」，在用戶體驗上力爭做到極致（從龐大的用戶基數中抓取消費群），在形成一定數量的基礎用戶之後推出進階式有償商業服務（持續優化、盡力延長產品的生命週期），尋找新的訴求點。

這一演進邏輯幾乎體現在所有騰訊的產品之中。

繞開主戰場的側擊戰略

進入2005年之後，騰訊在棋牌和小型休閒遊戲上取得了

不錯的戰績，可是在很長的時間裡，遊戲團隊並沒有清晰的戰略意圖，採取的幾乎都是以跟進模仿和流量導入為主要策略的戰術。

這一年，中國的網路遊戲產業規模達到了61億元，比上年增長51％，其主力遊戲模式，無論是韓國的「傳奇」、美國的「魔獸世界」，還是中國自主開發的「夢幻西遊」等，全數是以「打怪升級」為主題的大型網遊，盛大、網易、九城、光通和金山依次位列網遊公司前五強，無一例外地絞殺在這個戰場上。其中，以自主研發為主的網易表現最為出色，因「大話西遊2」和「夢幻西游」的開發成功，其市場占比從11％猛增到22％。

相比大型網遊市場的火爆，騰訊所主攻的休閒遊戲領域顯然要冷清得多。根據電腦世界網的估算，2004年，中國休閒網遊規模為5億元，2005年約為9億元，僅占產業規模的1/7左右，騰訊即便吃掉大半，也無法與前五強比肩。

在「凱旋」遊戲出戰失利之後，新組建的互娛部決心血洗前恥，任宇昕集中最好的技術力量，悄悄投入一款大型角色扮演類遊戲的研發，它以「東遊記」中的「八仙」為題材，類比物件正是當時最火紅的「魔獸世界」。到2005年3月，這款被定名為「QQ幻想」的遊戲進入內部測試，於12月8日正式商業化運營。遊戲提供了4種面額的Q幣點卡，用戶每玩一個小時需付費0.4元。

「我們有一個很夢幻的開局。」任宇昕回憶說，剛剛開

第十章 金礦：「遊戲之王」的誕生

281

始公開測試，「QQ幻想」就獲得了66萬用戶。但是好景不常，「QQ幻想」犯了一個與3D版「凱旋」恰好相反的錯誤：它的遊戲設計過於簡單，不少玩家很快就全部過關。

更讓騰訊措手不及的是，就在2005年12月，陳天橋將盛大旗下的「傳奇2」「夢幻國度」及「傳奇世界」三款大型「永遠免費」遊戲，其收入模式改為「遊戲時間免費，增值服務收費」，這讓同一類型的「QQ幻想」頓時失去了吸引力。在「泡泡堂」事件上吃了一個啞巴虧的陳天橋，轉身卻在大型網遊領域向馬化騰射出了復仇的一箭。

「QQ幻想」的「高開低走」，讓騰訊時隔兩年之後在大型網遊產品上再次遭遇一場不小的挫折。此時，在互娛部內部發生了兩個方向性的爭論：第一，如何繼續進擊大型網遊領域，奪回失去的榮光；第二，騰訊遊戲的未來是以引進為主，還是以自主開發為主。

任宇昕陷入了一個進退兩難的困境：「在這個時候，我開始考慮騰訊遊戲的出路，想要形成自己的打法。」

在認真研究了單板機遊戲歷史和韓國遊戲市場之後，任宇昕得出了一個新的觀察結論。

在他看來，儘管以角色扮演（RPG）為特徵的大型網路遊戲風行一時，可是，其他的遊戲類型並未退出市場。在2005年的遊戲用戶中，大型網遊的用戶為1590萬人，休閒遊戲用戶則為1790萬人，也就是說，仍有很大的市場。而在此類遊戲領域，又存在著「冠軍通吃」的規律，即排名第一的

類型遊戲會占據絕大部分的用戶,「從韓國遊戲排行榜中可以看到,有些領域只有第一名很重要,從第二名開始基本上就沒有人記得是什麼遊戲了」。

基於這樣的觀察,任宇昕在互娛部的一次業務討論會上表示,目前大家在爭論的兩個話題,一個勝算渺茫,另一個則是「偽命題」。

他提出了一個十分激進的戰略思想:繞開以「打怪升級」為主題的大型網路遊戲主戰場,全力聚焦於休閒競技遊戲,並必須做到類型冠軍,他稱之為「後發者的側擊戰略」。在討論會上,任宇昕在黑板上寫下了這些類別:槍戰、賽車、格鬥、飛行射擊、音樂舞蹈。他像一位戰地指揮官般地說:「這些才是騰訊遊戲要攻占的山頭。」在這個戰略意圖之下,自主開發與對外引進,僅僅是一個選項而已。在任宇昕看來,「不妨並行不悖」。

任宇昕在2006年年初形成的這一戰略思想,對於騰訊遊戲事業而言,具有決定性的意義。

第一款被引進的休閒競技遊戲是韓國遊戲公司Seed9開發、由Neowiz公司代理發行的「R2beat」,這是一款競速型音樂韻律遊戲,面向的玩家是喜歡清新風格的國中生以及喜歡簡單遊戲的年輕人。騰訊以不到30萬美元的代價將之引進,起名為「QQ音速」,於2006年7月正式上線,最高同時上線人數為7萬,算是一個勉強過得去的成績。

「穿越火線」和「地下城與勇士」雙雙告捷

2007年年底，騰訊分別向Neowiz和Neople公司取得了「穿越火線」和「地下城與勇士」兩款遊戲的中國代理權，正是這兩款遊戲讓騰訊遊戲獲得了爆發性的增長。

「穿越火線」是一款以兩大國際雇傭兵組織間作戰為背景的網路槍戰遊戲，它於2007年5月在韓國上線，可是並沒有大獲成功，因為之前已有「突然攻擊」和「特殊壓力」兩款非常受歡迎的同類型遊戲，而Neowiz公司為「穿越火線」開出了500萬美元以上的代理價。騰訊高層一度很是猶豫，而任宇昕認為，此遊戲的體驗感很好，在中國市場上尚無一款槍戰遊戲取得壟斷性成功，因此可以大膽一試。為了保險起見，他還同時引進了另一款槍戰遊戲，表示「我準備了兩波攻擊，一波不成，第二波即可跟進」。

「地下城與勇士」是一款格鬥過關遊戲，開發商Neople公司在設計中吸收了大量的經典街機中的特色內容。「所有玩過單板機的人都非常容易上手，在體驗上更加刺激和深入。尤為重要的是，它對硬體要求非常低，基本上是電腦就可以滿足。」它於2005年8月就在韓國上線，一直稱霸網遊暢銷榜前十位。

「穿越火線」和「地下城與勇士」的中國版在2008年年初上線，韓國及騰訊的期望值為「最高同時上線用戶達到30萬」。但誰也沒有料到的是，用戶數竟呈現令人吃驚的暴漲

態勢，到了年底，最高同時上線帳戶數分別突破了220萬和150萬。幾乎同時，騰訊自主開發的「QQ飛車」和「QQ炫舞」也相繼上線，用戶數也超過了百萬級。

當產品戰略得到了市場的驗證之後，騰訊在用戶積累和運營上的優勢便得到了爆炸式的發揮。

互娛部推出針對遊戲用戶的「遊戲VIP」，又稱「超級玩家」，享有的特權包括優先進入人滿房間、獨享網管室即時貼心服務、查找玩家位置、24小時雙倍積分、自訂超長暱稱、自訂遊戲黑名單、自訂遊戲好友、大廳商城道具九折等。

例如，2007年6月，騰訊推出一款名為「QQ魔界」的2D遊戲。遊戲平台隨即發布了如下獎勵措施：

只要您是QQ的用戶，並用自己的QQ號登錄「QQ魔界」，就有機會獲得QQ藍鑽會員資格。

普通QQ用戶，用自己的QQ號登錄「QQ魔界」，當您的角色等級達到45級，將免費獲得QQ藍鑽會員資格30天。

QQ會員玩家，等級達到15級將獲得藍鑽資格30天，等級達到30級將獲得藍鑽資格60天，等級達到45級將獲得藍鑽資格90天。

這些獎勵聚合了騰訊的鑽石服務和會員服務，為QQ用戶的進入提供了非常快捷和有誘惑力的通道。隨著遊戲項目的增加，騰訊又先後推出了「紫鑽貴族」和「黑鑽貴族」。前者是「QQ炫舞」「QQ飛車」「QQ堂」和「QQ音速」中

的特權服務。後者則是針對「地下城與勇士」的特權服務，開通黑鑽可享受「翻牌獎勵、經驗加成與疲勞加成」。經過數年磨礪，騰訊在用戶熱情的激發上愈來愈嫻熟，也愈來愈讓人難以抵抗。

在騰訊史上，2008年被視為「遊戲元年」。

穩坐網遊霸主

互動娛樂業務系統在網路遊戲上的成功，出乎了董事會的預料。

2006年5月，馬化騰接受《南方都市報》記者專訪時，仍然堅持「互動娛樂短期論」，他說：「在我們看來，互動娛樂，可能在2到4年內會有增長，但基數到一定規模後增長肯定會放緩，甚至有可能不增長。所以長期的、穩定的收入模式還應來自企業付費和廣告收入，包括搜尋付費和電子商務。」

可是，在後來的幾年裡，隨著「穿越火線」及「地下城與勇士」等遊戲的上線，網遊的吸金能力以及其對公司的利潤貢獻遠遠超出了馬化騰的預想。

2008年度，盛大全年遊戲營收34.23億元，第四季為9.72億元；一向排名居後的騰訊遊戲由第60一舉躍升至第2，全年遊戲營收為28.38億元，第四季就有8.03億元，已超過網易，非常逼近盛大。與此同時，騰訊的QQ註冊用戶數接近

9億。也是在這一年，騰訊參股美國一家新創辦的網遊開發公司 Riot Games，成為其產品「英雄聯盟」的中國代理商。

在騰訊找到了自己打法的那些年，網遊盟主盛大卻發生了戰略性的迷失。手握近百億元現金、雄心萬丈的陳天橋提出了打造「網路迪士尼」的新戰略，相繼涉足文學、音樂、旅遊、影視、視頻等多個領域，試圖以網遊為平台，建構一個宏大的娛樂王國。這一戰略，使得盛大陷入多頭拓進的泥潭，幾乎在每一個領域都遭遇強敵，而它在網遊上的先發優勢則因精力分散而日漸喪失。

與即時通訊工具不同，網遊用戶對平台的忠誠度和依賴度很低，遊戲一旦不好玩，他們立即掉頭而去。在互聯網世界裡，一個失去了核心產品和殺手級應用的企業，無異於一座失去防禦工事、等待被攻陷洗劫的城池。

騰訊對盛大的超越發生在2009年的第二季，前者的網遊收入達到1.816億美元，後者為1.72億美元；在季度淨利潤上，騰訊為1.759億美元，盛大為0.625億美元，低於網易的0.685億美元。到了年底，騰訊的市場占比已超過了20%，從此再沒有給盛大超越的機會，在全年用戶數量最高的10款遊戲中，騰訊的「地下城與勇士」「穿越火線」「QQ炫舞」赫然占據了前三位，「QQ飛車」則位列第七。

中國網遊世界中的「恐怖之王」誕生了，任宇昕指揮著一支「虛擬之師」攻城掠地，星辰墜落，大地升騰。

在後來的幾年裡，騰訊遊戲的優勢繼續擴大。2010年一

季度，騰訊遊戲市場占比達到25.3％，首次超過1/4，它與盛大、網易三家占據了市場的62％。到第三季時，網易因從九城手中奪得「魔獸世界」的代理權，營收超過了盛大。

2011年2月，騰訊以2.31億美元收購Riot Games的大部分股份。同年8月，「穿越火線」中國伺服器最高同時上線人數超越300萬，刷新了網遊同時上線人數最高紀錄。2013年3月，「英雄聯盟」再破紀錄，最高同時上線人數超過500萬，成為全球最大的線上遊戲社群。

到了2013年的第一季，騰訊網遊營收高達12.17億美元，排名其後的網易、盛大、暢遊、完美世界、巨人五家公司相加之和為8.7億美元。其中，昔日盟主盛大已經跌至第四，營收僅得1.73億美元。

在騰訊的全部收入和獲利中，網遊的貢獻同樣突出。

根據騰訊2011年的年報顯示，網路遊戲對公司收入的貢獻已經過半，達到158.21億元。「地下城與勇士」「穿越火線」「QQ炫舞」「QQ飛車」以及「英雄聯盟」5款遊戲貢獻了主要的利潤來源。在2003年年初，馬化騰決定進入棋牌遊戲領域時，遊戲組僅有4名員工，而到10年後的2013年，我調查創作此書的時候，互動娛樂部門擁有2000多名遊戲開發人員，加上周邊公司，開發人員總數接近5000人，為全球最大的網遊開發群體。

也因此，騰訊成為一家愈來愈難以被定義的公司。

第十一章
廣告：社交平台的逆襲

為判定競爭優勢，
有必要為在一個特定產業的競爭而定義企業的價值鏈。
——麥可‧波特（Michael E. Porter，哈佛商學院教授），《競爭優勢》

每一次都會有一些人失敗，
同時又有另外一些人成功地找到解決的辦法。
——劉勝義

流量上的勝利

「你覺得騰訊網的廣告能超過新浪嗎？」馬化騰一邊吃著粵菜，一邊問劉勝義。

這是他們第一次見面，時間是2005年的盛夏。在那一年，騰訊網的廣告收入約為1億元人民幣，新浪網為8500萬美元。在所有新聞類門戶中，騰訊網的流量落後於新浪、搜狐、網易和TOM，排名第五。

劉勝義此時的職位是陽獅中國的執行合夥人，出生於1966年的他即將「四十不惑」，渴望開始一段新的人生。在亞洲廣告界，馬來西亞籍的劉勝義算是一位傳奇人物，他大學畢業就進入麥肯廣告，負責P&G和雀巢的廣告業務，因業績出色在1994年被調到香港工作，31歲時當上了中國區的總經理。然而，在廣告界浸淫了10多年之後，他想要換一條跑道。

當時，獵人頭公司擺在劉勝義面前的工作選擇，有Google、eBay和騰訊。在好奇心的驅使下，他南下深圳，與騰訊高層見面。

「這是我第一次到深圳，一下飛機，就被這座城市的晴空和四處林立的腳手架（編注：台灣稱為鷹架）所吸引。那天，騰訊的幾位決策人都來了，他們都穿著休閒衫，只有我一本正經地穿著西裝。見了面後，大家到附近的一家粵菜館吃飯，然後就是七嘴八舌的一頓群考。」整個聚餐過程，劉

勝義幾乎沒有動過筷子，回到賓館後，他獨自一人出去吃了一碗牛肉麵。在劉勝義的第一印象中，馬化騰和劉熾平對騰訊網的未來充滿了擔憂，他們並不擔心流量的落後，擔心的是影響力和廣告收入。

劉熾平之後沒有帶劉勝義參觀公司，但兩人保持了頻繁的電話溝通。劉勝義唯一記得的是，當時離開這個「群考」飯局後，自己被這群比自己年輕近10歲的中國年輕人的敬業、專注、認真深深地感動了。之前劉勝義對騰訊不算了解，但這次的深圳之旅徹底堅定了他加入這家公司的意願。

就在劉熾平試圖說服劉勝義加入騰訊的同時，騰訊網正在努力實現流量上的超越和形象上的轉變。

2005年8月，騰訊網再次改版，宣布從「青年的新聞門戶」向「立志做最好的綜合門戶」轉型，這意味著這家專注於娛樂新聞和年輕人的網站將對主流社會有更多的關注。在之後的一年裡，騰訊從三大新聞門戶及傳統紙媒中大規模「挖人」，迅速組建起一支400多人的編輯團隊。

10月12日，中國發射神舟六號載人太空船，這是中國第一艘執行「多人多天」任務的載人太空船，引起了全民的狂熱關注，各大新聞門戶由此展開了一場空前的新聞大戰。新浪網凸顯了拿手的專題報導，獲得了中央電視臺的唯一合作權，並對太空人費俊龍、聶海勝家人進行獨家電話採訪。騰訊則把「門戶＋IM」的模式發揮到了極致，QQ「迷你首頁」在第一時間將神六的動態新聞彈出，引導用戶進入騰訊網

站。截至2015年10月18日的統計資料顯示，網民關於「神六升空」的評論數，新浪網以109610條領先，騰訊則以101587條位列第二，超過了網易和搜狐。這是騰訊第一次在重大新聞事件中取得小勝。孫忠懷說：「我們利用QQ終端實現了新聞的即時性和互動性，其他門戶只能看著我們乾著急。」

12月31日，騰訊網啟用全新的品牌標識，以綠、黃、紅三色軌跡線環繞的小企鵝標識替代了經典的QQ企鵝圖案，中文標識「騰訊網」和英文標識「QQ.com」則僅在外觀上做一些改變，卡通特徵被徹底淡化。

對於任何企業而言，品牌換標都是一個重大事件，然而，騰訊卻意外地沒有舉辦任何新聞發布儀式。馬化騰僅在貼著新標識的網站上發了一則簡短的換標致辭：「騰訊已經成為一個集即時通訊、新聞門戶、線上遊戲、互動娛樂等為一體的綜合性互聯網公司，以往的騰訊網標識已經不足以體現騰訊網現有的產業布局和經營模式。」

從2006年開始，騰訊網發動了強勁的流量攻勢。

在4月16日到5月6日的3週裡，騰訊網流量首次超越新浪網。

6月9日至7月10日，第18屆世界盃足球賽決賽在德國舉行，這再次成為網民的「狂歡之月」。截至2006年3月31日，QQ註冊用戶突破5.3億，月活躍用戶數達2.2億。年輕的網民無疑是足球比賽最大的擁護者，騰訊網的世界盃網站

用戶達到4560萬人,與新浪網相當,而在流量上,騰訊網則實現了決定性的超越。

8月18日,當年度最火紅的電視選秀節目「超級女聲」全國決賽拉開戰幕,騰訊網與湖南衛視合作推出網路電視「超女頻道」,億萬粉絲在QQ直播上點播收看「超級女聲」的所有比賽,還可以通過聊天平台交流對大賽的感受,更有大量粉絲建立了自己的直播室和QQ群,QQ天生的社群功能被發揮得淋漓盡致。

經過世界盃和「超級女聲」兩次新聞運動後,騰訊網高調對外宣布,它已經一躍成為中國第一、世界第五的門戶網站。然而,無論是騰訊人,還是外部的所有人都心知肚明,這只是流量意義上的勝利,與媒體影響力,甚至廣告收入並不完全相當。

試圖擺脫三低形象

劉勝義在2006年年初加入騰訊,出任負責網路行銷服務與企業品牌的執行副總裁。7月份,曾擔任時政類雜誌《南風窗》總編輯的陳菊紅被任命為騰訊網總編輯。他們的使命是「讓騰訊網擺脫『三低』形象——低齡、低學歷、低收入,真正成為一個主流媒體,同時發掘廣告價值」。

雖然沒有任何互聯網媒體的從業經驗,但是劉勝義憑直覺認為,騰訊網的廣告價值被嚴重低估了。儘管騰訊網在

2006年世界盃期間的流量超過了新浪網，可是所吸引的廣告收入卻只有後者的1/4，就全年而論，騰訊網的廣告營收不但落後於新浪，更只有搜狐的37%。

2007年4月，在北京、上海等大城市的機場出現了一組騰訊網的大型燈箱廣告，許多小圖案在一起組合成了巨型的鯨、鷹和獅子的輪廓，廣告主題為「大影響，大迴響」。這是騰訊歷史上第一次投放戶外形象廣告，也是劉勝義到任後的第一個行動，他試圖扭轉騰訊網的低幼形象，並在政商人士密度最高的機場擴大品牌影響力。騰訊網先後成為博鰲亞洲論壇、世界經濟論壇的獨家互聯網合作夥伴，以及女足世界盃的官方支持商。所有這些行動都表明，劉勝義試圖以最快捷的方式，讓騰訊變得更加主流和成人化。

然而，「去低幼化」戰略一度讓騰訊上下都非常不適應，而且在效果上也差強人意，事實比劉勝義想像的要複雜得多。

在加入騰訊不久後，劉勝義親自出馬，與法國化妝品公司迪奧（Dior）洽談廣告投放計畫。在過去的10多年裡，他對廣告的專業建議一直受到品牌商的信任，可是這一次，迪奧中國區總裁李達康卻提出了一個讓他無法回答的質疑：「QQ用戶中有多少人買得起Dior的產品？」

迪奧的受眾主體是那些25歲以上、受過良好教育，且收入不菲的都市白領女性，這與人們對QQ用戶「低齡＋低端」的印象大相逕庭。出於試驗的目的和對劉勝義的尊重，迪奧

同意從2007年6月份開始在QQ空間開設「Dior空間」，探索性地進行了廣告投放。在2008年3月15日的「情人節」前後，騰訊與迪奧聯合展開「纏上‧愛上」主題活動，參與該活動的QQ用戶只要在自己的QQ空間上傳雙人情侶照，就能獲得迪奧的虛擬掛件，或以折扣價格購買迪奧香水。騰訊在QQ空間、迷你首頁和門戶網站上，為活動設置了立體的廣告投放位置。

一個月後，監測公司給出的資料並不理想，初次合作的探索沒能讓騰訊和迪奧找到滿意的答案。這也使得擁有2.2億活躍用戶的騰訊開始深入思考，怎樣的廣告生態才能更有效地為品牌服務。

2008年6月，以都市白領為閱讀對象的《第一財經週刊》發表了題為〈企鵝的錯誤〉的封面文章，對騰訊的主流化廣告戰略極盡嘲諷。記者寫道：「騰訊公司之前成功的業務全都建立在年輕用戶的需求上，這可跟做嚴肅新聞的新浪網截然不同。誰都知道，企鵝這種動物離開了南極有多危險。」

在記者看來，試圖擺脫低端形象的騰訊是「一隻正在離開南極的企鵝」。

在這篇報導中，一些接受採訪的人士對騰訊的新戰略都持冷漠態度。一家房地產經紀機構的銷售總監對記者說：「給騰訊投房地產廣告？這不是為難我嗎？我們一般和搜房網、焦點房地產以及新浪房產合作，沒和騰訊合作過。」通用汽車負責新媒體行銷的主管說：「騰訊汽車頻道並不是騰

訊的特色，我們並不會只看網站方面提供的流量，我們經常
自己進行資料獲取和網站間的比較。」新浪廣告部一名負責
房地產廣告銷售的員工甚至表示：「在我們的競爭對手概念
裡，根本沒有騰訊。」

《第一財經週刊》的這篇報導讓騰訊，尤其是讓未接受
過記者採訪的劉勝義非常不滿。經過交涉，雜誌被迫在下一
期刊發了一則簡短的道歉聲明，表示「我們犯了一個錯誤，
在〈企鵝的錯誤〉中，兩處騰訊公司執行副總裁劉勝義的直
接引語並非記者直接採訪而來，結果造成記者直接採訪劉勝
義本人的假像」。儘管如此，《第一財經週刊》還是揭示出
了一個基本事實：汽車、房產、金融以及高價化妝品行業對
騰訊的商業價值持懷疑的態度。騰訊必須要找到更好的、能
夠證明自己價值的方法。

重新定義互聯網廣告

當李達康提出那個尷尬問題的時候，劉勝義已經在考慮
答案。「我意識到，騰訊也許需要一套新的廣告投放標準，
也就是說，我們要重新定義互聯網廣告。」他日後對我說。

騰訊的門戶型態顯然與傳統意義上的新聞門戶全然不
同，後者的資訊傳播基於單向發送和接收，而騰訊網則基於
互動分享和體驗，用戶行為帶有很強的社群特徵，因此也能
夠被分析和抓取出來。

在2007年之後，隨著社交網路概念的成熟，基於消費者行為的資料分析成為可能，全球的互聯網業界都在尋找新的廣告運營模式。

2007年11月，Facebook啟動了以「信任推薦」為主題的自助服務廣告，這項名為「燈塔（Beacon）」的廣告服務根據抓取的消費紀錄，向使用者推送相關的商品資訊。由於這一行為涉嫌侵犯了用戶隱私而遭到360萬用戶的聯合提告，Facebook被迫公開道歉，並改變了資訊推送的邏輯和方式。不過，這次失敗的嘗試仍然讓人們看到了社交網路與精準廣告的未來。

幾乎就在Facebook嘗試「燈塔」業務的同時，網路媒體事業部廣告團隊在騰訊的內部頭腦風暴會上提出了「騰訊智慧」——MIND，並得到了劉勝義的支持。

Measurability：用可衡量的效果，來體現線上行銷的有效性、可持續性以及科學性。

Interactive Experience：用互動式的體驗，來提供高品質的創新體驗和妙趣橫生的網路生活感受。

Navigation：用精確化的導航，來保障目標使用者的精準選擇和線上行銷體驗的效果。

Differentiation：用差異化的定位，來創造線上行銷的不同，滿足客戶獨特性的需求。

MIND從效果、互動、導航及差異化四個方面重新定義了互聯網廣告的投放邏輯和評價標準，與其他門戶網站相比，這一模式無疑是為騰訊「量身定制」的。

在劉勝義看來，各類網路使用者的足跡都有規律可循。「在虛擬世界中，人們訪問互聯網的路徑可以產生無數個廣告接觸點，屬性不同的數位接觸點也可以被需求不同的廣告攔截。」而騰訊是一個全覆蓋的生活平台，用戶的覆蓋是其強項，100多個產品和業務可以實現B2B以外的全部互聯網功能，所以騰訊只要有效地分析不同廣告受眾的上網習慣，就可以在不同的位置對這些用戶進行精準攔截。

在這一理念的支撐下，技術部門對使用者系統進行了升級，重新梳理使用者資料，之前無序的資訊被分門別類地裝在貼著各種不同標籤的「框子」裡，以備各種行銷工具檢索和分析。廣告部門根據上述資訊，開發出精準定向工具（TTT），並將其打包成各種「廣告受眾」套餐，推薦給不同廣告主。騰訊可以隨時為廣告主提供廣告效果指標的受眾細分報告，例如點擊、曝光、唯一點擊等，都可以在定向廣告所支援的各個維度上（地理、性別、年齡、場景等）得到細分的統計報告。

這套系統被稱為「數位媒體觸點解決方案」，郭斯林、劉曜和翁思雅等人是它的執行者。

2008年4月15日，一場名為「騰訊智慧·2008高效線上行銷峰會」在北京召開，劉勝義第一次向公眾及媒體提出了

MIND模式。而就在不久前，美國市場調查公司BDA發布的資料顯示，中國已經擁有了2.2億互聯網用戶，首次超過美國網民人數2.17億，成為全球第一大互聯網大國。受劉勝義邀請，前來北京參加此次峰會的整合行銷傳播（IMC）之父唐・舒茲（Don E. Schultz）在演講中認為：「互聯網將會給整合行銷傳播帶來巨大變化。圍繞單純向外的傳播系統，這種情況在互聯網上將不復存在。這裡，傳播體系不是單純向外的，而是互動的。資訊不再由行銷人員或資訊傳播人員所控制，而是由顧客所控制。顧客不再是傳播的目標，而是與行銷人員或資訊傳播人員處於同等地位；消費者也不再是企業說服的對象，而是企業聆聽和回應的對象。」

唐・舒茲的這一觀察，與劉勝義提出的MIND模式不謀而合。

在後來的嘗試中，劉勝義的方案取得了成效。2008年下半年，馬化騰在一次接受媒體採訪時披露：「我們改進了很多客戶的投放計畫，產生了大約20%到30%的提升效果。通過成本很低的使用者資源重新組織，就已經提升這麼大的比例，我相信新模式的潛力還是很大的。」

從資料上看，騰訊的廣告業務在劉勝義到任的兩年裡取得了不小的進步，例如，2007年的網路廣告收入比上一年年底增加84.9%，達到4.93億元，占集團總收入的12.9%；到了2008年，廣告收入增加到8.26億元，比前年同期增加67.5%。與新浪相比，2008年後者的廣告收入為2.585億美

元，比2007年增長了53%，兩者差距已在日漸縮小。

比資料更重要的是，MIND的提出讓騰訊找到了一條差異化超越的路徑，它所內涵的資料分析及精準投放的理念更符合新的社交網路精神。

2009年，劉勝義提出MIND 2.0版本，在這一體系下，廣告主可以根據自身不同的推廣需求，選擇廣告產品和工具，進行媒體資源的整合，其計費方式也與廣告主的行銷投資回報（ROI）相關。2011年，劉勝義進一步提出基於人脈的MIND 3.0版本，為不同類型的媒體提供一站式商業化接入，為廣告主的多元投放需求提供服務介面，並對第三方服務合作夥伴提供技術接入，由此形成了新的「廣告投放生態」。

在誕生後的9年裡，透過劉勝義的推動，MIND方法論在探索數位行銷的方向上不斷演進升級，其間跨越了聚眾、分眾、開放、連結四個階段，至今已經邁入MIND 5.0，也就是移動全景時代的數位行銷方法論。

這一站在數位行銷領域最前沿的方法論，不僅沿襲了騰訊網媒在門戶時代的行銷實操和專業積累，也涵蓋了移動時代新興的全場景行銷、原生廣告、IP內容運營、品牌效果合一、程式化趨勢和技術驅動等幾乎全部的前沿領域，成為移動時代數位行銷理論和實踐相結合，緊扣新生代人群獨特的社交、娛樂和消費觀念，對廣告人群有著最深刻的認知和理解的主流方法論。廣告主借助MIND 5.0可以不斷碰撞、創

新、嘗試，尋找到合適的主流人群溝通方式。

借助理論和實踐緊密結合的成效，騰訊也成為中國數位行銷標準和規則的發起人和重要參與者之一。2016年8月，騰訊做為發起成員之一，積極推動了中國第一個媒體評估和認證機構，成立了中國媒體評估委員會，劉勝義也被選為首屆理事會主席。

如今，騰訊網路廣告業務的收入增長率一直保持著兩位數，已經成為騰訊業績增長的重要支撐之一，尤其是在移動端上的運營表現和商業化貢獻都可圈可點。

2015年6月，劉勝義站上第62屆坎城國際創意節的領獎臺，成為全球首位獲此殊榮的華人。為他親手遞上「年度媒體人物」金獅獎盃的坎城國際創意節主席特里・薩維奇（Terry Savage）如此評價：「劉勝義在當今媒體格局中非常有影響力，在他的帶領下，騰訊網路媒體事業群已成為全球最大的網路媒體平台之一。」

以廣點通打出「效果廣告」

從2010年起，湯道生開始領導互聯網增值業務部門，這時他的普通話已經比較流利了，甚至可以講拗口的冷笑話。對於技術出身的他來說，同樣面臨著如何提高流量效益的問題。於是，廣點通出現了。

與傳統意義上的新聞門戶相比，以QQ系列為主力產品

的社交平台一直沒有找到適合的廣告投放模式，這使得騰訊每天數以百億計的流量白白被浪費。是大數據挖掘這個新技術工具的出現，為湯道生闢出了一條新路。

與劉勝義的「把投放權還給廣告主」的理念如出一轍，廣點通的模式也是把騰訊龐大的流量資源釋放出來，給廣告主一個自由配置和投放的權利。而它的理論基礎，則是當時還非常陌生的大數據挖掘，為此湯道生組織了一個精幹的小團隊，對流量屬性和價值進行了一次系統開發。

在很長的時間裡，互聯網廣告被兩種模式所統治。

第一種是新浪、搜狐等門戶網站所推行的「門戶廣告」，從廣告受眾角度看，門戶廣告與傳統媒體廣告，如電視、報紙等沒有本質區別，主要以Banner的形式展現，由於難以細分訪客，更多依靠媒體屬性和影響力展示，通過廣告曝光數量衡量廣告效果。

第二種是搜尋引擎網站為主導的「搜索廣告」。2005年以後，網路廣告開始有了良性的大發展，Google、百度及阿里巴巴成為這個時期的典型代表，根據使用者搜尋關鍵字展示相關廣告內容，從此網路廣告開始進入精準行銷時代。

區別於「門戶廣告」和「搜索廣告」，廣點通提出了「效果廣告」這個全新的概念。

廣告商在投放中從「時間購買」升級到了「效果購買」，更加強調憑藉廣告產生的效果來計算廣告費用。廣點通根據使用者屬性和好友群體推薦並展示廣告內容，訪問同一介面

的不同使用者，看到的是為其量身定制的不同廣告，在增強廣告人性化和互動式體驗的同時，通過用戶的社交屬性和好友關係鏈進行影響力放大和輻射。對於用戶來說，只會看到自己感興趣的廣告，對於廣告客戶來說，省掉了被浪費的廣告費。

廣點通率先在QQ空間上線，廣告主為單次有效流覽所支付的成本很低。這一化整為零、靠效果來刺激投放的模式，很快受到了廣大中小廣告主的歡迎。2011年之後，廣點通覆蓋的流量從空間Web流量擴展到QQ用戶端、手機QQ空間等多終端跨屏平台，開放的優質流量達到每天百億人次以上，提供多種形式和場景靈活選擇。這一新模式極大地刺激了騰訊的廣告業務，到了2012年，騰訊的網路廣告整體收入第一次歷史性地超過了新浪網。

也正是在這一時期，新媒體的熱潮迅速從PC端遷移到移動端，從門戶到社交，從移動到眾媒，資訊的組織形式從時間線演變成興趣點，基於大數據和人工智慧技術的內容平台變成了新時代下內容供給的中樞，內容可以即時和智慧地分配給讀者。在這種趨勢下，以「個性化」「算法推薦」為特點的興趣類閱讀產品迅速興起，又把聚合平台這一類別的資訊APP往前推進了一步。

劉勝義領導下的騰訊網路媒體一直洞察趨勢，且不斷升級，在騰訊新聞用戶端成為各大移動應用市場第一的同時，又緊貼趨勢，推出了定位為相容海量、娛樂化、碎片化的興

趣閱讀產品「天天快報」，其通過「芒種計畫」與企鵝媒體平台，聚合海量內容，通過「精準算法＋運營」進行內容推送，讓不同興趣圈的讀者，都能各自找到自己感興趣的內容。

截至2016年上半年，騰訊新聞已經穩居業界第一多年，而「天天快報」也在短短一年之內迅速崛起，占上市場第三的位置。「騰訊新聞＋天天快報」的雙引擎策略，使得騰訊牢牢占據了新聞資訊用戶端前三位中的兩位，實現了向移動端的遷移式過渡。

PART 3

巨頭

第十二章
用戶：小馬哥的產品哲學

小跑幾乎是不受拘束的馬的特點。

——達文西（義大利畫家），《繪畫筆記》

「Don't make me think!」

——馬化騰

只看見鳥的好學生

印度史詩神話《摩訶婆羅多》（*Mahabharata*）中有這樣一個故事：

大師特洛那教學生射箭，到了林中，問一學生：看見鳥沒有？答，看見。又問：看見樹林和我沒有？答：都看見了。又問另一學生：看見鳥、樹林和眾人沒有？答：我只看見鳥。

特洛那令其射，中。

特洛那說，那個只看見鳥的孩子是好學生。

這是一個關於專注的故事。

從QQ上線的第一天起，馬化騰就是那個「只看見了鳥的好學生」。那隻鳥，便是用戶。

馬化騰似乎對一般意義上的「戰略」或「管理」並不十分熱心，至少在表面上是這樣。這一觀察未必準確，縱觀騰訊的成長歷史，在相當長的時間裡，這家企業的轉型及反覆驅動力，並非來自既定的戰略，而是產品的持續創新。而創新亦非來自於實驗室，而是市場的不斷變換的需求。早在1998年，凱文‧凱利（Kevin Kelly）就在《NET & TEN》一書中預見過互聯網企業的這一經典特徵，他稱之為「流變」：網路經濟從改變進入流變狀態，流變推翻既有事物，為更多

創新的誕生提供溫床，這種動態或許被看做「複合再生」，它源於混亂的邊緣。

2003年，唐沐離開金山軟體進入騰訊，2006年被任命為騰訊用戶研究與體驗設計中心總經理，他是騰訊用戶研究與體驗設計中心的創建者和負責人。他如此描述金山與騰訊在產品開發上的不同：

軟體發展常以年為單位。年初由產品經理寫好一份大需求，各方評估完後啟動專案。設計、開發各做幾個月後進行提測，之後緩慢迭代。雖然聽來，一年的時間很長，但到最後項目 deadline 時，所有人仍喊時間不夠用。最終，專案經理卡死時間、編版本、壓盤，所有殘念在壓盤的一瞬間煙消雲散。這樣，一個歷經了一年開發出的、被我們稱為軟體的東西，夾雜著未竟的 feature、待解決的 Bug、需調整的 UI，被壓入盤中大規模生產，包裝起來送到消費者手裡。

而互聯網企業的生產，則是完全不同的一番景象。2003年進入騰訊之初，我就被這家公司的敏捷震驚了——一個月一個版本！我只有一到兩週的時間做介面設計，並且大部分進度是與開發重疊的。產品經理（如果有的話）根據用戶回饋和競爭對手的情況做需求，介面設計和開發同步進行，測試時間更是若有若無。就這樣，一個歷經了一個月開發出的、被我們稱為互聯網軟體的東西，夾雜著更多未竟的 feature、待解決的 Bug、需調整的 UI，被打包放在伺服器

上，在 Web 上提供連結，開始供用戶下載。

唐沐所描述的場景便是騰訊應對流變的策略：隨變而變，永無定法。

馬化騰把騰訊的漸進式創新解釋為「小步快跑，試錯迭代」。在他看來，也許每一次產品的更新都不是完美的，但是如果堅持每天發現、修正一、兩個小問題，不到一年基本就把作品打磨出來了，自己也就很有產品的感覺了。

深入細節的郵件狂人

虛擬的互聯網世界，與真實世界並無二致，儘管它總是呈現出混亂無序的景象，卻是一個高度開放的結構，其中充滿了創造、驚奇、自由與潛力。正如巴赫金所揭示的，這樣的世界具有「不可終結性」，它的持續演化，一方面仰仗自由創造，另一方面又依賴適當節制。在這樣的生態環境中，對趨勢與細節的掌控是同樣重要的兩種能力。

馬化騰自陳是「一個不善言辭的人」，他不斷推動進化的辦法，就是親自參與幾乎所有的產品研發，然後用郵件的方式下「指導棋」，他可以算得上是中國首屈一指的「郵件狂人」。

所有接受我訪談的騰訊人都對馬化騰的「發郵神功」表示驚奇，甚至覺得不可思議。騰訊以產品線超長著稱，但是

馬化騰幾乎能關注到所有細節。

　　曾主持QQ空間開發的鄭志昊告訴我，馬化騰與他的團隊的郵件往來起碼超過2000封；2007年，張小龍主刀QQ信箱的改版，這在當時的騰訊體系內是一個非常邊緣的產品，而馬化騰在一年半的時間裡，與他的團隊來往了1300多封信件。

　　一位程式師也對我講述過這樣的經歷：有一次，他做了一個PPT，半夜兩點鐘發給了馬化騰，本想洗洗睡了，沒料到過了20多分鐘，馬化騰就發回了修改建議。曾主管QQ會員業務的顧思斌回憶說，馬化騰對頁面的字體、位元組、大小、色彩等都非常敏感。有一次，他收到一份郵件，馬化騰指出兩個字之間的間距好像有問題。

　　還有一個在騰訊人中流傳甚廣的故事，那就是一天早上來到公司，發現Pony淩晨4點半發的郵件，總裁很快回了郵件，副總裁10點半回，幾個總經理12點回覆了討論結論，到了下午3點，已經有了技術方案，晚上10點，產品經理發出了該專案的詳細排期，總共用了18個小時。張志東因此認為：「騰訊的產品不斷更新就是一個被馬化騰的郵件推著走的過程。」

　　通過這些事例可以看出，如果沒有對用戶需求的深入洞悉，也就沒有快速的產品完善反應。亨利・福特曾說：「成功的祕訣，在於把自己的腳放入他人的鞋子裡，進而用他人的角度來考慮事物，服務就是這樣的精神，站在客人的立場

去看整個世界。」看來，從客戶的角度思考商業，是一個公開的祕密。

我曾請教馬化騰：「那麼多的產品，你是如何做到瞭若指掌的？」

他的回答好像並沒有什麼特殊：

其一，像普通用戶一樣，每天輪著使用每一個產品。

「發現產品的不足，最簡單的方法就是天天用你的產品。產品經理只有更敏感才能找出產品的不足之處。我經常感到很奇怪，有的產品經理說找不出問題。我相信，如果產品上線的時候產品經理能堅持使用三個月，一定會發現不少問題。而問題是有限的，一天發現一個，解決掉，你就會慢慢逼近那個『很有口碑』的點。不要因為工作沒有技術含量就不去做，很多好的產品都是靠這個方法做出來的。我們的領導不僅僅要安排下面的人去做，而且一定要自己做。這些都不難，關鍵要堅持，心裡一定要想著『這個週末不試，肯定出事』，直到一個產品基本成型。」

其二，經常到各個產品論壇去「潛水」，聽到不同的聲音和回饋。

「從哪個地方找問題呢？論壇、部落格、RSS訂閱啊。高端用戶不屑於去論壇提出問題，我們做產品的就要主動追出來，去查、去搜，然後主動和用戶接觸，幫助解決。有些確實是用戶搞錯了，有些是我們自己的問題。我們的心態要很好，希望用戶能找出問題，我們再解決掉。哪怕再小的問

題，解決了也是完成一件大事。有些事情做了，見效很快。要關注多個方面，經常去看看運營，比如說你的產品慢，用戶不會管你的IDC（互聯網資料中心）差或者其他原因，只知道你的速度慢。」雖然公司沒有明文要求，但是騰訊的工程師都形成了一個習慣：每兩個小時輪流監測、回覆網上出現的用戶意見。

在馬化騰的推動下，騰訊形成了一個「10/100/1000法則」：產品經理每個月必須做10個用戶調查，關注100個用戶部落格，收集回饋1000個用戶體驗。

用馬化騰自己的話說，「這個方法看起來有些笨，但很管用」。

瞬間變成「白癡級使用者」的速度

張小龍是一個不善言辭的人。2005年3月，Foxmail被騰訊全資收購後，馬化騰請他聚餐，這是他們第一次見面。

2012年，在接受我的訪談時，張小龍回憶了一個細節：在併購洽談期間，騰訊的人，包括張小龍自己，都不太明白馬化騰為什麼要收購Foxmail，即便在一起吃飯了，也不太方便詢問。然而，馬化騰說的一句話卻讓張小龍印象深刻，他說：「Foxmail的體驗做得特別好，我們自己也做，發現怎麼都做不好。」

張小龍對我說：「那時還很少有人談用戶體驗，當Pony

說到這個詞的時候，我都沒有反應過來，為什麼說Foxmail的體驗做得好呢？我自己是做軟體的人，覺得就應該這樣做，後來進入騰訊，才漸漸知道並不是所有做軟體的人都知道該怎麼做，而我在做Foxmail的時候，不自覺地模擬了用戶行為，只是當時不知道這叫用戶體驗。」

張小龍帶著一支不到20人的團隊併入騰訊，受命重建QQ郵箱。「我們接手郵箱時，QQ郵箱每天只有幾萬人的訪問量，公司內部已經沒有人在負責這個業務了，就連郵箱代碼都沒有人管了。」張小龍帶著他的小團隊重新搭建整個系統，然而在一開始的兩年裡，張小龍的工作非常不順利。新版QQ郵箱是一個既複雜又笨重的傢伙，日後張小龍承認：「併入騰訊的前兩年，我覺得自己應該當一個管理者，產品的事情讓團隊的人去做就行了。說老實話，我個人沒有太關注它的體驗，幾乎很少參與到產品的設計中，結果出了大問題。」

到了2006年10月，張小龍團隊決定放棄之前的繁複路線，轉型做一個輕便的極簡版。這一次，張小龍徹底改變風格，重回一線。「從極簡版開始，我真正投入去做一些我自己掌握的產品體驗，我怎麼說，就怎麼做，任何一個元素要改都必須得到我的同意才行，我會全程參與這個產品的每一個功能體驗。」

極簡版保持了一個極快速的反覆節奏，每兩週，最多三週會發布一個新的版本。

在這種快速更新中，馬化騰也投注了極大的熱情。在郵箱領域，他的對手正是多年前的惠多網網友丁磊，網易靠郵箱起家，形成了很大的競爭優勢。馬化騰深度參與到產品的體驗中，他的辦法也挺簡單，就是反覆使用，在使用中不斷提出需要改進的細節。

「業界很多人說我們是模仿Gmail，這是一個很粗淺的看法。他們沒有仔細研究過我們的產品，只是看介面，Gmail是左右分。我們也是左右分。其實，在體驗和細節上，我們有很大的超越。」張小龍如是說。

張小龍還舉了幾個例子：「一個讓QQ郵箱獲得廣泛口碑的創新是對大容量附件的發送功能。與其他郵箱通常只能發送5M左右的附件不同，QQ郵箱將附件容量擴大到了1G，這一功能獲得了許多辦公室白領的歡迎。Gmail到它退出中國市場的時候都還沒有這個功能。還有比如『發送狀態的查詢』，你一發完郵件，就可以看到這個郵件有沒有發到對方的伺服器上，這個是騰訊率先做出來的，後來網易也跟上了。再比如『分別發送』功能，我將一份拜年賀卡同時發送100個人，但接收方看到的是單獨發送的狀態，他會有一種獨享感。」

我問張小龍：「這些功能的創意，是來自於用戶調查嗎？」

他的回答出乎意料：「大部分的創新都不是調查出來的，而是我們自己反覆體驗的結果。」

到了2008年的第二季，根據艾瑞的協力廠商資料顯示，QQ郵箱的用戶超過網易郵箱，而這在兩年前，幾乎是不可思議的。到年底，馬化騰把一年一度的騰訊創新大獎授予QQ郵箱團隊。在後來的一年多裡，QQ郵箱用戶一直保持著快速的增長態勢。2010年6月3日深夜12點，馬化騰在騰訊微博上難掩興奮地發了一個留言：「QQmail團隊是騰訊的驕傲和典範。希望大家多提建議和需求回饋。一定快速回饋！」

這是一個特別經典的騰訊式的、依靠用戶體驗戰術逆襲成功的案例。

在對馬化騰和張小龍的訪談中，我都問及一個問題：「用戶體驗」到底是一種怎樣的行為？

馬化騰的答案是：「互聯網化的產品不像傳統軟體發展，一下子刻光碟就推出。我們永遠是Beta版本，要快速地去升級，可能每兩、三天一個版本，這就要不斷地改動，而且不斷地聽論壇、用戶的回饋，然後決定你後面的方向。因此，產品經理要把自己當成一個挑剔的用戶。」

張小龍的解釋則更有趣：「那就是瞬間變成『白癡級使用者』的速度。」

他半開玩笑地對我說，賈伯斯能在1秒之內讓自己變成「白癡」，我們當然不如他，但一定要讓自己變成「白癡」。

第一次公開闡述產品觀

2008年10月，就在向QQ郵箱團隊頒發騰訊創新大獎的頒獎會上，時任聯席CTO的熊明華對馬化騰說：「你能不能進行一次演講啊？」小馬哥一臉為難，熊明華笑著說：「我來給你備『原料』吧。」

後來的幾天，熊明華讓人根據馬化騰和廣州研發院在研發QQ郵箱過程中提出建議的1000多份郵件總結成一個PPT，「逼」著馬化騰在公司的產品技術峰會上做了一個演講，結果「他講得非常成功」。

馬化騰的演講稿在網上流傳甚廣，這也是他第一次在半公開場合系統性地闡述自己的產品觀。

關於「核心能力」：

任何產品都有核心功能，其宗旨就是能幫助到用戶，解決用戶某一方面的需求，如節省時間、解決問題、提升效率等。核心能力要做到極致。要多想如何通過技術實現差異化，讓人家做不到，或通過一年半載才能追上。

很多用戶評論QQ郵箱時說用QQ唯一的理由是傳檔快、有群，那這就是我們的優勢，我們要將這樣的優勢發揮到極致。比如離線傳檔，以郵件方式體現就是一個中轉站，即使是超大的檔也不困難，關鍵是要去做。雖然真正使用的用戶並不一定多，但用戶會說，我要傳大檔，找了半天找不

到可以傳的地方，萬般無奈之下用了很「爛」的QQ郵箱，居然行了，於是我們的口碑就來了。

談到核心的能力，首先就要有技術突破點。我們不能做人家有我也有的東西，否則總是排在第二、第三，雖然也有機會，但缺乏第一次出來時的驚喜，會失去用戶的認同感。這時候，你第一要關注的就是你的產品的硬指標。在設計和開發的時候你就要考慮到外界會將它與競爭對手做比較。

要做大，你首先要考慮的就是如何讓人家想到也追不上。這麼多年在互聯網資料中心上的積累我們不能浪費，比如高速上傳和都會區網路中轉站，接著可能又會發現新的問題，如果不是郵件，在IM上又該怎麼實現。我們的目的是要讓使用者感到超快、飛快，讓用戶體驗非常好，這些都需要大量技術和後台來配合。

產品的更新和升級需要產品經理來配合，但我們產品經理做研發出身的不多。而產品和服務是需要大量技術背景支援的，我們希望的產品經理是非常資深的，最好是由做過前端、後端開發的技術研發人員晉升而來。好的產品最好交到一個有技術能力、有經驗的人員手上，這樣會讓大家更加放心。如果產品經理不合格，讓很多兄弟陪著幹，結果發現方向錯誤，這是非常浪費和挫傷團隊士氣的。

關於「口碑」：

個性化服務，並不是大眾化服務，但也是要取得口碑的。

一個產品在沒有口碑的時候，不要濫用平台。我們的產品經理精力好像分配得很好，50%產品、50%行銷，當然，如果你在基礎環節控制得好，這樣當然可以。但多數情況下我們的人第一點都做不好。如果你的實力和勝算不到70%、80%，那麼就把精力放在最核心的地方。當你的產品已經獲得良好口碑，處於上升期後再考慮這些。

　　產品經理要關注最最核心、能夠獲得用戶口碑的戰略點，如果這塊沒做透，結果只會讓用戶失望，然後再花更多的精力彌補，這是得不償失的。當用戶在自動增長（用戶會主動推薦朋友來使用我們的產品），就不要去打擾用戶，否則可能是好心辦壞事。這時，每做一件事情，每加一個東西都要很慎重地考慮，真的是有建設性地去增加產品的一個口碑。當用戶口碑壞掉後，要再將用戶拉回來就很難。

　　增加功能，在管理控制功能上也要有技巧。在核心功能做好後，常用功能是要逐步補齊的。產品在局部、細小之處的創新應該永不滿足。做為一個有良好口碑的產品，每加一個功能都要考慮清楚，這個功能給10%的用戶帶來好感的時候是否會給90%的用戶帶來困惑。有衝突的時候要聰明，分情況避免。每個功能不一定要用得多才是好，而是用了的人都覺得好才是真正的好。

　　做產品開發的時候需要有較強的研發機制保證，這樣可以讓產品開發更加敏捷和快速。就算是大項目也要靈活。不能說等3個月後再給你東西看，這個時候競爭對手已經跑出

去不知道多遠了。

做產品要做口碑就要關注高端用戶、意見領袖關注的方向。以前，我們的思路是抓大放小，滿足大部分「小白」用戶（編注：指菜鳥用戶，對什麼都不懂的人）的需求。但是現在來看，高端用戶的感受才是真正可以得到口碑的。

關於「不斷體驗」：

產品經理要把自己當成一個「最挑剔的用戶」。我們做產品的精力是有限的，交互內容很多，所以要抓最常見的一塊。流量、用量最大的地方都要考慮，要規範到讓使用者使用得很舒服。要在感覺、觸覺上都有琢磨，有困惑要想到去改善，如滑鼠少移動、可快速點到等等。

開發人員要用心思考產品，而不是用公事公辦的態度。你要知道用戶、同行會關注你的產品，在這種驅動下開發人員要有責任心去主動完成。不能說等到產品都做好了，流水線一樣送到面前再做。40% 到 50% 產品的最終體驗應是由開發人員決定的。產品人員不要嫉妒有些工作是開發人員設計的，只有這樣才是團隊共同參與，否則出來的產品一定會慢半拍。

關於「細節美學」：

像郵箱的「返回」按鈕放在哪兒，放右邊，還是左邊，大家要多琢磨，怎麼放更好，想好了再上線測試。對同一個用戶發信，在此用戶有多個郵箱的情況下如何預選最近用的一個帳號，這些需求都很小，但你真正做出來了，用戶就會

說好，雖然他未必能說出好在哪裡。

開發的產品要符合用戶的使用習慣，如更多人在寫郵件的時候習慣用鍵盤操作來拷貝東西，雖然實現起來有些技術難度，但也是可以解決的。還有對滑鼠回饋的靈敏性、便捷性等方面也是一樣。

在設計上我們應該堅持幾點：

1、不強迫用戶

2、不為1%的需求騷擾99%的用戶

3、淡淡的美術，點到即止

4、不能刻意地迎合低齡化

在產品的總體構架及運營上，則可以採用下述的策略：

1、交互功能：「Don't make me think！」（別讓我思考！）

2、美術呈現：「盡可能簡單。」

3、產品設計：「讓功能存在於無形之中。」

4、運營要求：「不穩定會功虧一簣！」

5、總體要求：「快速、穩定、功能強、體驗好！」

6、發現需求：勤看BBS和Blog。

馬化騰的這場演講儘管「以QQ郵箱的用戶體驗」為題，然而卻包含了他幾乎所有的產品哲學，其中提及的很多概念，比如「口碑創造」「速度」「極致」「細節」「單點突破」等等，在後來都成為互聯網產品的標竿性語言。

在相當長的時間裡，中國的互聯網企業家們往往闊談趨勢、戰略、時代責任，卻從來沒有人以「產品經理」的姿態，對產品本身進行如此專注和顛覆性的闡述。2008年的馬化騰，還羞於在大眾面前公開演講，不過，他在這次演講中確乎創造了一種清新的話語模式，它將在幾年後成為氾濫的流行。

大數據下的回饋體制

在馬化騰這位「郵件狂人」的親力推動下，「小步快跑，試錯迭代」「親近用戶，體驗第一」的產品哲學滲入了騰訊的靈魂之中，在張志東和熊明華等人的協助下，騰訊進而形成一個制度化、平台型的產品檢測、回饋體系。

從2005年開始，馬化騰要求各條業務線的主管每天給他和張志東發送一封反映業務指標數字的郵件，內容包括：包月用戶是多少？增加了多少？減少了多少？跟上週同日比，或者說是跟上個月同日比，分別升跌了多少？有什麼異動？

「這個是需要每天都去關注的東西，如果說你做為管理者不去看這些東西，或者很久才看一下的話，中間會錯過很多東西，或者說你反應速度會慢很多。」馬化騰說。

2008年，馬化騰把數字經營的理念引入騰訊門戶網站的運營管理中，「原來的廣告就有點粗放，往往都是季度末才開始衝業績、找代理，今年開始就每天都有一封信，上面有

廣告資源消耗多少，黃金位置消耗了多少等。為什麼會這樣？過去他們還沒有建立這樣的體系，今年我們就開始要求他們每天要看，所有的網路媒體、廣告銷售部門的領導班子，每人一封信都會看到這個數字。培養數字運營的感覺，這是很重要的。這樣大家就不會人浮於事，到最後找各種理由來推託。有什麼事應該早知道，要多問。希望靠這種思路能夠把我們每一塊業務都帶起來」。

為了解答用戶體驗的一個終極問題「用戶到底需要什麼」，騰訊專門建了一個祕密武器：Support產品交流平台。Support是一個海量用戶與產品經理直接交流與溝通的平台，產品經理通過每天在自己的產品交流版面上的流覽，來獲取用戶的需求與想法。通過「我要說一下」，讓用戶自己來說。

騰訊甚至把各個產品線上的用戶體驗人員，全部拎出來成立了一個公司級的部門，也就是用戶體驗與研究部，從戰略性的高度來建設，剛開始是十幾個人，後來達到近百人的規模。在產品正式推出後，真正海量的用戶體驗收集才開始。每一款產品，騰訊都專門提供官方部落格、產品論壇等用戶回饋區。為了獲得更多用戶回饋，騰訊甚至在最顯眼的地方設置了一個「回饋」按鈕。而其他公司的產品論壇，很少能像騰訊這樣將其上升到戰略高度。

在成為用戶最多的互聯網公司後，騰訊所掌握的用戶資料量日益豐富，挖掘這些資料成為騰訊後來在多元業務擴展時屢試不爽的重武器。有分析人士甚至說，「資料探勘」才

是騰訊最具門檻性質的技術。資料探勘的更深層部分是騰訊在互聯網資料中心上的積累，比如高速上傳、大容量郵件傳輸的後台及基礎技術支援。2007年，騰訊成立了騰訊研究院，研究院共有六大研究方向，其中，通過資料探勘發現用戶的回饋與需求正是其中之一。

據張志東介紹，在2014年前後，資料探勘還有一個特種部隊：T4專家組。T4就是專家工程師，在騰訊的技術職業路徑裡，一共分6級，從T1（工程師）到T6（首席科學家），T4是一個中流砥柱般的存在，必須做過億次級的用戶量級才能當選。一旦遇到重大的產品難題，由T4組成的特別小組就會加入，他們億次級用戶量級的經驗將發揮作用。

對用戶的資料探勘在騰訊網路遊戲的崛起中發揮了大作用。

騰訊從2003年開始運營網路遊戲，曾遭遇挫折，直到2008年，騰訊才在多個細分市場找到了合適的韓國遊戲作品。在代理韓國遊戲的過程中，騰訊提出要介入所代理遊戲的研發。例如，騰訊根據對「穿越火線」用戶的探勘資料認為，原韓方設計的子彈射出後效果逼真，但對中國用戶並不合適。用戶對騰訊設計出的「比較爽快的、節奏快的、鮮明的」彈道設計更加興奮。而最後的結果顯示，騰訊是對的。

第十三章
轉折：3Q大戰

有時從空氣中能發現重大的事件。

——司馬遼太郎（日本小說家）

在南極圈裡，只有企鵝能夠生存。

——中國互聯網的流言

暴風雨來襲的氣息

　　到2009年前後，幾乎所有來中國考察互聯網的美國人，往往最後一站都會南下，飛到深圳考察騰訊公司。這是因為，在一開始的行程安排中並沒有這家企業，然而，在每個網站的訪問中，都會不斷地有人對他們提及騰訊、騰訊、騰訊。於是，深圳便戲劇性地成為最後的、計畫外的一站。

　　從資料和影響力來看，騰訊也從2009年起扮演了征服者的角色，也正是從此時開始，騰訊站在了暴風雨的中央，而它自己並未察覺。

　　2009年第二季，騰訊遊戲的營收首次超過盛大，成為新晉的「遊戲之王」。該年騰訊遊戲營收為53.9億元，市場占比由2007年的6％猛增到20.9％。在業績增長的刺激下，騰訊的股價在2010年1月突破了176.5港元（拆股前的價格），市值達到2500億港元，一舉超越雅虎，成為繼Google、亞馬遜之後全球第三大互聯網公司。

　　在摩根史坦利發布的一份年度「全球互聯網趨勢」報告中，騰訊成為唯一一家被屢次提及的中國企業。在創新能力一項上，騰訊排在蘋果、Google和亞馬遜之後，位列第四，超過了微軟、Sony和PayPal。騰訊入選的原因是「在虛擬物品銷售和管理能力上的巨大成功」。摩根史坦利中國區的董事總經理季衛東對騰訊的商業模式十分讚賞，在他看來，以社群為中心的騰訊模式是贏家通吃的最好例子。他說：「我

們都在給騰訊打工。」

2010年3月5日晚上，騰訊大廈的底層大廳人頭攢動。

19點52分58秒，大螢幕顯示，QQ同時上線用戶達到1億人，現場掌聲雷動，此刻距離QQ上線的1999年2月10日，過去了整整11年。2006年7月，當QQ同時上線用戶數超過2000萬時，聯席CTO熊明華曾經問馬化騰：「你估計什麼時候可以超過一個億？」馬化騰回答說：「也許在我有生之年看不到。」然而，奇蹟竟然不期而至。

2010年4月22日，在珠海海泉灣，騰訊召開由400多人參加的戰略管理大會，主題為「平台互融，專業創新」。馬化騰在主題發言中闡述了自己對互聯網的看法以及騰訊的策略。

根據他的判斷，中國互聯網已經告別門戶時代，進入新的競爭階段，在剛剛過去的3月份，Google宣布退出中國市場，百度成為最大獲益者，而阿里巴巴在過去的兩年多裡，成功地實行了戰略重點的轉移，淘寶網替代以往的B2B業務，成為新的增長點。由此，騰訊、百度和阿里巴巴分別把住了最重要的三個應用性入口。

在馬化騰看來，中國互聯網的第二次「圈地運動」即將結束，圈完之後怎樣耕耘是下一步的戰略重點，騰訊必須在圈到的地上布局建設，開始深層次競爭。

在這種新環境之下，馬化騰提出了兩個戰略要求：

第一，圍繞「一站式線上生活」，迅猛拓展業務範圍，

加大在搜尋、安全、移動互聯網以及微博上的投入，爭取在亂局中奪取更多的占比。

第二，騰訊內部各業務單元需建立新的協作機制，靈活機動打破「部門牆」。

在發言中，馬化騰一再表達了對「大企業病」的擔憂，在他看來，騰訊此時正處在最有利的發展通道中，因此，最大的危機不在外部競爭，而在內部協調。他說，在未來的一年裡，所有管理者都要思考「如何通過自身業務將平台間的優勢整合在一起，並實現各自所在領域中的專業深度和前瞻創新，最終迸發出公司整體實力的成長」。

馬化騰的講話，概括而言就是「出外搶地盤，對內重協調」，這是一個充滿了攻擊性的戰略布局，表明騰訊將繼續「以天下為敵」。這一積極、樂觀的情緒，傳染到了整個騰訊管理層，所有人都沉浸在創世紀般的喜悅中，沒有一個人嗅到了暴風雨來襲的氣息。

這場暴風雨的確不容易察覺，因為它首先表現為一種彌漫中的情緒。

在互聯網叢林裡，日漸強大、無遠弗屆的騰訊正膨脹為一個巨型動物，它的存在方式對其他的生物構成了巨大的威脅。在2010年的中報裡，騰訊的半年度利潤是37億元，百度約13億元，阿里巴巴約10億元，搜狐約6億元，新浪約3.5億元，騰訊的利潤比其他4家互聯網的總和還要多。

種種對騰訊的不滿如同帶刺的荊棘四處瘋長，如同風暴

在無形中危險地醞釀，它所造成的行業性不安及情緒對抗，在一開始並不能對騰訊構成任何的傷害，可是，聚氣成勢，眾口鑠金，危機就會在最意料不到的地方被引爆。

企鵝帝國的「三宗罪」

對騰訊的不滿，歸結為三宗罪：「一直在模仿從來不創新」「走自己的路讓別人無路可走」「壟斷平台、拒絕開放」。

自從在2006年被譏嘲為「全民公敵」之後，騰訊的「抄襲者」名聲便如江湖耳語一般四處流傳。在很多人看來，騰訊QQ擁有大量的黏性用戶，所以它完全不在乎與其他網路產品在內容形式上撞車；相反地，其他產品商卻需要避免這種情況的發生，儘量與騰訊的產品區別開來。

在風險投資界甚至流傳這樣的一個說法：當一位創業者向投資人解說自己的項目時，必須要回答一個問題：騰訊會不會做這個項目？或者，如果騰訊進入，你如何保證不被「幹掉」？如果這兩個問題無法回答，那麼，投資風險就很大。一位投資人唏噓道：「很多人想要知道在馬化騰的筆記本上，下一步要做什麼，以避免與他在半途相遇。」

在業界領袖中，第一個公開把馬化騰叫做「抄襲大王」的是「中文之星」的開發者、新浪網創始人王志東。在中國互聯網早期，王志東是最著名的產品經理和創業者之一。2001年因業績不佳被迫離開新浪之後，他創辦點擊科技，

2006年6月開發出Lava-Lava即時通訊工具，成為騰訊的直接競爭對手。

王志東在接受記者採訪時，把騰訊與微軟相提並論，認為馬化騰與比爾‧蓋茲是中國和美國兩個最有天分的抄襲者，他說：「馬化騰是業內有名的抄襲大王。而且他是明目張膽地、公開地抄。」不過有趣的是，王志東在接下來的訪談中表示自己將學習馬化騰的「抄襲精神」：「Lava-Lava 80%是在吸收業內主流產品的各個特點，不僅僅是騰訊、MSN，甚至其他的非IM產品提出的一些觀念也被引入進來……被別人抄的同時，我也要積極地去抄，合理正當地去抄襲，而且不只抄一家，應該家家都抄。在早期，抄是最好的一個辦法」。

在商業的世界裡，抄襲是一個歧義詞，有時候它是一個道德名詞，有時候是一個法律名詞，更多的時候，它是競爭的代名詞。

自王志東之後，因為競爭，幾乎所有業界領袖都在不同的時期和場合，指責騰訊為「抄襲者」。馬雲認為騰訊的拍拍網是抄淘寶網，「現在騰訊拍拍網最大的問題就是沒有創新，所有的東西都是抄來的」；李彥宏認為搜搜幾乎就是百度的臨摹者；連馬化騰昔日的好友丁磊也反目成仇，公開指責「馬化騰什麼都要抄」。

2008年8月，廣州的《羊城晚報》在一篇題為〈解讀騰訊：馬化騰的精明在哪裡〉的報導中寫道：「外界在評價騰

訊時，總免不了加上一句『模仿的勝利』。騰訊在一刻不停地模仿，它從中嘗到了甜頭，並一發不可收拾。」這篇報導還引用了馬化騰在接受採訪時的回答：「坦率講，中國現在的互聯網模式基本上是從國外過來的，沒有說太獨特，是自己原創的。畢竟商業模式你很難苛求去原創，因為本來就這麼幾種，關鍵看誰做得好。」在後來的幾年裡，馬化騰一直對外表達類似的觀點，2010年年初，他在一次接受《21世紀經濟報導》的採訪時說：「只是說我們從事了別人做過的行業，並沒有證據證明我們是抄襲。如果真的是抄襲的話，法律上我們早就已經被告倒了。」

另外一個讓騰訊很被動的指控是「以大欺小」。

《環球企業家》在一篇關於「QQ農場」的報導中寫道：「業界普遍認為，五分鐘公司接受這筆交易，是因為如不就範，很容易被騰訊自行開發的同類遊戲狙擊，它也沒有能力面對數億用戶做運營；而當騰訊通過這款社交遊戲賺進大把鈔票，『五分鐘』的主要收益還是騰訊最初支付的一次性費用。」做為一家大學生創業公司，五分鐘公司在後來沒有開發出更好的產品，竟而落到了瀕臨解散的窘境，這無疑更是加大了悲情的氣息。

2010年4月底，媒體上又爆出一起「UC手機流覽器疑似遭到騰訊方面封殺」的「霸道」事件。一些UC用戶在網上論壇發帖反映：當他們用UC流覽器登錄騰訊的「QQ農場」時，系統會將用戶等級降低，很多用戶不得不用騰訊自己開

發的QQ流覽器來上網「偷菜」。騰訊隨後就這一問題給出了官方解釋，用戶被降級是由於他們發現用戶在「QQ農場」中使用了非法程式。

這一解釋讓UC流覽器的開發人、優視科技CEO俞永福十分憤怒，他向媒體投訴說，UC是一款標準的流覽器，其Flash增強型外掛程式相當於在電腦上安裝Adobe Flash播放機，而非協力廠商輔助軟體，UC技術採用的雲端計算架構是騰訊同樣在採用的技術方式，也與「非法程式」無關。

即便在騰訊內部，對「用戶降級事件」也有不同的聲音。在劉成敏負責的無線業務部門看來，UC流覽器是QQ流覽器最大的競爭對手，利用「QQ農場」這一獨家熱門產品，對之進行打擊以提高自己的市場占比，自是分內之舉。可是在吳宵光負責的互聯網業務部門，UC是他們的合作夥伴，之前已經與優視科技達成合作意向，約定擁有QQ空間黃鑽的用戶可以通過UC流覽器「偷菜」，可是無線業務部門的介入消解了黃鑽用戶的特權。

這一內部分歧體現了騰訊在業務合作上的兩個困境：其一，騰訊兼具平台運營商和產品供應商兩種角色，如同裁判員與運動員合為一身，當自身平台或產品與外部企業發生競爭性衝突時，如何處置勢必成兩難選擇；其二，騰訊擁有多個億級平台，業務交叉推進，內部協調已是困難，一旦涉及外部合作，自然更是掣肘橫生。

輿論突襲，深受同業圍剿

對騰訊壓抑已久的不滿，終於以一種非常戲劇化的方式被釋放了出來。

2010年7月24日，各大網站突然被一篇檄文般的長文覆蓋，它的標題十分血腥，且還爆出粗口──〈「狗日的」騰訊〉。這是兩天後正式發行的《計算機世界》週報的封面文章，被提前貼到了網上，在同時曝光的週報封面上，圍著紅色圍巾的企鵝身上被插上了三把滴血的尖刀。

記者許磊寫道：「在中國互聯網發展歷史上，騰訊幾乎沒有缺席過任何一場互聯網盛宴。它總是在一開始就亦步亦趨地跟隨，然後細緻地模仿，然後決絕地超越……實際上，因為騰訊在互聯網界『無恥模仿抄襲』的惡名，使得騰訊全線樹敵，成為眾矢之的。當愈來愈多的互聯網企業開始時時提防著騰訊的時候，騰訊將不再像以前那樣收放自如。」

在這篇報導中，記者描述了業界對騰訊的種種恐懼之情：

──7月9日，騰訊QQ團購網上線，這讓美團網CEO王興如聞驚雷，也如坐針氈。3月初上線的美團網是中國第一家團購網站，創立僅僅4個月，已經能夠盈虧平衡。而就在這時候，一直悄無聲息的騰訊殺了進來，這讓王興完全猝不及防，也讓處於草創時期的數百家團購網站倒吸了一口涼

氣。

——同樣是在 7 月初，騰訊旗下小遊戲平台 3366.com 上線公開測試，它在遊戲種類和網站設計上與市場上的另一家小遊戲平台 4399.com「幾無二致」，後者的月營收已達 3000 萬到 5000 萬元，正在籌備國內 A 股上市，而騰訊的參戰將可能讓此計畫「永遠擱淺」。

——在棋牌遊戲大戰中一敗塗地的鮑嶽橋離開聯眾之後，成為一名天使投資人。他告訴記者，現在他做投資的原則之一就是：只做騰訊不會做、不能做的項目。所以 3 年來，他絕對不碰遊戲，已經投資的醫療器械和資料存儲專案都跟騰訊毫無關聯。

——在各大視頻網站因為版權打得不可開交、頻頻對簿公堂之時，同樣有一種聲音在業內流傳：無論你們現在打得多歡實，等市場培育得差不多了，就該輪到騰訊來收場了。事實確實如此，QQLive 的平台早就搭好了，拚版權，中國的互聯網公司誰敢說自己比騰訊更有錢？

「只要是一個領域前景看好，騰訊就肯定會伺機充當掠食者。它總是默默地布局、悄無聲息地出現在你的背後；它總是在最恰當的時候出來攪局，讓同業者心神不定。而一旦時機成熟，它就會毫不留情地劃走自己的那塊蛋糕，有時它甚至會成為終結者，霸占整個市場。」許磊用一種近乎絕望的口吻寫道。他還在報導中引用了新浪網總編陳彤在 6 月 29

日對騰訊的「匿名詛咒」:「某網站貪得無厭,沒有它不染指的領域,沒有它不想做的產品,這樣下去物極必反,與全網為敵,必將死無葬身之地。」

根據許磊的採訪所得,他認定騰訊的核心能力就是「抄襲」。「騰訊從來不做第一個吃螃蟹的人,卻總能在成熟的市場中找到空間,橫插一竿子。然而它選擇的路徑也使其飽受爭議,那就是模仿,有時甚至是肆無忌憚地『山寨』。從模仿ICQ推出自己的第一款產品OICQ(騰訊QQ的前身)開始……無一不是山寨貨,這也是騰訊遭人恨的根本原因。」記者還引用了DCCI互聯網資料中心主任胡延平對騰訊創新能力的質疑,說它不僅不是卓越創新者,反倒是中小互聯網企業的「創新天敵」。

《計算機世界》的這篇報導在雜誌正式發行前兩天便被貼到了中國的每一個門戶網站上,它如同一篇不容爭辯的「檄文」,讓騰訊陷入空前的輿論圍攻之中。一位騰訊高層主管對我回憶了馬化騰讀到這篇報導時的反應:在緊急召開的總裁辦公會上,眾決策人面前都擺著一份影本,在長達一刻鐘的時間裡,沒有人發言。最後,馬化騰開口了,他喃喃自語:「他們怎麼可以罵人?」

在那次總裁會上,沒有人提出一個有效的應對策略,大家都把注意力放在動機的猜測上:「原本應該7月26日才上街的週報,為什麼會提前兩天就被掛到了網上?這是誰幹的?」在公關部的安排下,騰訊在7月25日當天晚上10點半

就發表了一則「公司聲明」，內稱：「《計算機世界》做為專業媒體，竟然在未對騰訊進行任何採訪的情況下，用惡劣粗言對待一家負責任的企業，用惡劣插畫封面來損害我們的商標和企業形象……對於這種行為我們嚴正譴責，並保留追訴其法律責任的權利。」

很顯然，這是一則空洞而缺乏實質性內容的聲明，它表明騰訊並沒有做好如何應對輿論危機的準備。有人觀察到一個細節，騰訊官網中的這則聲明並沒有提供評論入口，即不讓大家在騰訊自己的地盤對這則聲明說三道四。

隨後幾天，從公關部監測到的「輿情」來看，最可怕的事情似乎並沒有發生，互聯網業界的那些有頭有臉的名人或意見領袖們都沒有「火上澆油」。

蔡文勝是〈「狗日的」騰訊〉一文中提及的小遊戲平台4399.com的投資人，他在自己的微博中寫道：「說實話，指責騰訊山寨並沒有意義，很多企業也是山寨出身，只是騰訊把山寨精神做到極致。如果我們認為騰訊神話不可戰勝，只會是自己嚇唬自己，沒有任何幫助的。」

另一位著名的天使投資人雷軍的微博是這樣寫的：「假如騰訊強大的代價是扼殺了產業的創新、破壞了產業的生態鏈，那麼等待騰訊的可能和IBM、微軟一樣：反壟斷法和反不公平競爭法。」一直對騰訊的創新能力不以為然的互聯網專家謝文的觀點則是：「現在的騰訊很像2003年的美國雅虎，攻城掠地，威風八面。但是，看看今天的雅虎，就知道

沒有創新，特別是沒有深度的、全面的、平台性的創新，就無法持續領先。」

在馬化騰看來，這些觀點都在可接受的範圍內，〈「狗日的」騰訊〉已是最高級別的攻擊了，以後的工作是「如何消解此次報導的『負面效應』」。他沒有料想到的是，一次更為精準和兇猛的攻擊已在暗處蓄勢已久，它正在奔襲而來。

宿敵攻其不備

在「狗日的」事件之後，騰訊似乎並沒有意識到更嚴重的危機逼近，甚至從表面上看，它彷彿鮮衣怒馬，大殺八方。

在上海舉辦的第41屆世界博覽會上，騰訊做為「唯一互聯網高級贊助商」風光一時，它得到了不少獨家的新聞資源，卻引起一些網站的不滿。2010年8月，一年一度的互聯網大會在北京舉辦，由於主辦方中國互聯網協會給予了騰訊過多的「展示資源」，引起其他互聯網企業的極大不滿。媒體報導稱：「騰訊花了120萬元得到主辦方的各種『特殊』資格及報導資源，包括本屆互聯網大會的官方戰略合作門戶、官方指定獨家合作新聞中心以及官方指定獨家合作微博等。騰訊在會場內外包下12塊大螢幕，用於播放騰訊對此次互聯網大會的報導及騰訊的相關內容。新浪、搜狐不滿騰訊

『霸道』，欲退出逼宮互聯網大會。」在8月13日大會召開當日，新浪、搜狐兩大新聞門戶果然拒絕進行報導，曹國偉、張朝陽、馬雲及陳天橋等往年必到嘉賓也紛紛缺席。

中國的古人曾經發明過很多形容詞來描述強者的窘境，比如「木秀於林，風必摧之」「至剛易折，上善若水」，此時的騰訊確乎處在了「獨秀」與「易折」的處境，否泰轉換乃世事最為尋常的輪迴，無非當事者往往渺然其中而已。對環境危機缺乏敏銳性的騰訊注定將遭遇一次致命的攻擊，其唯一的懸念僅僅是，誰將是攻擊的發動者以及它將以怎樣的方式、從哪個角度發起攻擊。

這時候，輪到那個比馬化騰年長一歲的湖北人周鴻禕出場了。在2010年的9月到11月，他所創辦的奇虎360公司與騰訊展開了一場轟動一時的用戶爭奪大戰，時稱「3Q大戰」。

在此之前，周鴻禕與馬化騰的第一次見面是在2002年9月的第三屆「西湖論劍」上。面對周鴻禕的調侃，小馬哥無言以對。在此之後，周鴻禕似乎就撞上了「霉運」，包括2003年，3721公司被雅虎收購，3721改名為「雅虎助手」，周鴻禕被任命為雅虎中國區總裁，然而他那種我行我素的性格在掣肘頗多的國際公司中實在無法適應。到了2005年8月，隨著百度在那斯達克上市，雅虎在中國搜尋市場上的地位被持續削弱，楊致遠終於失去了耐心，雅虎中國被做為交易籌碼「下嫁」給了阿里巴巴。周鴻禕與性格同樣戲劇化的

馬雲水火不容，關係迅速惡化。幾個月後，周鴻禕出走雅虎，先是以投資合夥人的身分加盟IDG，隨即又退出，成為天使投資人，先後投資了火石、迅雷、康盛創想等互聯網企業。到了2006年3月，他出任奇虎董事長，開始二次「創業」。

奇虎早期的主營業務是做一個問答網站，周鴻禕投入巨大，卻收效慘澹。此後，他聚焦於奇虎內部的一個不起眼的小產品——360安全衛士，決定專注於防毒領域。當時，中國的互聯網幾乎是一個被流氓軟體統治的世界，由周鴻禕等人開創的外掛程式模式正傳播得如火如荼。在用戶不知情乃至不情願的情況下，大量的「流氓軟體」被強行安裝進用戶電腦，其技術水準之高，一度連IT高手都無法卸載。在那一時期，用戶必須每隔3個月就重裝一次系統，而重裝的過程有可能是新的流氓軟體入侵的過程。在這一市場背景下，在中國的第三方防毒軟體市場，周鴻禕是流氓軟體的「教父」之一，製毒者反身成為一位防毒者。

從2007年起，奇虎推出360防毒軟體測試版；2008年下半年，周鴻禕突然宣布360防毒軟體永久免費，與此同時，360悄然進入流覽器市場。[4]

很顯然，免費戰略起到了奇效。在2008年，360流覽器

作者注4：在2008年年底，《長尾理論》作者克里斯‧安德森（Chris Anderson）出版《免費！揭開零定價的獲利祕密》一書，宣稱「資訊技術的顯著特徵是，在互聯網上，任何商品、產品和服務的價格都有一種逐漸趨近於零的趨勢」。此書於2009年9月被引進中國。

的用戶數為1800萬，一年後，這個資料就增長到了1.06億，周鴻禕硬是在一個不被巨人看到的小市場裡撐出了一個億級規模的流量空間。到了2010年前後，360通過開放平台，引入網頁遊戲、團購網站、軟體及應用等眾多第三方合作夥伴，實現了出人意料的收入，其網路服務收入達到5300萬美元，淨利850萬美元。在安全需求上的單點突破，讓360迅速覆蓋電腦客戶端。

在2010年年初，已然坐擁億級用戶，卻在一個偏僻之角，不為人所關注的周鴻禕已經在考慮如何進擊「中原」，他是一個攻擊性極強的人，渴望功名與榮耀。在一開始，周鴻禕的首選攻擊物件是百度，源於當年3721及雅虎中國在搜尋市場上完敗於百度的前恥。在他看來，此敗非戰之罪，而是腐朽的國際公司在決策及執行上的無能所導致。因此，周鴻禕在公開場合從來不掩飾他對李彥宏的不忿，常常指名道姓地予以嘲諷和指斥。而他確乎也找到了百度的弱點：無底線的競價排名，特別是在醫療產業，一大批福建莆田人創辦的劣質醫院禍害民間。周鴻禕要「替天行道」，開發出一個基於口碑的搜尋排名工具。

這一「行俠行為」的背後其實有著十分驚險的商業邏輯：360一旦成為百度競價排名的「道德篩選者」，後者無疑將淪為360的「次級平台」。在2010年開春後的一段時間裡，周鴻禕一直在對來訪者講述這個想法。

然而，到了2010年春節後，騰訊在安全軟體市場上的頻

繁舉動，讓周鴻禕突然轉變了攻擊點。

汙名化攻擊突如其來

在騰訊的產品版圖上，安全軟體是一個不被重視的小角色，就如同在一家大機構裡，你從來不會把守衛室當成戰略部門。

最初誕生於2006年12月的QQ醫生是為防範QQ帳號被盜而推出，它被嵌入在QQ 2006登錄框中，幫助用戶快速掃描，以確定無盜號木馬，這是一款「專業查殺QQ盜號木馬」的工具。在其後的幾年裡，QQ醫生經歷幾次更新，但都毫不起眼，無驚人之舉。

到了2009年11月11日，QQ醫生推出3.1版本產品，新增用戶回饋專區，支援介面換膚，僅僅10天後，QQ醫生3.2版本發布，推出諾頓防毒軟體半年免費特權。在外界看來，3.2版本的介面及功能酷似360，似乎騰訊又一次在施展它的後發戰略。到了2010年春節期間，QQ醫生利用QQ平台發動了一次強勢推廣，市場占有率迅速提高。

這一切使周鴻禕敏銳地意識到了威脅，一些正在休假的員工被緊急召回，也是從這時開始，騰訊替代百度，成為周鴻禕真正的心頭大患，一個正面戰場的局面日漸變得清晰起來。

隨後的幾個月裡，騰訊的「小步快跑，試錯迭代」戰略

讓周鴻禕在應對上愈來愈吃力。

2010年5月31日，騰訊將QQ醫生升級至4.0版，並更名為「QQ電腦管家」，新版軟體將QQ醫生和QQ軟體管理合二為一，增加了雲查殺毒、清理外掛程式等功能，由此全面涵蓋了360安全衛士的所有主流功能，其用戶體驗與360幾乎一致。到了9月22日中秋節，QQ電腦管家再次升級，又增加系統漏洞修補、安全防護、系統維護等功能。到這時，雙方的矛盾日益變得難以調和。

騰訊攻占防毒市場，在很多業界觀察家看來一點也不陌生，如果不出意外的話，QQ電腦管家將首先在QQ體系內完成對360安全管家的替代，這意味著後者將被驅逐出中國最大的社交使用者網路，然後，前者有可能進而對外滲透，做為一個獨立的安全軟體產品直接威脅360的生存。

「360會成為QQ殺戮名單上的下一個犧牲者嗎？」在2010年的夏秋之際，這是很多人好奇的問題。在周鴻禕看來，此時的他處在「自衛反擊」的位置上。從競爭的角度分析，360有著先天的弱勢：戰鬥在對方的領地上進行，在技術上幾乎沒有決定性逆轉的可能，而且在資本、人力、用戶關係上，這都將是一場不對稱的戰爭。

日後，周鴻禕曾披露過一個細節：在9月上旬，他曾用簡訊的方式向馬化騰提出一個合作方案，即由騰訊投資360，360則「做出一個攔截百度的東西，先打它的醫療廣告，打掉它30%的收入」。周鴻禕還表示願意幫助騰訊投資

迅雷等其他互聯網公司，「其他的企業都建立在你的平台上，這樣既有創新，騰訊又仍然是第一大公司」。馬化騰拒絕了周鴻禕的建議，理由是「這些公司沒有價值」。

在求和不成的情景下，除了置之死地的兇猛之外，這位湖北人已無任何可以憑藉的武器。

接下來發生的情景出乎所有觀戰者的意料。

就在中秋節過後的9月27日，360突然發布直接針對QQ的「360隱私保護器」，同時在360網站上開設「用戶隱私大過天」的討論專題網頁，其中彙集了大量針對性的文章，標題都帶有強烈的譴責口吻，如「QQ窺探用戶隱私由來已久」「QQ侵犯用戶隱私」「QQ承認窺探用戶隱私」「QQ窺私目的」「請慎重選擇QQ」「多款軟體曝QQ窺私」等等。它們均以毋庸置疑的口吻譴責QQ在未經用戶許可的情況下偷窺用戶個人隱私檔和資料。同時，360還推出了「誰在偷窺你的隱私檔——傳圖得iPhone 4」的有獎曬圖活動。

在一篇題為〈360隱私保護器發新版，增加監測MSN、騰訊TM、阿里旺旺功能〉的文章中，作者寫道：「360隱私保護器的發布終於捅破了這層窗戶紙，該軟體的第一版針對網民投訴最多、用戶量最大的聊天軟體QQ進行監測，即時記錄QQ對用戶電腦隱私檔的窺視行為」，「據悉，目前已有數百萬網民下載使用了360隱私保護器，結果令人觸目驚心。從網友們貼在論壇、微博等各處的截圖中可以看到，QQ通常在運行數分鐘後就會訪問使用者硬碟的千餘個檔，

其中與聊天服務完全無關的專案動輒達到100項以上，包括大量用戶私人的圖片、文檔、網銀檔（網路銀行檔案）等隱私資料」。

在另外一篇標示為〈360隱私保護器〉軟體發展小組的部落格日誌中描述道：「360安全中心近期接到大量用戶投訴，稱某聊天軟體在未經用戶許可的情況下偷窺用戶個人隱私檔和資料。沒錯，這是事實」，「騰訊公司能否告訴廣大網民，目前曝出的大量QQ窺私行為，哪些是別人幹的？哪些是QQ自己幹的？實際上，這些行為都是QQ自己幹的。」

在揭露和譴責了QQ的「窺私行為」之後，360公司宣布「360隱私保護器」將能即時監測曝光QQ的行為。當用戶安裝了「隱私保護器」軟體後，在初始介面右側就可以看到一段提示：「個人電話、證件號碼、上網和聊天紀錄等隱私洩露事件大多與某些軟體偷窺電腦資訊有關，無數網民因此深受廣告騷擾、欺詐威脅」，「360隱私保護器會如實記錄某些軟體訪問用戶隱私資訊的可疑行為，並對可能洩露您個人隱私的操作做標紅提醒」，而當用戶使用隱私保護器對QQ軟體進行監測後，又會得到顯示「共有N個檔或目錄被QQ查看過，其中M項可能涉及您的隱私」。

360公司所推出的「隱私保護器」以及在網路上對騰訊的汙名化攻擊，如同投擲了一顆超級震撼彈，頓時引起QQ用戶的擔憂和恐慌。在一個公民社會中，隱私被視為人權保障的基本，若騰訊真的如同一位「老大哥」一樣日日窺視著

用戶的隱私，那麼，中國的互聯網顯然是一個邪惡的世界，騰訊自然罪不可赦。

輿論攻防，刀來劍往

周鴻禕選擇在9月27日推出「360隱私保護器」，並展開對騰訊的汙名化攻擊，是經過深思熟慮的，據他的說法，這也是向騰訊學來的。「騰訊每一次重大升級都會選在節假日之前，這往往讓對手措手不及。」十一國慶日結束後，當騰訊的高層主管們渡假歸來，發現整個互聯網已經充斥著對騰訊的辱罵和指責。

在騰訊的歷史上，儘管也遭遇過種種攻擊，可是從來沒有碰到過周鴻禕這樣的對手，他對輿論有天生的掌控和擴散能力，同時能夠在產品層面上實施有效率的主動反擊。

首先，周鴻禕有效地運用了新浪微博的平台，幾乎每一次的攻擊都是從他的個人微博開始的。他用生動煽情的文字，對騰訊極盡嘲諷之能事，這些微博以病毒傳播般的速度迅速地吸引了網民的眼球，這使得360以社交化的手法掌握了輿論的主動權，而這在之前的企業競爭中是非常罕見的。

其次，周鴻禕從一開始就「定義」了這場戰爭的性質，那便是「草根創業者對壟斷者的反叛」，他在微博中寫道：「3Q之爭，本質上不是360和騰訊的鬥爭，而是互聯網創新力量和壟斷力量的鬥爭，360在壟斷力量擠壓下找到一條生

路，也是為其他互聯網創業公司找生路。那就是，跟壟斷力量鬥爭，絕對不能傷害用戶利益，反而應該以增加用戶利益為目標。」「中國互聯網很亂，叢林法則，弱肉強食。就是因為中國的第一大互聯網公司不願意承擔社會責任，反而是以流氓的方式對待競爭對手。如果你是個創業公司，抄襲別人的產品，強制推廣一下自己的產品，別人也可以理解，因為生存是第一位的。但是，你每年收入200多億元，市值3000多億元，像團購這樣蒼蠅上的那點肉也都不放過，也要跟創業公司去搶。」

這樣的描述，非常符合公眾之前對騰訊形成的「觀感」，能夠引起強烈的情緒和道德共鳴。另據一些互聯網公司的創辦人日後回憶，在這一時期，他們都接到了周鴻禕打來的電話，開場白均是：「哥們兒，你知道你在業界裡的敵人是誰嗎？」

相對於360方面的主帥親自上陣和大打「道德炮彈」，騰訊的行動則顯得遲緩和陳舊得多。按當時馬化騰的性格，他不可能、也不願意在新浪微博上與周鴻禕打「口水戰」，而整個騰訊決策層也沒有一個人有這樣的能力和勇氣。騰訊公關部得到的指令是：「什麼也不許說，但不能出負面新聞。」

面對周鴻禕的超限戰術，騰訊發動了多個部門予以反擊，然而它們的策略仍然是常規的。

技術部門的反擊是「彈窗回應」：10月11日，騰訊在擁

有1億多線上用戶的QQ彈窗裡發表了〈QQ產品團隊嚴正聲明〉，稱：「某新推軟體指責QQ侵犯隱私一事，是對QQ安全功能的誤解，我們在此強調，騰訊QQ軟體絕對沒有窺探用戶隱私的行為，也絕不涉及任何用戶隱私的洩露。」為了顯示克制的風範，馬化騰在這個聲明中未對360指名道姓。周鴻禕當下也以彈窗回應，不僅指責騰訊用彈窗報復自己，還宣稱已掌握「最新證據」，QQ長期以「超級黑名單」方式掃描用戶硬碟獲取巨額利益。

　　法務部門的反擊是「依法提告」：10月14日，騰訊正式宣布向法院提告360不正當競爭，要求奇虎及其關聯公司停止侵權、公開道歉並做出賠償。針對騰訊的提告，360在第一時間做出三點回應，稱「各界對騰訊提出的質疑，騰訊一直回避窺探用戶隱私，這時候告360，除了打擊報復外，不排除是為了轉移視線，回避各界質疑」。

　　協作部門的反擊是「同盟呼應」：10月15日，國內兩大安全軟體企業金山和卡巴斯基參戰，指責360軟體存在重大安全性漏洞。10月27日，騰訊聯合金山、百度、傲遊、可牛等五大企業發布〈反對360不正當競爭聯合聲明〉，聲明說：「這家企業熱衷的不是保護用戶安全，而是打著安全的幌子，通過對用戶實施安全恐嚇和安全欺詐，達到誘導用戶安裝自己軟體、卸載同行軟體的目的，從而以此謀取不正當商業利益。」周鴻禕發微博表示：「360免費防毒顛覆了傳統收費防毒，所以遭到全業界嫉恨。」360則發聲明，宣稱「向

一切灰色利益和潛規則宣戰。不怕得罪任何廠商，哪怕是中國最大和第二大的互聯網巨頭」。更戲劇性的是，360還以彈窗的方式曝光「馬化騰享受深圳市的經濟適用房補貼（編注：中國政府於2007年推出的低收入住房補貼政策）」，此外還以網友的名義創作了一首「做人不能太馬化騰」的口水歌。不過，在這裡，360混淆了「經濟適用房補貼」與「高層次專業人才住房補貼」的區別。

「彈窗回應＋法律提告＋同盟呼應」，在騰訊看來，這已是「最高級別」的組合反擊了，可是讓人失望的是，這些行動無非再一次「證明」了騰訊在利用自己的資源和地位「以大欺小」。最為要命的是，自始至終騰訊都沒有從技術的角度向用戶解釋「為什麼沒有窺探隱私的行為」。在騰訊技術部門的人看來，「用技術的方式向普通的電腦用戶解釋隱私保護問題，實在太難了」。他們只想出了一個比喻的辦法，「好比航空公司的乘客經過安檢門時，機場會掃描乘客的行李，其目的是發現違禁用品，但絕不存在窺探隱私的目的和作為」。然而，這樣的比喻顯然是不夠的。

隨著雙方的刀來劍往，3Q之爭引起公眾和媒體的瘋狂關注，騰訊在交鋒中盡顯被動之態。讓馬化騰更加預料不到的是，周鴻禕接下來還有更致命的一招。

最艱難的決定

10月29日,因為氣氛實在太緊張了,幾乎所有的人都忘記了這一天是馬化騰39歲的生日,在潮汕人的習俗中,「過九不過十」,照往常是需要認真慶生一番的。然而,就在這一天,周鴻禕送出了一份猝不及防的「大禮」:360宣布推出一款名為「扣扣保鏢」的新工具。

「扣扣保鏢」宣稱能夠「全面保護QQ用戶的安全,包括防止隱私權洩露、防止木馬盜取QQ帳號以及給QQ加速等功能」。它能自動對QQ進行「體檢」,然後顯示「共檢查了40項,其中31項有問題,建議立即修復」。周鴻禕說:「扣扣保鏢的推出給用戶創造了價值,既然QQ這個IM工具不可取代,那為什麼我不做一個伴侶性的產品,讓QQ用戶感受更好呢?這樣用戶會更喜歡360,騰訊就不能把我趕走。」

然而,在騰訊看來,周鴻禕的這一招無疑是釜底抽薪。

29日當晚,騰訊大廈37層的大會議室成了臨時「作戰室」,幾乎全部騰訊決策高層主管都聚集於此。

金山公司和張志東的技術團隊同時發現四個「後門」:當用戶在「提示」下選擇「修復」後,將被進行系統重裝,QQ安全中心被360安全衛士替代,QQ用戶的好友關係鏈被360備份,即所有的用戶關係將被導入到360的操作平台上。當馬化騰聽完張志東等人的彙報後,臉色慘白,呆坐桌前,

喃喃自語：「怎麼也沒有想到，他會做這種事。」

騰訊團隊將「扣扣保鏢」定義為「非法外掛」，「這是全球互聯網罕見的公然大規模數量級用戶端軟體劫持事件」。

10月30、31兩日，騰訊向深圳市公安局報案，同時向工信部投訴，當時的期望是通過訴求司法和行業主管部門，阻止360的行為。負責法律事務的郭凱天日後回憶說：「深圳公安局接到報案後，非常重視，安排了一位副局長處理此案，可是公安人員不知道應該如何定性，以及用怎樣的辦法處置。即便是工信部，也對我們的投訴一頭霧水，根本不知道發生了什麼事情。」

時間如指間流沙，分秒瞬失。就在10月29日到11月1日的幾天裡，後台資料顯示，「扣扣保鏢」已經截留了2000萬QQ用戶！後來，馬化騰對我心有餘悸地說：「如果再持續一週，QQ用戶很可能就流失殆盡了。」

11月3日上午，馬化騰做出決定，在裝有360軟體的電腦上停止運行QQ軟體。

這一整天，所有高層主管都圍坐在37樓的「作戰室」裡，草擬一份「不相容」公告。對於這群工程師們而言，這實在是一份太棘手的工作，據陳一丹、吳宵光等人的回憶：大家對著幾百個字，一句一句地緊盯，有人站起來，呱啦呱啦地說一通，改幾個字，然後出去上個廁所，回來一看，又被人改掉了，然後又是一番爭論……。

11月3日晚上6點19分，騰訊以彈出新聞的方式，發表

了這封「致廣大QQ用戶的一封信」，全文如下：

親愛的QQ用戶：

當您看到這封信的時候，我們剛剛做出了一個非常艱難的決定。在360公司停止對QQ進行外掛侵犯和惡意詆毀之前，我們決定將在裝有360軟體的電腦上停止運行QQ軟體。我們深知這樣會給您造成一定的不便，我們誠懇地向您致歉。同時也把做出這一決定的原因寫在下面，盼望得到您的理解和支援。

一、保障您的QQ帳戶安全：

近期360強制推廣並脅迫用戶安裝非法外掛「扣扣保鏢」。該軟體劫持了QQ的安全模組，導致了QQ失去相關功能。在360軟體運行環境下，我們無法保障您的QQ帳戶安全。360控制了整個QQ聊天入口、QQ所有資料，包括登錄帳戶、密碼、好友、聊天資訊都得被360搜查完，才送還給QQ用戶，相當於每個用戶自家門口不請自來的「保鏢」，每次進門都被「保鏢」強制搜身才能進自己家門。我們被逼迫無奈，只能用這樣的方式保護您的QQ帳戶不被惡意劫持。

二、對沒有道德底線的行為說「不」：

360屢屢製造「QQ侵犯用戶隱私」的謠言，對QQ的安全功能進行惡意污蔑。事實上QQ安全模組絕沒有進行任何用戶隱私資料的掃描、監控，更絕對沒有上傳用戶資料。目

前我們已經將QQ安全模組代碼交由第三方機構檢測，以證明我們的清白。

更甚的是，360做為一家互聯網安全公司，竟推出外掛軟體，公然站到了「安全」的對立面，對其他公司的軟體進行劫持和控制。這些都是沒有道德底線的行為。

三、抵制違法行為：

任何商業行為，無論出於何種目的，都應該在國家法律法規的框架下進行。而360竟然採用「外掛」這種非法手段，破壞騰訊公司的正常運營。

360已經在用戶電腦桌面上對QQ發起了劫持和破壞。我們本可以選擇技術對抗，但考慮再三，我們還是決定不能讓您的電腦桌面成為「戰場」，而把選擇軟體的權利交給您。

12年來，QQ有幸能陪伴著您成長；未來日子，我們期待與您繼續同行！

騰訊公司

2010年11月3日

在公告發布的同時，騰訊推出了一個「不相容頁面」，所有用戶面對「卸載QQ」和「卸載360」兩個選擇鍵，必須進行「二選一」。

湯道生回憶了一個細節：設計人員遞交的第一個方案，兩個選擇鍵的字體為一大一小，馬化騰提出修改意見：「兩個字體和體積均一樣大，給用戶一個公平的選擇。」有高層

主管不同意，他們提出，一年前，360在與金山的競爭中也有過一次類似的行動，「卸載金山」的字體比「卸載360」大好多。馬化騰表現得情緒很激動，他重重地拍了一下胸脯說：「一樣大，來吧。」

騰訊彈出公告的一小時後，360以彈窗反擊，稱騰訊「堅持強行掃描用戶硬碟，綁架和劫持用戶，以達到不可告人的目的」。周鴻禕同時在微博宣布：「對於騰訊這樣喪心病狂的行為，360有預案，我們推出了Web QQ用戶端。」

騰訊旋即做出技術反應，Web.QQ.com很快停止服務，直接跳轉到公告頁面，QQ空間宣布不支援360流覽器訪問。9點10分，360宣布下線「扣扣保鏢」，並發布致網民緊急求助信，「懇請」用戶能夠堅定地站出來，「三天不使用QQ」。在3日晚間的3個小時裡，雙方刀來劍往，交鋒數個回合，中國互聯網已是一片沸騰。

與五家公司聯手反擊

360發布「扣扣保鏢」之後，騰訊公關部總經理劉暢一直駐紮北京，忙碌地與各家媒體溝通：「那些天焦頭爛額，技術部門驚呼用戶像潮水一般地被截流，但是我們一直講不清楚自己的訴求。」2010年11月3日下午，劉暢接到來自深圳的電話，得悉「不相容」的決定，「我大大出了一口氣，終於要反擊了」。

這一天深夜，一些京城媒體記者圍堵在騰訊北京總部——銀科大廈21樓前。工信部也來電，要求雙方暫停對峙。此時，劉暢與駐京的聯席CTO熊明華、網站部總經理孫忠懷等人開始連夜聯繫重要的媒體。在過去的十來年裡，騰訊從來沒有召開過這樣的記者見面會，北京和深圳兩邊反覆討論，由誰來面對棘手的局面，此時，所有的創始人都遠在南方，劉暢說：「別糾結了，我去。」

4日上午9點，騰訊在北京召開新聞發布會，20多家媒體到場，劉暢受命代表騰訊表述立場。

此時，網上輿論幾乎是一邊倒地聲討騰訊，一些媒體記者的情緒也非常激動。

「這是騰訊成立12年以來最慘烈的一次行動，昨晚騰訊1萬多名員工徹夜未眠。」劉暢以此開場，接著聲音哽咽，不停抹淚，這一場景讓與會記者大感意外。劉暢講述了騰訊的苦衷：「我想告訴你們做這個決定是多麼的無奈、多麼的情非得已，這是一個非常無奈的決定，但這也是一個非常堅定的決定。」她之後提出要求：「360立即停止不正當競爭行為，停止虛假宣傳，停止詆毀騰訊公司及其產品、服務的行為，連續3個月公開道歉，並連帶賠償騰訊400萬元。」

這一天，幾乎所有的報導都以「騰訊公關部總經理發布會痛哭」為標題，劉暢成為除馬化騰以外「最出名的騰訊高層主管」。

隨著戰事激化，各方利益集團被紛紛捲入。11月5日上

午，金山、搜狗、傲游、可牛、百度5家公司聯手舉行新聞發布會，表示將不相容360系列軟體，並聯合披露360的「八大謊言」。新浪則選擇支持360，兩家達成合作協定，同時新浪還宣布與MSN展開深度合作，MSN與新浪微博、博客互聯互通。

11月6日上午，馬化騰主動邀約深圳的4家媒體做專訪，這是他創業以來破天荒的一次。在接下來的一週裡，他接受了3次媒體群訪，輿論開始聽到他的聲音。

記者問：「在你看來，這是不是騰訊歷史上最大的災難？」馬化騰答：「肯定是。而且是人禍，不是天災。」在訪談中，馬化騰將騰訊的「不相容決定」形容為「自救」：「360真正的裝機量在1.2億到1.5億之間，與我們的電腦裝機重合度大概60％。估算下來，受影響的QQ用戶大約有1億。『扣扣保鏢』是上週五11時多發布的，週一已經有2000多萬感染，週二我們已經看到它在誘導用戶生成圖片並進行傳播，假設每個QQ用戶有40個好友，那2000萬用戶就可以擴散到8億，形勢已經很危急，除了對抗和先下網，我們已經別無他法。」

11月15日，周鴻禕發表題為〈與其苟且活著，不如奮起抗爭〉的部落格文章，算是對3Q大戰的一次自我總結，他仍然體現了「弱勢者」的反叛立場：「在中國，互聯網的競爭環境很惡劣。壟斷勢力不僅仗勢欺人，用自己的市場地位欺負創業公司，甚至不惜犧牲用戶的權益，強行脅迫用戶卸

載其他軟體。這種壟斷者肆無忌憚的霸道做法一天不改，互聯網創新者一天就沒活路，中國網民享受更多新、酷的服務的合法權益就會受到傷害。」

11月20日，就在戰事已基本結束之後，工信部發布「關於批評北京奇虎科技有限公司和深圳市騰訊電腦系統有限公司的通報」，通報責令兩家公司「自該檔發布5個工作日內向社會公開道歉，妥善做好用戶善後處理事宜；停止互相攻擊，確保相關軟體相容和正常使用，加強溝通協商，嚴格按照法律的規定解決經營中遇到的問題；從本次事件中吸取教訓，認真學習國家相關法律規定，強化職業道德建設，嚴格規範自身行為，杜絕類似行為再次發生」。

贏了官司，輸了輿論

很多西方學者，比如阿爾都塞（Louis Althusser）、漢娜‧鄂倫（Hannah Arendt），曾把人類的真實分為事實真實和邏輯真實。

在互聯網的世界裡，似乎存在著三種真實：事實真實、邏輯真實和情緒真實。在社交化網路的場景中，一種被煽動起來的情緒可能以病毒傳播般的速度被廣泛地傳染，它將自我生成和複製，進而獨立地構成為「事實」和「邏輯」本身。當這種情緒（我們不妨稱之為「人造情緒」）消失之後，與之相關聯的「事實」和「邏輯」也同時消失。在3Q大戰中，

我們看到了這個情況的發生，「情緒」本身成為一個推動本體，所裹挾及創造出來的「真實」如核彈一般地在公共領域爆炸，這無疑是一場非常陌生的互聯網「暴力盛宴」。

3Q大戰是中國互聯網史上的一個重要戰役，也可以說是PC時代最血腥的「最後一戰」。不過日後來看，經此一役，互聯網的法治及道德環境並沒有得到改善；相反地，3Q大戰證明了叢林法則的勝利，就事件的真相而言，稱得上是一個「羅生門」，一百個觀察者，一百個事實，一百個觀點。

我們先來看看法律的判決，雙方在後來的3年多裡多次對簿公堂。

2010年11月15日，也就是周鴻禕發表博文〈與其苟且活著，不如奮起抗爭〉的那天，騰訊以「360隱私保護器及360網站虛構騰訊侵犯用戶隱私的事實，對騰訊進行惡意商業詆毀」為由，向北京市朝陽區法院正式提告360不正當競爭。2011年4月，法院做出一審判決，要求奇虎360停止侵權，30天內在360網站的首頁及《法制日報》上公開發表聲明以消除影響，並賠償原告騰訊經濟損失40萬元。奇虎不服，上訴至北京市第二中級人民法院。9月29日，北京二院維持一審判決結果。

隨後，騰訊就奇虎360公司發布的「扣扣保鏢」的相關侵權行為，向廣東高院提起了更大規模的訴訟。

2013年4月，廣東高院做出一審判決，認定奇虎360公司的多項行為構成了「不正當競爭行為」：第一項是「扣扣

保鏢」破壞了QQ軟體及其服務的安全性、完整性，攔截、遮罩QQ軟體的多項功能，使騰訊喪失增值業務的交易機會及廣告收入；第二項是360在經營「扣扣保鏢」軟體及其服務時，存在捏造、散布QQ軟體存在健康問題、洩露用戶隱私等虛偽事實，對騰訊進行商業詆毀；第三項是「扣扣保鏢」通過篡改QQ的功能介面從而取代原告QQ軟體的部分功能，進而推銷360自己的產品。上述多項不當行為，不僅嚴重損害了騰訊公司合法的商業利益，同時也破壞了行業內正常的競爭秩序，構成了不正當競爭。法院因此判決奇虎360公司連續15日在媒體上公開賠禮道歉，並賠償經濟損失500萬元。

奇虎再上訴至最高人民法院。2014年2月24日，最高法院維持一審判決。

儘管在法律層面上，騰訊取得了全勝，可是正如馬化騰等人當時所預見到的，判決對兩家公司均不構成實際的利益影響，中國法律在眾多的互聯網惡性競爭中都沒有能夠扮演恰當的、具有實際約束力和懲戒力的武器，這實在是一件令人非常遺憾的事情。

相比較，周鴻禕的冒險取得了空前的商業成功，他赤身上撲，只要不被扼殺即是大勝，他對互聯網輿論的超凡理解及掌控，更是前所未見。大戰之後，他的知名度暴增，成為顛覆式創新的標誌人物，360使用者非但沒有遭到削弱，反而增加。周鴻禕借勢更進一步，迅速啟動上市計畫，2011年

3月30日，奇虎360在美國紐交所上市，融資2.256億美元，當日本益比高達360倍，一躍成為市值第三的中國互聯網上市公司。

對於馬化騰來說，3Q大戰無異於一杯難嚥的苦酒。

就競爭戰略的角度，11月3日的「不相容」，無疑是唯一正確的決策，馬化騰冒著千夫所指的風險，阻擊了360的釜底抽薪。後來他對我說：「如果再咬牙堅持一週，360就徹底出局了。」恨恨之意，溢於言表。

3Q大戰的曖昧結局，並沒有帶來反抗者所期許和承諾的「完全開放環境」，反而促使了「唯平台論」的奇特復活：一方面，對開放的呼喚促使壟斷者深入反省，重新認識互聯網經濟的深層結構；另一方面，開放主義的信徒不再迷信「開放萬能」，因為互聯網的資本主義特徵遠比他們設想的要複雜得多。那些反抗者，通過挑戰壟斷者，分享了壟斷的利益。

騰訊在此次事件中所遭遇到的輿論攻擊更讓馬化騰一度意興闌珊，在訪談中，我能夠非常清楚地感受到他的困惑與鬱悶，甚至在某些時刻，他的價值觀都有點動搖。正如黑格爾所言，獲得認可的欲望是人類生存最基本的願望，馬化騰一向自詡為產品經理，日夜所思皆是用戶體驗及得到他們的認可，然而，就是在這個層面上，他遭遇了致命的質疑。

後來發生的種種變化將證明，在騰訊史上，3Q大戰的確是里程碑式的事件，它甚至在某種意義上改變了馬化騰的

性格，他開始重新思考騰訊的平台策略以及公共屬性，在外部溝通上，他也漸漸變得柔軟和開放。

第十四章
開放：新的挑戰與能力

一個行業發展得愈快，

它的商業模式就會愈早達到極限，

所以說，當下的成功拋物線經常是窄的尖峰狀。

——蓋瑞·哈默爾（Gary Hamel，美國商業戰略大師），

《管理大未來》

過去，我們總在思考什麼是對的。

但是現在，我們要更多地想一想什麼是能被認同的。

——馬化騰，給全體員工的郵件

打開未來之門

英國歷史學家湯恩比在描述了人類眾多文明的興衰之後，提出過一個意味悠長的問題：對一次挑戰做出了成功應戰的創造性的少數人，需多長時間才能經過一種精神上的重生，使自己有資格應對下一次、再下一次的挑戰？

企業是一個有思想、有欲望的物體，歲月賦予它組織及觀念上的輪廓並將其隨時改變，這種感覺非常奇妙，而面對不確定性的焦慮和超越自我的挑戰，正是企業家生涯的一部分。

2009年10月，《中國企業家》記者採訪馬化騰，問道：「外界最讓你難以接受的誤解是什麼？」

馬化騰考慮了良久後回答：「產品出個什麼問題，特別多的人罵你。」

很顯然，此時的小馬哥仍然以「產品經理」自居，且從內心認定，只要把產品做到極致，便可以贏得用戶，其他的外部輿論侵擾大都可以置之腦後。

然而，僅僅一年後，經歷了3Q大戰的「洗禮」，馬化騰的態度發生了極大轉變。2010年11月11日晚間，他通過內部信件發布致全體員工信，說道：「過去，我們總在思考什麼是對的。但是現在，我們要更多地想一想什麼是能被認同的。」

這一天是騰訊的12週年成立紀念日，公司舉辦了一場

4000人規模的大型慶典，馬化騰做了即興演講，儘管場面熱烈而隆重，可是他似乎仍然言猶未盡。慶典結束後，馬化騰沒有像其他人一樣回家或相約聚會狂歡，他驅車回到辦公室，兩個小時後發出一份題為〈打開未來之門〉的郵件。

「我是一個不善言辭的人，所以選擇以郵件的方式與大家溝通。」馬化騰用了非常坦率的開場白，接著他寫道：

公司成立以來，我們從未遭到如此巨大的安全危機。這段時間，我們一起渡過了許多個不眠不休的日日夜夜。當我們回頭看這些日日夜夜，也許記住的是勞累，是委屈，是無奈，是深入骨髓的乏力感。但是我想說，再過12年，我們將會對這段日子脫帽致禮。

做為公司領導人，我個人有必要在此刻進行反思，並把這些反思分享給大家。

1.這不是最壞的時刻

也許有人認為，騰訊公司正在經歷有史以來最危險的挑戰。但我想說的是，真正的危機從來不會從外部襲來。只有當我們漠視用戶體驗時，才會遇到真正的危機。只有當有一天騰訊丟掉了兢兢業業、勤勤懇懇為用戶服務的文化的時候，這才是真正的災難。

2.也沒有最好的時刻

12年來，我最深刻的體會是，騰訊從來沒有哪一天可以高枕無憂，每一個時刻都可能是最危險的時刻。12年來，我

們每天都如履薄冰，始終擔心某個疏漏隨時會給我們致命一擊，始終擔心用戶會拋棄我們。

3.讓我們放下憤怒

這段時間以來，一種同仇敵愾的情緒在公司內部發酵，很多人都把360公司認定為敵人。但古往今來的歷史告訴我們，被憤怒燒掉的只可能是自己。如果沒有360的發難，我們不會有這麼多的痛苦，也不會有這麼多的反思，因此也就沒有今天這麼多的感悟。或許未來有一天，當我們走上一個新的高度時，要感謝今天的對手給予我們的磨礪。

4.讓我們保持敬畏

過去，我們總在思考什麼是對的。但是現在，我們要更多地想一想什麼是能被認同的。過去，我們在追求用戶價值的同時，也享受奔向成功的速度和激情。但是現在，我們要在文化中更多地植入對公眾、對行業、對未來的敬畏。

5.讓我們打開未來之門

現在是我們結束這場紛爭、打開未來之門的時候。此刻我們站在另一個12年的起點上。這一刻，也是我們抓住時機，完成一次蛻變的機會。

在郵件的最後，馬化騰承諾「開放」，這是騰訊決策層第一次將之定義為戰略級的行動。

「也許今天我還不能向大家斷言會有哪些變化，但我們將嘗試在騰訊未來的發展中注入更多開放、分享的元素。我

們將會更加積極推動平台開放，關注產業鏈的和諧，因為騰訊的夢想不是讓自己變成最強、最大的公司，而是最受人尊重的公司。」

「馬八條」與半年戰略轉型籌備期

在劉熾平的記憶中，2010年年底的馬化騰「突然變得特別喜歡跟人交流」，而聊的話題也與以前有了很大的區別，他甚至請了媒體專家到總辦會上來分享公關與溝通的技巧，這在以前是難以想像的。

12月5日，馬化騰受邀參加2010（第九屆）中國企業領袖年會，發表題為〈關於互聯網未來的8條論綱〉的演講。

讓與會者大跌眼鏡的是，很少公開闡述商業思想的馬化騰不但帶來一份準備充足、條理清晰的演講稿，而且還學會了幽默和自嘲。他在開講的第一分鐘裡就引來滿堂會心的笑聲，他說：「今天下午我演講的主題是『互聯網問題8條論綱』，大家會以為是在模仿馬丁‧路德宗教改革時提出的95條論綱。本來，我們也準備寫95條，由於時間不允許，只有15分鐘，所以，我就做了一個也不是很艱難的決定，決定把它縮短為8條。」

馬化騰的這次演講內容，後來被媒體歸納為「馬八條」：

一、互聯網即將走出其歷史的「三峽時代」，激情會更

多，力量會更大。

任何一個新鮮工具出現的時候總會引起社會的驚訝，以及很多關注，並且風靡一時。這個過程就好像長江三峽一樣一路險灘，在這個階段過去之後，新鮮感逐漸喪失了。但是，這推動了社會結構的重塑，創新的力量將會排山倒海般到來。這個轉捩點的一個標誌就是每一個公民都能夠熟練使用互聯網這個工具。

二、用戶端將不再重要，產業上游的價值將重新崛起。

回顧過去，很多人認為騰訊獲得很多成功就是因為有了一個QQ用戶端軟體。我們能夠非常便捷地接觸到用戶，手中有很多用戶推什麼產品都可以成功，這實際上是一個管道，我們能夠輕易通過這個管道去接觸到用戶。但是在未來我們感覺到這個趨勢，或者說這種故事將不再存在。在互聯網中，管道強勢時代遲早要過去。簡單來說，價值鏈在互聯網產業鏈中正在往上游轉移。也就是說，如果未來人們只依靠你的用戶端，那這個企業將會步入一個重大危機。

三、「壟斷」是一個令人煩惱的罪名，但有的時候確實是一個假想的罪名。

很多所謂的壟斷公司，實際上在產業不斷變革的時候，依然面臨很大的危機。也就是說，在價值變遷迅速的產業裡面，沒有一個公司是可以高枕無憂的。所以說，挑戰阿里巴巴、百度和騰訊，有人說是三座大山，有效方法不是建立一個類似的平台，形成一個壟斷，而是能夠順應而上形成一個

好的產業鏈，這才是一個好的方法。

　　四、截殺管道者僅僅是「刺客」，占據源頭者才是「革命者」。

　　互聯網將不再做為一個獨立的產業而存在，它將融入傳統產業之中。在互聯網的作用下，產業鏈的上游將會變得愈來愈重要。也就是說，你擁有什麼樣的產品和服務是最重要的，而不是你擁有什麼樣的一個管道。外界一直對騰訊有一個誤解，說我們的核心價值就是有QQ，有管道。其實，我們在很早之前就意識到這個是不可持續的。所以，我們就開始全力打造產業鏈的價值源頭，也就是說你要有很好的優秀產品和服務，以及應用。

　　五、廣告模式是「產品經濟」的產物，智慧財產權模式是「體驗經濟」的寵兒。

　　過去的產品經濟時代，產品和注意力是分離的，也就是說銷售產品時為了獲得知名度和名譽度不得不到媒體那邊購買注意力，這個就是廣告的本質。但是我們現在看到產品經濟逐漸演化到體驗經濟的時候，獨特的體驗將成為所有產業的一個價值源頭，這也為產業增值打開一個無窮空間。在產品經濟時代，媒體內容是一個獨立產業，也就是說為廣告提供一個載體。那麼，在體驗經濟時代，媒體內容將會全方位融入其他產業中，成為一個價值的源頭。

　　六、不要被「免費」嚇倒。擁有「稀缺性」，就擁有了破解免費魔咒的武器。

製造稀缺性的方法有三個。第一，要有一個長期的大量品牌投資。第二，要營造一個獨特的體驗，比如蘋果的iPhone，通過一種整合方式把很多技術整合在一起，創造出一個非常好的獨特體驗。其中它的每一個技術在其他的廠商看來都不是什麼高精密的技術，關鍵是把它整合成一個體驗，這就是一個稀缺性。第三，是塑造明星。

七、產品經濟束縛人，互聯網經濟將解放人。

互聯網的使命之一就是要改造傳統的物本經濟，把人從組織束縛中解救出來。也就是說，在互聯網未來世界裡擁有獨特魅力和獨立的人會成為最終源頭，會成為最終的贏家。聚合更多的個人價值，為更多人的自我實現提供平台，把個性魅力和創新的潛力凝聚成為龐大的商業價值，是未來互聯網的用武之地，也是騰訊公司的願景之一。只有把人的價值釋放出來，產業升級才會發生，穩定的社會結構才會出現，這是中國互聯網應該能做出的貢獻。

八、在「雲組織」時代，「偉公司」不見得是「大公司」。

「雲」是未來社會的型態，是社會資源的一種聚合方式，也就是說平時是以水分子型態存在的，需要整合的時候，一旦條件成熟就會形成「雲」，任務完成之後又四散而去。這樣一種組織型態可能是未來互聯網的一種常態。騰訊公司眼裡的開放和共用，簡單來說就是以釋放人的價值為著眼點，以個人資源為立足點，以雲組織來凝聚，以雲創新來推動。

在演講的最後，馬化騰宣布：「從今天12月5日起，騰訊公司將步入為期半年的戰略轉型籌備期，轉型方向就是前面提到的8條論綱，轉型辦法就是廣泛聽取社會各界的建議、忠告和批評，轉型的原則就是剛才提到的開放和分享。」

十場神仙會，診斷騰訊

2011年春節過後，在公關部的主導下，騰訊在北京、三亞及杭州等城市組織了10場專家座談，主題是「診斷騰訊」，共計72位互聯網專家與會。馬化騰要求騰訊所有高層主管必須參加其中的一場，這既是一種開放的姿態，同時確實也希望聽到從未聆聽過的聲音。

馬化騰在後來結集出版的《X光下看騰訊》一書的序言中寫道：「我們的面前總是有無數條林中小徑，我們已經擁有的那些東西，都要在全新的戰略裡被檢驗，哪些是繼續發展的基礎，哪些是兼程趕路的拖累，其實很難辨別。」

「我沒有想到騰訊會做出這一舉動，如果是微軟，我想它遇到類似事情的典型反應，應該是辯護，動員一切力量，張開一千張嘴，證明自己的正確。」中科院資訊化研究中心祕書長姜奇平回憶說，「診斷騰訊的現場，可以用萬炮齊轟來形容，我看到，很多人都在過嘴癮，體驗著一種快感，好像居高臨下的法官，遇見了不還嘴、不辯護的被告一樣。」

這72位專家中，有些人與騰訊有長短不一的合作與接

觸，還有一些則是非常尖銳的批評者。在北京的診斷會上，一位長期在媒體上炮轟騰訊的觀察者匆匆趕來，坐下就發言，十分激烈地講了半個小時，然後就匆匆離場。這樣的場景不只一次發生，不過，面對面的溝通及騰訊的誠意還是讓所有的人都感受到了。

騰訊前員工、參加診斷會的程苓峰後來回憶了一個細節：張志東在諸嘉賓之後發言，開頭第一句是「我一直在做筆記，寫了滿滿3頁紙，手都寫酸了」，一邊說，還一邊甩了甩握筆的手。《富比士》中文版的前副主編尹生特地把頭湊過來說：「你們的老闆，真實在啊。」

診斷會的主題由三個構成：關於公眾責任與美譽度、行業的開放與壟斷以及創新和山寨的難題。可以說，中國當時最重要的互聯網觀察者幾乎都參加了這次「神仙會」，而由於議題的尖銳與案例的鮮活，大家的討論便顯得非常的自由和深入，中國互聯網的困境與難題，在會場上無一例外地都被涉及。

一個非常重要的共識是，騰訊已經是最大的互聯網公司，所以它所需要承擔的責任也變得更加重大，「問題出在核心決策層對產業趨勢判斷不足，對整個行業和市場存在一種錯覺」。

DCCI互聯網資料中心創始人胡延平便提出，當前整個互聯網正在發生變化，互聯網體系快速地從封閉走向開放。同時，大企業競爭從產品服務競爭向平台級競爭轉變，最大

及最優秀的企業，一定不是自己做更多產品服務的企業，而是把整個互聯網連接起來，通過自己開放平台把整個互聯網架構起來、組織起來的企業。騰訊完全具備這個條件，而且可能比其他企業都有優勢，但是騰訊在這個方面的步伐太慢了。

一向慎言的騰訊總裁劉熾平在診斷會上從運營戰略的角度，進行了尺度更大的自我批評，他認為騰訊有點「工作強迫症」，在許多年的發展中，騰訊一直想扮演一個服務員的角色，想要取悅用戶，希望把什麼東西都攬在自己身上，給用戶提供各種各樣的服務，「開始的時候可能做得不錯，但是隨著用戶的需求愈來愈多元化、個性化，一家企業很難將所有服務都照顧到」。

《21世紀商業評論》主編吳伯凡呼應劉熾平的觀點，更尖銳地認為騰訊的思維模式中存在「帝國的思維」，「如同蒙古帝國那樣，疆域非常大，但管理半徑不夠大，可能膨脹得非常快，但由於管理半徑的不對稱，會在短時間遭遇嚴重危機，甚至在某一點上被徹底瓦解」。

這些由外部專家及內部高層主管做出的同一判斷及憂思，無疑對決策層造成了觀念上的衝擊，馬化騰在後來提出「連接一切」的戰略新主張，與此次系列診斷會上的觀點爆發有很大的關聯性。

在診斷會上，另外一個激烈討論的命題是關於創新：「騰訊是山寨公司嗎？」

在外部人看來，騰訊的創新模式就是：以IM為核心，構成巨大的用戶基數，從而進入眾多的應用性市場，其產品的創意幾乎都來自於其他公司的先發試驗，騰訊再將用戶體驗推向極致。苗得雨以騰訊的一些產品經理的PPT課程和教程為例，認為騰訊許多產品經理都是教人如何將他人產品的成功點抓住，並進行二次微創新，「這種行為在實質上是一種徹頭徹尾的山寨模仿精神，並且在騰訊內部發揚光大了」。

針對這種後發跟進戰略的爭議從來沒有停歇過，它幾乎也是所有中國互聯網公司在過往10多年裡成功的標本型路徑。在診斷會上，專家們的討論並沒有陷入對這個模式的道德化批判，相反地，他們把辯駁的觸角延伸到了互聯網成長的前沿地帶。有三個命題的提出，在未來的很多年後看來，仍然是有意義的。

其一，專家們討論了中國互聯網與美國互聯網的差異性，進而提出消費模式及體驗方式上的創新可能性。

其二，他們認為過於迎合用戶的時代已經結束，「沒有誰知道什麼才是未來的主流，或者乾脆再也不會有主流」，因此，互聯網公司應將戰略訴求著力於創造需求。

其三，真正能夠帶領中國互聯網公司成為創新之王的，是價值觀，而不是各種各樣的應用性技巧，「中國的互聯網公司都特別缺乏價值觀，而現在的世界，互聯網民眾有這種強烈的需求，Google沒有說改變世界，第一條是不作惡，這其實是非常具有革命性的，也是互聯網的本質」。

「診斷騰訊」的討論，從3Q大戰和騰訊的發展戰略出發，涉及了中國互聯網成長的所有重大命題，有些已經有了較為清晰的答案，有些還非常模糊，更有一些本身就是不確定性的產物。在並不漫長的中國互聯網史上，這10次診斷會有著非常醒目的思想價值。

開放其實是一種能力

　　一位成熟的商業從業者，應該具有兩個堅定而又強烈，同時也相互矛盾的信條：你必須破壞原有的秩序和道德規則，同時，你必須致力於秩序和規則的重建，你是破壞的後果承擔者和「遺產繼承人」。商業的藝術就是要深刻地感受到這種相互矛盾的願望，但也要心平氣和地繼續你的工作。

　　2011年的馬化騰，開始學習這樣的能力。在診斷會上，他有過一段這樣的發言：「開放和分享並不是一個宣傳口號，也不是一個簡單的概念。開放很多時候被當做一個姿態，但是我更理解這是一個能力。分享不是一個願景，更多是說你如何建立一個可執行的制度，才去執行你的分享和共用。」

　　那麼，什麼是騰訊的「開放能力」？在決策層有著不同的理解，在一次總辦會上，馬化騰讓16個高層主管在紙上寫下自己認為的「騰訊核心能力」，一共收集到了21個答案，歷經了多次的討論，「能力」被聚焦在兩點上，從而迅速地

展開為行動。

第一個能力是資本。劉熾平是這一主張的提出者，在這位前高盛人看來，騰訊不可能涉足所有的互聯網產品，尤其是內容領域，所以只有通過資本方式的參與，才是唯一可行的路徑。通過資本形成結盟關係，既可以實現開放的目的，同時也可以讓騰訊龐大的流量資源獲得一次資本意義上的釋放。

在過去的10多年裡，騰訊也實施過一些併購，但是幾乎全部是控股或全資收購式的，它們與騰訊的現有業務有密切關聯性的，大部分發生在網遊領域，而在這個行業，騰訊的行動從不手軟，因而仍然體現為一種封閉或內生長的模式。今後的資本運作將是參與式的，只求共生，不求擁有。

劉熾平的這一資本開放策略，對於後來幾年的騰訊具有決定性的戰略意義，他在資本的層面上為騰訊開闢出了一塊新的戰場。2011年1月24日，騰訊宣布成立騰訊產業共贏基金，預計投資規模50億元人民幣，為互聯網及相關行業的優秀創新企業提供資本支援，一些老資格的騰訊人成為基金業務管理者，包括提出了QQ秀創意的許良等人。共贏基金投資的第一個重要產品是從事線上旅遊業務的藝龍網。5月16日，騰訊投資8400萬美元持有藝龍網16％的股權，成為第二大股東。6月初，騰訊宣布參與投資創新工廠發展基金的人民幣基金，對創新工廠所孵化的企業或其他早中期階段優質互聯網科技公司進行扶持，該基金總規模為7億元人民幣，

是騰訊產業共贏基金中的一部分。

第二個能力是流量，擁有5億多月活躍用戶的QQ空間被選中為最好的試驗場。

「其實，我們開始討論是否要做開放平台是在2008年，但一直在糾結，真正下決心是在3Q大戰之後。」主管互聯網增值業務的湯道生在接受採訪時，回憶了內部的爭論，「在SNS領域，關於如何實施開放策略，是一個國際級的課題，我們至少在三個方面有過糾結：第一，開放到底是以應用為主，還是以內容為主；第二，社交網路是否要開放廣告資源，我們受到了來自品牌廣告部門和搜尋部門的壓力；第三，開放是針對平台，還是針對上下游產業鏈。」

事實上，幾乎所有大型的平台級互聯網公司都遭遇過開放不足的尖銳批評，從微軟到Facebook，甚至連蘋果這樣的硬體公司，當它開始推出應用平台的時候，也立即被視為「開放的敵人」。

在某種意義上，開放從來是一個相對的概念，如同國家的疆界，對人的開放需要認證，對其他國家的開放需要互惠，對貿易的開放需要法規，基本教義式的開放在人類文明史上從來沒有發生過。在這一方面，賈伯斯是最堅定的封閉主義者。以艾薩克森在《賈伯斯傳》中寫道：「數位世界最根本的分歧是開放和封閉，而對一體化系統的本能熱愛讓賈伯斯堅定地站在了封閉的一邊。」

過去的騰訊，以及後來的騰訊，在業務開放上的舉措從

來是小心翼翼的，甚而是有點保守的。

2011年6月15日，就在馬化騰宣布「半年戰略轉型籌備期」後的6個月，騰訊在北京舉辦了千人級的首屆合作夥伴大會，芒果網、蝦米網、聯通、金蝶、58同城等合作公司一起站台，馬化騰「請大家見證騰訊的戰略轉型」。

騰訊宣布將原先封閉的公司內部資源轉而向外部的第三方合作者無償開放，包括開放API、社交組建、行銷工具及QQ登錄等。從公布的資料看，已有近2萬個合作夥伴已經或正在排隊等待接入騰訊開放平台。2010年騰訊公司總體收入200億元，不包括管道費用在內，分配流入第三方合作夥伴手中的金額高達40億元，其中，單款應用，也就是一款網路遊戲產品拿到的單月最高分成已突破1000萬元。

幾乎就在騰訊舉辦開放夥伴大會的同時，6月29日，佩吉宣布Google公司推出一項社交網路服務G+（Google Plus），將Google的眾多基礎性功能向用戶開放。湯道生說：「Google的做法給了我們新的激勵，騰訊內部很快做出了類似的決策。」

7月16日，騰訊宣布QQ用戶端開放，同時推出了蘋果App Store應用商店模式的Q+開放平台，QQ通過用戶端上的應用按鈕開啟Q+，進而可以安裝各種擴展應用，包括Q+桌面用戶端、Web版Q+、Q+壁紙等等。

在2011年的上半年，騰訊所表現出來的積極開放姿態及行動，讓人們看到了一個新的互聯網公司成長模式，甚至在

全球互聯網業界也具有一定的標誌意義。

當然，騰訊在開放上的行動從來是謹慎的，更多是出於商業上的考量。就在2011年的9月，一則新聞佐證了上述的看法，一家名叫藍港的網遊公司推出3D網遊「傭兵天下」，公開測試當日，騰訊稱該遊戲為騰訊的競爭產品，因此封停了藍港的廣告投放。

微博上線，成為移動時代的新對手

2011年年初的馬化騰，正處在職業生涯中最焦慮和兇險的時刻。

3Q大戰讓他心力交瘁，甚至開始懷疑自己的「產品信仰」。但日後來看，這竟是PC時代的最後一戰，換言之，它屬於舊時代的一次血色絕響。而在更遼闊的互聯網世界裡，一個莫測的新時代正迅猛地拉開帷幕，更強大的對手已經在另外一條地平線上出現了。

2010年1月27日，天才的賈伯斯在矽谷發布全球第一台iPad，6月又推出內置500萬畫素背照式攝像頭的iPhone 4，互聯網的移動時代突然到來了。在後來的一年裡，平板電腦和智慧手機的銷售出現爆炸性成長，當年度的中國地區出貨量達到2300萬台，用戶關係被迅速轉移。

回望當時的戰局，在中國市場上，領先於騰訊半個身位的有兩家公司。

第一個當然是電信運營商，尤其是中國移動，它也許是最早，也是最有可能成為一個開放平台的移動服務供應商，當時很多觀察家認為，「由於運營商擁有的壟斷地位，將來運營商將會控制移動即時通訊市場」。

中國移動曾有一個非常顯赫的產品，那就是「移動夢網」，不過在非智慧手機時代，它只是一個計費管道，沒有真正控制人與應用的交流，而且在2G環境下，互動只能體現為簡訊的通知，當智慧手機爆發的時候，簡訊模式立即落後。更糟糕的是，在過去的幾年裡，中國移動自以為格局已成，開始有計劃地驅逐第三方。有媒體刻薄地評論：「一個地主圈了一塊特別肥沃的地，一開始招募了一群佃農，自帶耕牛和農具來開發。土地被耕耘出來了，地主不樂意再跟別人分享果實，就想辦法把佃農們統統趕走，自己添置了大量的耕牛和農具，自得其利。後來發生的變化是，突然出現了牽引機。那些被趕走的佃農們用新的機器和工具開出了更多的地，結出了更多的果實。」

第二個是新浪和它的新浪微博。自2006年之後，隨著騰訊、阿里和百度等公司的崛起，新聞門戶模式被邊緣化，老三強——新浪、搜狐和網易相繼陷入成長低迷期。網易的丁磊在戰略上放棄了正面戰場，專注於網遊業務。搜狐的張朝陽則多面布局，從輸入法、網遊到影音四處出擊，卻始終找不到決勝業務。

從來排名門戶第一的新浪顯然最為尷尬，它亟須一款偉

大的產品來證明自己存在的價值。

2009年9月，新浪微博悄然上線，它的模仿雛形是傑克・多西（Jack Dorsey）在2006年3月創辦的Twitter，後者在過去的3年裡，以更輕便的140個位元組，像輕騎兵一般地對Facebook構成了最可怕的威脅。

新浪的主政者曹國偉和陳彤運用他們非常嫻熟的媒體運營手段，發揮明星效應，讓新浪微博以令人吃驚的速度吸引了網民的眼球。到了2010年前後，隨著智慧手機的普及，具有天然的移動屬性的新浪微博進入空前鼎盛的時期，成為國民性的現象級產品。

也就在馬化騰與周鴻禕貼身纏戰的同一時間，2010年11月5日，新浪微博群組功能產品——新浪微群開始內部測試，微群產品具備了通訊與媒體傳播的雙重功能，被視做網頁版的「QQ群」。

11月16日，新浪舉辦首屆微博開發者大會。曹國偉宣布，新浪微博用戶達到1億人，每天發博數超過2500萬條，其中有38%來自於移動終端，已是中國最有影響力、最受矚目的微博運營商。在微博上一夜走紅的前Google高層主管、台灣互聯網人李開復以自己的開博經歷出版了一本書，書名為《140字的驚人力量：李開復談微博改變一切》。在李開復看來：「因為有微博，網路傳播的社會化時代已經到來！因為有微博，每個人都有可能，也都應當參與進來，讓自己成為新媒體的創建者！」

社交網路擁有「贏者通吃」和「環境通吃」的團體化特徵，新浪微博的意外躥紅，讓騰訊的用戶基礎遭到前所未見的挑戰，相比於周鴻禕，曹國偉和陳彤顯然是更兇險，也更強大的對手，馬化騰幾乎是手忙腳亂地加入微博大戰中。

騰訊微博上線於2010年5月，比新浪微博遲了整整8個月，這對一個戰略性產品來說，幾乎是難以追趕的時間距離。

為了說服各路明星和意見領袖們轉投騰訊微博，騰訊上上下下使出了各種招數，從送蘋果手機到支付高額「創作費」。一度，馬化騰親自上陣，硬著頭皮邀約他熟悉的人成為騰訊微博的用戶，這對於性格內向的他而言，實在是太為難了。儘管在2011年2月，騰訊就匆匆宣稱騰訊微博的用戶數達到1億，甚至劉翔等體育明星的粉絲數超過了1000萬，但每個人都明白，這是QQ導流和殭屍粉（假粉絲）的成就。

幾乎所有的觀察家都意識到，在白熱化的微博一戰中，騰訊對新浪的取勝概率十分渺茫，「能夠戰勝微博的，一定不是另外一個微博」，如果沒有新的戰略級產品誕生，正如麥可‧波特所提示的，「挑戰者必須找到不同於領先者的新競爭方式以取得成功」，騰訊在移動互聯網時代的未來無疑是黯淡的。

在這個微妙而決定性的行業轉折時刻，既有的優勢如陽光下的冰塊不由自主地消融，每一個競爭者都在焦急地尋找新的戰略高地和攻擊點，此刻，天才的作用便如鑽石般呈現了出來。

第十五章
微信：移動互聯時代的「站票」

實現跨越的組織在看待技術以及技術所帶來的變革時，
有著與平庸公司截然不同的觀點。

——柯林斯（Jim Collins，美國管理學家），《從A到A+》

我所說的，都是錯的。

——張小龍

張小龍與雷軍賽跑

　　自從2005年被騰訊收購之後，張小龍一直過得不太如意。

　　在中國的互聯網世界有太多這樣的人物，少年炫技，一夜而為天下知，然後便消失於茫茫市井。在過去的幾年裡，張小龍負責的信箱業務幾經曲折，終於漸漸趕上了網易，還得了公司內部的年度創新大獎，這讓他稍稍可以自慰。然而，信箱的盈利模式一直模糊不清，在以營收論英雄的騰訊體系內，偏居廣州的張小龍團隊一直游離在邊緣地帶。如同一把鏽跡斑斑的寶劍，曾經少年英雄的張小龍看上去即將淹沒於芸芸眾生，他仍舊像過去一樣的離群索居，每兩週驅車去深圳開一次總裁辦公會議，開完即回，幾乎很少留宿過夜。在騰訊內部，張小龍的名氣主要來自兩個方面，他是公司某次運動會網球賽的冠軍，也是全廣州最大的KENT（箭牌）香煙消費者之一。

　　2010年11月19日，也就是馬化騰寫下「打開未來之門」這封具有戰略性轉折意義的信件的一週後，張小龍指尖夾著KENT牌香煙，在自己的騰訊微博上打下了一行煙霧繚繞的「心情」：我對iPhone 5的唯一期待是，像iPad（3G）一樣，不支援電話功能。這樣，我少了電話費，但你可以用kik跟我簡訊，用Google Voice跟我通話，用Facetime跟我視訊。

　　kik是一款剛剛上線一個月、基於手機通訊錄的社交軟

體，它可在本地通訊錄上直接建立與聯絡人的連接，並在此基礎上實現免費簡訊聊天。從功能上看，kik是一款簡單到極致的跨平台即時通訊軟體，它不能發送照片，不能發送附件。2010年10月19日，kik登錄蘋果商店（App Store）和安卓商店（Android Market），在短短15日之內，吸引了100萬名使用者。

在接受我的訪談時，張小龍透露，他是在QQ郵箱的閱讀空間裡第一次知道kik這個新產品的，「閱讀空間類似於Google閱讀助手（Google Reader），我有一個習慣，每天都會去那裡看看大家在關心什麼，互聯網領域又有什麼新鮮東西誕生了」。在一個深夜，他給馬化騰寫郵件，建議由他的廣州團隊做一個類似kik的產品，馬化騰當即回覆同意。

與張小龍幾乎同時注意到了kik的，是中國互聯網界的另外一個傳奇人物——雷軍。

2010年12月10日，反應迅速的小米僅僅用了1個月的開發時間，發布了中國第一款模仿kik的產品——米聊，先是Android版，繼而是iPhone版。在米聊第一版發布後的聚餐中，提及騰訊，雷軍說：「如果騰訊介入這個領域，那米聊成功的可能性就會被大大降低，介入得愈早，我們成功的難度愈大。據內部消息，騰訊給了我們3個月的時間。」

雷軍所獲悉的情報來自騰訊深圳大本營，他的視線沒有注意到廣州的一支小團隊。

張小龍的類kik產品於11月20日著手，從時間上看，大

概比雷軍遲了將近1個月，他帶領著一支不到10人的小團隊，其中有幾位是做「手中郵」（手機信箱客戶端的軟體）的，還有兩個是剛剛入職的大學畢業生，用不到70天的時間完成了第一代研發，「當時快過年了，Symbian版本調試老是有Bug，搞得幾個開發人急紅了眼，一直到放假的前一天才把問題找到了」。

2011年1月21日產品推出，定名為「微信」。與米聊不同的是，張小龍先發布了iPhone版，然後才是Android版和Symbian版。

微信的開屏介面是張小龍親自選定的，「我們的UI給出了好幾個方案，其中一個是月球表面圖，有很浩瀚的宇宙感，我建議改成地球。上面是站一個人、兩個人，還是很多人，也討論了一陣，最終決定只站一個人」。

這就是後來每個人都很熟悉的微信開屏頁：一個孤獨的身影站立在地平線上，面對藍色星球，仿佛在期待來自宇宙同類的呼喚。

在張小龍的記憶中，微信的第一批用戶是互聯網的從業人員。「大家覺得騰訊做了一個產品，都要來試一下。」微信1.0版幾乎沒有收到市場的任何反響，和歐美不同，中國的電信運營商提供了豐富的套餐服務，正常使用者每個月的包月簡訊根本消費不完，以省簡訊費為賣點的類kik產品，在中國完全沒有出路。

微信1.2版迅速轉向圖片分享。

在張小龍看來，移動互聯網時代必然是一個圖片為王的時代，人們在有限的載體上沒有耐心進行深度閱讀，而對圖片的消費量會達到一個空前的程度。然而，用戶反響仍然不熱烈，手機圖片分享還是無法構成一種基本需求。

　　雷軍的米聊也快速地行進在反覆更新的小徑上。2011年4月，米聊借鑒香港一款名為TalkBox的同類產品，增加了對講機功能，用戶突然變得活躍起來。5月，張小龍的微信新版本也及時增加了語音聊天功能，用戶猛然間出現爆發性成長，用戶日增數從一、兩萬提高到了五、六萬。

　　張小龍繼續帶著團隊狂奔。「搖一搖」和「漂流瓶」功能相繼上線，持續的反覆更新讓人驚喜連連，卻也引來不同的爭議。

　　在一個版本上，張小龍讓同事在啟動頁上加了一句話：「如果你說我是錯的，你要證明你是對的。」

　　在與微信的賽跑中，雷軍團隊表現出極強的戰鬥力，然而一些基礎性能力的薄弱還是在大型社交戰役中暴露出來。因用戶數的激增，米聊的伺服器曾在一天裡當機5次。此外，由於跨地域、跨運營商等因素影響，網路品質差距很大，經常會有某個地區的米聊用戶集體斷線的事情發生。

　　到了7月，微信推出「查看附近的人」功能，用張小龍的話說，「這個功能徹底扭轉了戰局」。在此之前的半年裡，微信的用戶數未曾突破100萬，而在騰訊內部，一個半年用戶數不能超過百萬的產品幾乎微不足道，然而，7月份

之後，微信的日增用戶數一躍達到了驚人的10萬以上，而這是在沒有動用任何QQ資源的前提下實現的。

11月，我在深圳的威尼斯酒店與馬化騰第一次見面，他教我下載微信，並用「搖一搖」的功能「互粉」。他告訴我，現在，微信的日增用戶數達到了20萬的高峰。在酒席間，他下令暫停即將在京滬兩個城市投放的2000萬元廣告，然後，用極輕的聲音對我說：「微博的戰爭已經結束了。」

極致的簡潔最難超越

就公司哲學而言，張小龍雖然被稱為「微信之父」，但微信的成功，仍然是馬化騰式的勝利：如同QQ秀、QQ空間以及網遊一樣，微信不是騰訊核心戰鬥團隊的產品。

在2011年的下半年，馬化騰以超乎尋常的熱情關注微信的每一次更新與用戶數變化，正是在他的決策下，偏居一隅的廣州信箱團隊扮演了匹馬救主的「白衣騎士」。在最初的一段時間，面對蜂擁而至的採訪，非常不願意面對媒體的馬化騰不得不親自出馬對付：「還是我替小龍去吧，讓他專心做產品。」

在深圳的MIG移動互聯網事業群走訪時，我隨時都能感受到那裡的人對微信的複雜心態，至少有兩支團隊在投入類kik產品的研發，可是，由於它在功能上與QQ有太多的相似性，始終縮手縮腳而不敢決然投入，最終眼睜睜地看著微信

異軍突起。2013年1月，騰訊高級執行副總裁、MIG總裁、在PC時代為行銷立下過汗馬功勞的劉成敏主動請辭，在北京寓所接受我的訪談時，他坦承「自己必須對這件事情負責」。

在個人氣質上，張小龍像他酷愛的混合型煙草一樣，有著「混搭」的獨特品質。一方面，他對產品構建和細節打磨有著近乎偏執的愛好，而且與馬化騰一樣是一位極簡主義和直覺主義者；另一方面，他又是麥可·傑克森的崇拜者，時時表現出迥異於傳統意義上的IT技術人員的文藝格調。他甚至認為，「產品經理永遠都應該是文藝青年，而非理性青年」。面對我的採訪，他亦時時流露出做為一個IT「文藝青年」的氣息。

吳曉波：據我所知，就在你們研發微信的時候，無線業務部門也同時有幾支團隊在進行同樣的工作。從業務分工上看，這一產品的研發許可權並不屬於你所領導的信箱部門，但為什麼最後是你們獲得了這個機會？

張小龍：這個確實有點突然和衝突，但這個要看Pony他們怎麼看了，他們認為這個衝突是可以接受的，那就行了。對於一個新產品，可能從公司角度來看，畢竟我們能夠抓住這樣一個機遇更重要，而不是說怎麼樣花費資源更重要。從騰訊的企業文化來看，從來有內部賽馬的機制，它讓企業保持了一種面對競爭的緊張性。

吳曉波：做為一個擁有巨大流量的公司，騰訊在微信的爆發過程中，扮演了一個怎樣的角色？或者說，離開騰訊，微信還有多大的成功概率？

張小龍：騰訊包括我們自己，對流量的運用一直都比較謹慎，並不像外界所認為的那樣。微信剛上線的時候，一直到 5 月版本發布前，我在自己的 QQ 郵箱裡都沒有去推廣告。我們當時覺得，你自己沒有體現出自生長的能力，那麼做推廣其實收穫是不大的，你達到 100 萬用戶就是 100 萬使用者，它不會病毒式擴張。一個產品的流行要看使用者口碑，看用戶口碑自發增長的分界線，如果你沒有達到這個界限，推廣就沒有意義。當戰略性轉捩點出現的時候，騰訊的能量就發揮出來了，7 月以後，無線部門對微信進行了強勢的推廣，手機 QQ 等產品成為巨大的流量導入來源。

吳曉波：我記得馬化騰在接受我的訪問時，有一個觀點認為，「中國的互聯網很多是靠應用來驅動的，而不是靠技術」。有人說微信所有的功能，沒有一個是自主開發出來的，所以它的成功是「積木式」的，即建立在其他公司的功能研發基礎上的，你怎麼看這個觀點？

張小龍：微信與當年 QQ 的成功有很多的相似性，這也可以說是一種「騰訊基因」吧。（我們）所要思考的是，為什麼 QQ 成功了，而 ICQ 卻死掉了，微信走紅了，kik 卻至今默默無聞。對於一個應用性的社交工具，其核心的價值是用戶體驗。就好像你所看到的，微信的很多功能都在其他軟體

工具上出現過。比如，「搖一搖」最早出現在Bump上，這個軟體是讓兩個人碰一下手機來交換名片，在中國並沒有人知道這個軟體，而我們把它移植到微信中，第一個月的使用量就超過了一個億；語音通話功能早在2004年前後就成熟了，但也是在微信上才被徹底引爆的。因此說，在某一場景下的用戶體驗是一款互聯網產品能否成功的關鍵，而不是其他。

吳曉波：在功能的設計上，微信有很多讓人眼睛一亮的地方，而且非常的簡單乾淨，任何年齡的人一上手就會用，這樣的設計理念是怎麼形成的？

張小龍：我覺得極簡主義是互聯網最好的審美觀。我以前就想過一個問題：「為什麼蘋果手機只有一個按鈕？」我感覺賈伯斯的性格有一點偏執，他追求一種極致的簡潔，可能跟他的理念有關係。他如果能用一個按鈕來實現的話，他絕對不會用兩個按鈕來實現。「搖一搖」這個功能上線後，Pony發了一封郵件給我，說我們是不是應該仔細考慮一下，如果競爭對手來模仿，會不會在上面疊加一點東西，就說他創新了。我回覆說，我們現在的這個功能已經做到極簡化了，競爭對手不可能超過我們了，因為我們是做到了什麼都沒有，你要超過我們總要加東西吧，你一加，就超不過我們了。

2012年7月24日，從下午2點半到晚上11點半，張小龍

在騰訊內部做了一場8個多小時的長篇演講，主題是「微信背後的產品觀」，騰訊為此開設17個分會場，同步直播。這場馬拉松式的演講，讓張小龍成為新一代產品經理的偶像。通過180多頁PPT，張小龍對產品經理的素養提出了極具個人色彩的解讀：

——**敏銳感知潮流變化**。移動互聯網產品會從相對匱乏時代進入相對富足時代，用戶可以選擇的產品會隨時日流逝而日漸增加。產品經理若是沉溺於各種新鮮玩意之中，追逐新奇，很可能錯過真實的時代潮流，無法把握人群的真實需求。

——**用戶感知需求**。移動互聯網的最大特點是變化極快，傳統的分析用戶、市場調查、制定產品三年規劃，在新的時代裡已經落伍。人類群落本身也在遷移演變，產品經理更應該依靠直覺和感性，而非圖表和分析，來把握用戶需求。

——**海量的實踐**。儘管移動互聯網方興未艾，目前沒有任何人可以自稱是領域內的專家，但是，這並不意味著可以寄希望於天降天才。《異數》中提出的一萬小時定律，同樣適用於產品經理。他們需要開展超過千次的產品實踐，才能稱得上是了解產品設計，擁有解決問題的能力。

——**博而不專的積累**。美術、音樂、閱讀、攝影、旅遊等等文藝行為貌似不能直接轉化為生產力，但是合格的產品

經理需要廣博的知識儲備，以此才能了解和認識大數量的人群，理解時代的審美，讓自己的所思所感符合普通用戶的思維範式。以此為基礎，設計的產品才不會脫離人群。

——**負責的態度**。擁有合適的方法論和合適的素養，成功的產品經理還應該有對自己和產品負責的態度，唯有如此，產品經理才能足夠偏執，清楚地知道自己究竟要做什麼，抵擋住來自上級和績效考核的壓力，按照自己的意志不變形、不妥協地執行產品策劃。

朋友圈、公眾號與微信紅包

2012年3月29日凌晨4點，馬化騰在騰訊微博上發了一個六字帖：「終於，突破1億！」

此時，距離微信上線僅433天。在互聯網史上，微信是迄今為止增速最快的線上通訊工具。QQ同時上線用戶數突破1億，用了將近10年，Facebook用了5年半，Twitter用了整整4年。

4月19日，微信推出新功能「朋友圈」，使照片可分享到微信內的朋友圈；從相簿中分享到朋友圈的照片，可被微信通訊錄中的好友看到，其他好友可以對用戶分享的照片進行評論；同時，微信資訊可向好友群發，還可轉發當下所在位置給好友，而這為日後的電商服務提供了一個入口。微信還宣布開放介面，支援從第三方應用向微信通訊錄裡的朋友

分享音樂、新聞、美食、攝影等消息內容。

「朋友圈」的出現，對微信來說是一個醒目的轉折性路標，它意味著這款通訊工具向社交平台的平滑升級，由此，一個建立於手機上的熟人社交圈正式出現。在隨後發布的微信4.2上，繼而推出視訊通話功能。

經過一年多的數度更新，微信提供的已經不再是單純的通訊服務，而是移動互聯網時代的生活方式。有觀察家評論說：「除非競品能夠提供一種更為便利和流行的模式，否則無法構成競爭關係。」

朋友圈上線的4個月後，又一個影響深遠的戰略級產品誕生了：8月23日，微信公眾平台上線。

公眾號的推出，是張小龍團隊的一個「發明」，它兼具媒體和電商的雙重屬性，從而革命性地改變了中國互聯網以及媒體產業的既有生態。

在公眾號誕生之前，博客及微博已經對中國的輿論傳播業態構成了巨大的衝擊，民眾掌握了輿論的發布權和選擇權，金字塔式的精英傳播模式遭到顛覆。然而，儘管如此，由於博客和微博的草根及碎片化的特徵，主流輿論的勢力其實並沒有被徹底瓦解。公眾號推出後，擁有持續創作能力的精英寫作者敏銳地發現，這一模式更適合沉浸式寫作，而其傳播的路徑由熟人朋友圈發動，且在通訊和社交環境中實現，因此，具有更為強大和有效的輿論效率。同時，經由訂閱而產生的粉絲（訂戶）有更強的忠誠度，且易於管理互動。

很快，愈來愈多的寫作者開通了自己的公眾號，它們被稱為「自媒體」，這是一個由中國人獨立創造出來的新概念。傳統媒體的傳播壁壘被革命性地擊穿，基於專業能力的「魅力人格體」開始爆發出巨大的能量，而這一趨勢呈現為不可逆轉的態勢。在後來的幾年裡，報紙、雜誌等媒體出現雪崩式的倒塌，一個全新的輿論生態在微信平台上赫然出現。

對於企業而言，公眾號也開拓出一片陌生而新穎的商業天地，商家以最低的成本和最快的速度發布資訊，獲得了精準的使用者，無論是服務互動，還是商品販售，都具有了新的可能性。由於公眾號內植於社交環境，導流和呈現的成本大大低於傳統意義上的APP，因而產生了對後者的替代效應，幾乎每一家中國公司都必須認真思考一個問題：「我與微信有什麼關係？」

在公眾號上線的15個月後，微信平台上的公眾號數量達到了驚人的200萬個，保持了每天新增8000個的紀錄，而到2015年10月，公眾號數量突破了1000萬。它的成功讓騰訊產生了一個極大的雄心：微信有可能成為一個新的桌面系統，從而建構一個內生閉環式的社交及商業生態鏈。

到了2014年的春節，一個意外成功讓微信以極其戲劇化的方式，解決了支付的難題。

在2013年的8月，騰訊的支付工具財付通與微信打通，推出微信支付。在很長的時間裡，擅長社交工具的騰訊在電

商領域一直無法與阿里巴巴抗衡，而微信，尤其是公眾號的繁榮，讓馬化騰看到了新的希望。

在2014年的春節前後，張志東把負責微信業務的同事拉進一個群，提出如何滿足春節期間騰訊傳統給員工發紅包的需求，微信紅包由此誕生。1月24日，微信紅包測試版傳播速度極快，開發團隊忙著給微信紅包系統擴容，他們向總部申請，調來了10倍於原設計數量的伺服器，並抓緊時間修改微信紅包系統的最後細節。

微信紅包還在內部測試時，一張網路流傳的截圖顯示，馬化騰又是這個產品的第一批體驗者，他正邀請一些企業老闆測試「搶紅包」功能。在這張截圖上，馬化騰發了一個隨機紅包連結，50個隨機紅包，人均20元。

資料顯示，從農曆除夕到正月初八這9天時間，800多萬中國人共領取了約4000萬個紅包，每個紅包平均包含10元人民幣。據此推算，總值4億多元人民幣的紅包在人們的手機中不斷被發出和領取。

騰訊一直沒有對外公布，「搶紅包」到底為微信帶來了多少新的支付綁定用戶，但是，可以肯定的是，這個沒有任何成本的創意讓騰訊幾乎在一夜之間成為最重要的線上支付服務商，微信通往電商的最後一塊壁壘在民眾的狂歡中被擊碎。

微信的「創世紀」

從2011年1月21日微信上線，到2014年1月24日的「搶紅包」引爆，這三年是屬於微信的「創世紀」時間，它的光芒掩蓋了互聯網領域裡的其他一切創新。

毫不誇張地說，微信創造了另外一個騰訊，至少從用戶數和市值兩個方面，都支持這一觀點。到了2015年6月，微信和WeChat合併月活躍帳戶數達到了6億，覆蓋了九成的智慧手機，儼然成為最大，也是最活躍的移動社交平台。此外，以WeChat為名的海外版在全球200多個國家擁有超過1億的用戶，在越南、印尼等東南亞國家是排名前三的社交應用軟體。

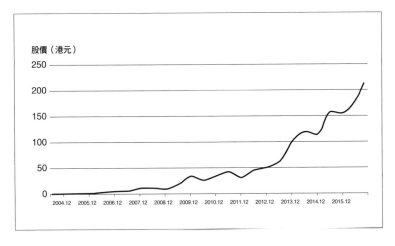

騰訊股價走勢（2004.06 ～ 2016.10）

受微信紅利的刺激，騰訊的股價在過去的5年裡增加近5倍，從400多億美元飆升到2000億美元。在2016年9月，騰訊市值突破2萬億港元，躋身全球前十，登頂成為亞洲市值最高的公司。

比用戶數和市值更重要的還有兩點：

第一，10多年來，QQ的主力消費人群為大學生、中學生及城市低齡、低收入階層，其業務收入的主要來源是網路遊戲，而微信的用戶為社會主流人群，包括幾乎所有的社會階層，從高級白領、企業家、知識份子到公務員，它讓騰訊成為真正意義上的公器型超級企業。

第二，完全為手機而生的微信，替騰訊在移動互聯網時代搶下了一個無可替代的入口。曾經給馬化騰造成極大麻煩的周鴻禕也許是最早意識到這一點的人之一，在2012年的一次峰會上，周鴻禕說：「在今天中國這麼多互聯網公司裡，只有偉大的騰訊公司、尊敬的馬總拿到了『船票』，其他人都還在琢磨。」馬化騰稍稍更正了周的說法，他認為騰訊拿到的是一張「站票」，「我們進去了，但競爭才剛剛開始，我們還沒有坐下來的資格」。

在這3年裡，馬化騰和張小龍只遭遇到了極其微弱的抵抗。

雷軍早早退出了與微信的競爭，他轉而專注於小米智慧手機，通過對賈伯斯的刻意仿效，在硬體市場上成為一個炙手可熱的風雲人物。2013年8月，馬化騰的老相識、網易的

丁磊聯手中國電信推出全面拷貝微信的產品——易信，中國電信給出了簡訊免費和註冊即送流量的兩大優惠政策，丁磊甚至宣稱「易信的語音通話品質比微信好4倍」。但是，易信進場實在是太遲了，用戶沒有給丁磊證明自己的機會。

中國移動在2011年9月推出了飛聊業務，它在飛信的基礎上增加了跨平台免費簡訊發送，並增加了語音簡訊的功能。然而在兩年的時間裡，飛聊註冊用戶數只維持在300萬的底量規模，到了2013年7月，中國移動暫停了這一業務。

另外一個緊張的大佬是馬雲，在2013年和2014年，阿里系與騰訊系互相封殺和各自結盟，上演了一場讓人眼花撩亂的對戰。

2013年4月，為了在戰略上抵抗微信，阿里巴巴入股新浪微博，以5.86億美元的代價購入18%的股份。一年後的4月，阿里巴巴和雲峰基金宣布以12.2億美元戰略投資影音網站優酷土豆，阿里持股16.5%。從而，阿里分別擁有了社交和影音的兩個重量級入口。[5]

2013年10月，馬雲在阿里體系內強力主導移動通訊工具「來往」的推廣，在內部郵件中號召「用愚公之精神去挑戰×信」，他甚至直接下達指標，並自稱這是一個「餿主意」：「每個阿里人11月底前必須有外部來往用戶100個，否則年

作者注5：2015年10月，阿里巴巴以45億美元現金收購優酷土豆除阿里巴巴已持有的股份外剩餘的全部流通股，優酷土豆（後更名為合一集團）成為阿里巴巴旗下的全資子公司。

底就視同放棄公司的年終紅包。」

11月20日，手機淘寶以「出於安全考慮」為理由關閉了從微信跳轉到淘寶商品和店鋪的通道，從而遏制了微信的滲透。

最終於2014年11月，阿里入股的新浪微博禁止微信公眾號的任何推廣行為。

相對於阿里的出擊，騰訊在攻防上的行動同樣十分激烈。

在2013年，微信同樣以安全為理由相繼封殺了新浪微博和「來往」的跳轉連結，並將支付寶從應用商店中下架。

從此，中國移動互聯網的互通性生態被徹底拋棄。對於騰訊而言，更具有戰略意義的是，它一改過往的謹慎作風，抓住了微信不可替代的入口優勢，在資本市場上展開了淩厲的併購行動，2013年9月18日，騰訊以4.48億美元戰略入股搜狗，並將旗下的搜尋和QQ輸入法併入搜狗現有的業務中，騰訊持有新搜狗36.5%的股份。

2014年2月，騰訊以4億美元獲得大眾點評網20%的股份，在前些年的團購大戰時，騰訊曾經投資高朋，但成績卻乏善可陳，QQ空間總經理鄭志昊等人被派出擔任高層主管；2015年10月，大眾點評與美團宣布合併，成為一家市值約百億美元的新公司。

僅僅過了一個月，3月11日，騰訊再次發布重大投資資訊，以2.14億美元現金以及其他資產對價收購京東15%的股

份，並將旗下電商資產QQ網購和拍拍實物電商部門以及配送團隊整合併入京東體系。

6月27日，騰訊宣布以7.36億美元的價格收購58同城19.9%的股份，成為該公司的第一大股東。

劉熾平是這些大型投資行動的主導者，在投資京東的那些天，馬化騰的腰疾發作，但仍然堅持參與了最後的談判。早在2005年，當馬化騰提出「希望自己的產品和服務像水和電一樣融入生活當中」時，騰訊便開始進行了多產品的布局。不過，在很長的時間裡，騰訊堅持自主開發的路線；而開始於2013年的大舉投資，顯示落實了成型於兩年前的「以資本推進開放」的戰略。騰訊甚至痛下決心，將多年來難有起色的搜尋、O2O及電商等業務從主體中剝離，轉而與各自領域的強勢公司形成結盟關係，而後者之所以願意打開資本之門，並以遠遠低於市場認知的價格讓騰訊進入，幾乎全部是看中了微信的入口價值。

在這個意義上，騰訊其實是在資本市場上實現了微信價值的一次套現，以京東為例，在接受騰訊投資的兩個多月後，公司便在那斯達克上市，市值約為260億美元。粗略計算，騰訊此次投資的帳面浮盈便達37億美元，投資收益率超過18倍。做為回報，微信將它的「購物」入口直接導入京東。

騰訊與阿里之間展開的此次併購大戰，也是當代企業史上投入最大的典範案例，經過這一輪的封殺與合縱連橫，中國的互聯網產業從群雄並立的春秋時代進入了寡頭統治的戰

國時代，甚至可以說，進入了以騰訊和阿里為盟主的G2時代。

第十六章
年輕：手機QQ的自我變革

行動慣性是一種普遍的症候群。

沒有不變的成功方程式，

慣性是企業成長最大的敵人。

——唐納‧薩爾（Donald Sull，美國管理學家），

《成功不墜》

年輕！年輕！！年輕！！！

——湯道生

不改變就等著被顛覆

移動浪潮下，騰訊不僅受到外在競爭對手的壓力，更要面對自我的蛻變。而在所有的變革中，自我革命是最艱難的一種。

2013年5月8日，手機QQ 4.0版本上線，而後遭遇用戶的瘋狂吐槽。上線僅4天，就收到了3萬餘件投訴。所有不滿都指向新版本的一個調整：取消了上線離線狀態顯示。事實上，這個新的版本，是將好友是否上線放到了更深的入口，而對絕大多數用戶來說，這一改動無法接受。

受到輿論的壓力，手機QQ的產品總監在知乎社群上做出回應：每天QQ消息中，65%是通過手機發送的。而由於大頭照不亮就是離線狀態的這一認知，會阻礙留言的動機，所以，整個調整的初衷，是希望讓QQ具備隨時可以溝通的認知，好比簡訊，可靠性非常高，發之前就不會想對方有沒有開手機。

隨後，QQ產品團隊承諾將在兩週內推出優化版。5月17日，安卓優化版上線，iOS優化版同步提交審核。在優化版中，對離線與上線做了標注，比承諾日期提前了7天。

「QQ的這次改版受到了很多吐槽，主要是在淡化上線狀態這個點上步子邁得有點急，需要做適當回檔，這是一次很有價值的『試錯』。」騰訊公司副總裁殷宇在專門組織的媒體溝通會上，坦誠地對外表達了QQ嘗試深度移動化自我變

革的決心。

事實上，很多人可能不大了解的是，這是手機QQ部門和PC QQ部門合併到社交網路事業群後的第一個大版本，在這個版本中，進行了近百個功能點的優化。殷宇事後感慨，近百個優化點，只有一個被吐槽，說明還有很多優化點是成功的。

除了受到來自微信的壓力，QQ自己也受到用戶的壓力。根據騰訊當時內部的監控資料，75%的網民通過移動互聯網使用QQ，每天有150萬人從PC端轉移到手機端，而每年暑假和春節都會出現一輪遷移的爆發。當時每天C2C消息中，60%是從手機端發出的，而2013年春節這一數字是70%。

做為社交網路事業群的負責人，湯道生在當時也表示，QQ已到了一個關鍵時刻，必須全面擁抱移動互聯網。「QQ馬上要進入第15個年頭了，有8.5億活躍用戶，但互聯網已進入下半場競爭，移動互聯網並非PC端的補充，而可能是顛覆。QQ如果不自我變革，適應『隨時隨地』的特徵，就會被用戶拋棄。」

近六成QQ用戶是90後

一個是誕生於移動互聯網的微信，一個是需要從PC艱難轉型到移動互聯網的QQ，是否有機會齊頭並進？在過去

的幾年裡，這個命題一直懸掛在空中。

資深IT評論人洪波分析認為，手機QQ和微信其實是有區別的，可以區別化發展。QQ是跨平台、跨終端的，比較傾向於娛樂化；而微信只為移動端量身訂做，承載了很多騰訊以往嘗試過、但沒有成功的東西，比如團購等O2O產品。兩個產品完全可以走出不同的路。

手機QQ 4.0版本的小插曲沒有影響股宇對整體QQ移動化的布局，QQ採用「小步快跑，試錯迭代」的策略，在優化移動體驗的同時，陸續推出了基於移動端的QQ手遊、QQ閱讀、興趣部落、QQ錢包、QQ紅包等新功能。

2014年4月11日晚上9點11分，騰訊旗下QQ同時上線帳戶突破2億，其中通過手機QQ、QQ for Pad等移動端登錄的帳戶超過七成。

相比於資料，更值得慶幸的是，QQ找到了自己在移動互聯網時代的差異化路線和年輕打法。

在一段記錄2004年的影像中，30歲出頭的馬化騰向生於1949年的張瑞敏推銷QQ被拒時，馬化騰就介紹說QQ 90%的用戶都是30歲以下的年輕人。

這影像讓人想起，QQ最初是從年輕人中發展起來的，而隨著後期在與MSN的較量中獲勝，QQ逐步吸收了昔日對手的用戶，成為全年齡層用戶產品。微信的出現和發展，讓QQ的用戶群結構又發生了新的變化，騰訊公司2016年第二季財報顯示，QQ月活躍帳戶數達到8.99億，智慧終端機月

活躍帳戶數也達到了6.67億。與此同時，QQ最高同時上線帳戶數達到了2.47億。在所有的QQ用戶中，有近六成是90後用戶。而在QQ會員裡，90後也占到了近八成。

QQ空間也成為年輕人的聚集地，上學、畢業、聚會、結婚、生子……年輕一代各種值得銘記的時刻都在社交網路上通過照片被分享出去和保存下來。相簿也一直是QQ空間最受歡迎的功能之一。截至2016年10月，QQ空間相簿單日上傳次數最高超過了6.6億，照片總量超過2萬億。

空間推出了「親子相冊」，更成為QQ「小小用戶」的小地盤。有這麼一個爸爸，從女兒出生開始到8歲，給女兒拍了7萬多張照片，都上傳到QQ空間親子相冊，一來方便收藏，二來方便遠方的爺爺奶奶、叔叔阿姨們流覽，共同關注孩子的成長。就這樣一天天下來，這個IT爸爸還因為給女兒拍照拍出了興趣，辭職轉行開了一家兒童攝影館。

微信對整個互聯網用戶的分流，讓QQ的使用者特徵又再次顯現：年輕。

面對如此龐大的年輕用戶，QQ想要抓住也並非易事。在中國互聯網圈子中，不只馬化騰一個大老表示，不懂年輕人在想什麼，並為此感到擔憂。

做為QQ所屬BG（Business Groups，事業群）的第一負責人，湯道生帶頭體會和學習年輕人。「花千骨」熱播的那段時間，湯道生追著看了好幾集，不管多忙都要追劇，還建議看不下去的同事可以打開彈幕，「年輕人對某個情節的吐

槽會讓你覺得更有意思」。

在年輕的基調上，QQ似乎又找到了當年創立時的感覺。2015年，QQ的個性化團隊啟動了「阿波羅計畫」，一個出現在聊天框底部的小人形象，可以定制形象，百變造型，還可以與好友進行動作互動，它被稱為「厘米秀」。與當年「阿凡達計畫」誕生的QQ秀一樣，厘米秀也擁有豐富的年輕玩法和完備的商業模式，除了推出能夠挑選裝扮、動作和角色的專屬商城，還推出了成長體系、10元小鑽包月。

從2016年7月10日到8月24日，46天內，通過用戶邀請制進行公開測試的厘米秀，就擁有了1億用戶。

在QQ個性化團隊看來，厘米秀並不僅僅是要做手機上的QQ秀，而是希望做一種年輕人喜歡的全新聊天方式。基於手機QQ，讓年輕用戶之間產生全新的互動。厘米秀通過一個「厘米人」的形象，可以做出各種動作，還能擁有很豐富的裝扮。相對於文字、表情，一個完整的「厘米人」，它更具有表現力，有與真人面對面聊天的既視感（幻覺記憶）。相比QQ秀它更有拓展性，可以以誇張、搞怪的方式，去展現心中所想以及超越現實的一面。

這些酷炫的玩法，讓年輕的QQ用戶找到了自我形象的網路投射，個人風格更加明顯，而95後、00後喜歡的「賣萌」「耍賤」，在「厘米人」身上展現得活靈活現。對他們來說，這種全新的聊天模式，才能表達他們想表達的。

QQ新打法一：娛樂化社交

基於年輕化的發展方向，QQ在2016年制定了娛樂化社交和場景化通訊兩大打法。

「QQ娛樂社交生態的核心在於年輕人。年輕人是娛樂社交生態的原動力。年輕人做為內容消費者，也是傳播者，甚至是生產者。」殷宇表示，QQ有很多屬性，其中最主要的兩個，也可以說是QQ的基因，就是娛樂的基因和年輕的基因。QQ一直追求豐富的、年輕化的體驗，追求個性的表現，所有的東西都是年輕人喜歡的，這是QQ長期發展下來都能夠持續年輕的原因。從QQ的產品型態和使用者畫像，QQ新的定位就是向年輕用戶提供娛樂內容，也就是娛樂社交。

在2016年騰訊合作夥伴大會上，殷宇將娛樂社交打法解讀為：一方面，QQ通過布局影視、動漫、遊戲、文學領域，不斷完善娛樂化內容布局，做好內容承載器；另一方面，通過QQ上包括群、興趣部落、直播、QQ看點、日跡等功能，讓娛樂內容通過社交創造影響力，當好社交放大器。這將吸引更多內容合作夥伴的加入，形成良性迴圈。這也是騰訊所專注的數位內容、社交兩大業務在一個QQ平台上深度融合的嘗試。

殷宇透露，目前在QQ體系下，就有4個直播產品，包括空間直播、NOW直播、花樣直播和企鵝電競，它們承載

著不同類型的影音直播內容。QQ日跡和空間的短影音功能，更是承載非同步影音的兩大平台。對於娛樂內容的展現，影音無疑是最佳的型態。

做為成熟的社交網路平台，QQ空間自然沒有錯過直播這個社交領域熱潮。平台原生的關係鏈，決定了它與其他平台本質上的區別，也就是讓直播成為記錄和分享人生閃光點滴的功能，而每一位空間網友就是自己好友圈的「主播」。當你在泰國邂逅了一個小清新的街角，打開空間直播就能讓你的好友、家人與你一起感受同樣的地方風情，而且這段有意義的動態紀錄，也會永久保存在你的QQ空間。這種親密關係間的直播是一種社交方式，更是一種娛樂方式。

「你可以為夢想犧牲的尺度是多少？是驕傲，是愛情，或者是自由？」這是2007年的一個深夜，剛剛畢業3個月在北京舉目無親的姚潔瑩，在QQ空間寫下的一篇日記。那時候對未來充滿迷茫的她，不會想到9年後，由她創立的影音節目「無節操學院」將在短短3個月的時間裡，在QQ空間獲得100萬粉絲，並擁有超過6億的影音播放量。

其實在碎片影音時代，這樣的故事正在不斷上演。

在美國留學的張逗、張花，就是在誤打誤撞中將美國同學打造成中國網路知名網紅。他們隨手拍的影音節目——「老美你怎麼看」，讓美國同學點評中國特色的食物、明星、新聞熱點等。「豬耳朵吃起來像螞蟻放的屁！」「真沒想到我會愛上一隻蛙！」還有美國同學死活無法接受的第一名美食

「皮蛋」，以及美國同學們的爆笑反應，讓中國年輕人看到美國同齡人眼裡的中國。兩年以來，他們的影音在QQ空間等多個平台上的累計播放量超過了幾億次，甚至因此拿到了創投資金。

在2016年，QQ團隊公布了基於娛樂社交的「EQ計畫」（Entertainment Quotient Plan），騰訊QQ擬於未來3年投放10億元人民幣扶植逾千位合作夥伴，建立娛樂社交生態。在殷宇公布QQ娛樂社交布局之後，有財經媒體援引花旗銀行的分析認為，騰訊集團將數碼化內容整合至QQ平台，為使用者提供多元化內容。「EQ計畫」是一個需要持續努力的方向，由此確保QQ及其他社交平台擁有更多具有吸引力的娛樂內容，有助於維持用戶的忠誠度。花旗銀行認為，雖然搭建這樣的生態平台未必可令集團收入即時急升，但相信騰訊長遠可將之逐步商業化，豐富社交內容，讓用戶在其數碼化娛樂領域進行更多互動，不論是遊戲、電影、直播，還是電子競技等，都有望可以轉化成更高的流量，由此增加潛在的廣告客戶量，而會員數目及收入亦可提升。

QQ除了在娛樂生態上布局，自己的娛樂精神也更加明顯。在2016年6月上映的美國大片「ID4星際重生」中，男女主角在地球和月球之間的聯絡工具居然用的是QQ，被外星人干擾中斷後，系統還出現了一句「Thank you for using QQ」的台詞。這個引發電影院笑場的植入，讓所有人都真切地感受到，QQ在娛樂這條路上，賭上了一切。

波茲曼（Neil Postman）在《娛樂至死》一書中這樣描述：一切公眾話語都日漸以娛樂的方式出現，並成為一種文化精神。一切文化內容都心甘情願地成為娛樂的附庸，而且毫無怨言，甚至無聲無息，其結果是我們成了一個娛樂至死的物種。

如果波茲曼的預言成真，那麼抓住了新時代互聯網用戶的QQ，將有可能在移動互聯網的浪潮上，再一次創造奇蹟。

QQ新打法二：場景化通訊

場景化通訊則是QQ的另一個大戰略。在教育、遊戲、辦公、娛樂等重要垂直領域，QQ都進行了部署。

在辦公領域，用QQ傳檔應該是頻次最高的使用動作。以前PC QQ強調線上傳檔，同一個區域網路速度很快。但是手機場景下，網路環境非常複雜。信號不斷地在運營商網路和Wi-Fi之間切換，強度也很不穩定。但是需要保證用戶不管是否上線，都能平順地成功傳輸檔案。所以當手機上線時，整個傳輸過程改為了離線傳輸，以保證檔案傳輸的成功率依舊在較高水準。另外，多終端之間的跨端傳輸也成為新的核心場景，所以推出了QQ資料線功能，以取代實體資料線，手機和PC之間可以互傳檔案與照片。

一個有趣的故事是，當時做手機傳檔案和資料線傳檔兩個產品的同事打賭，都覺得一年後自己的場景會更大，輸了

要請對方兩頓飯。一年後，資料線成為一個千萬級用戶量的功能點，比傳統的傳檔功能規模增長快很多。據說那位資料線同事嘗到了免費的滿漢全席。

面臨類似問題的還有影音功能。

PC時代，電腦螢幕上架一個鏡頭是標配，大家習慣和家人在電腦前視訊或者通過視訊交友，很少用電腦打電話。但在移動互聯網時代，手機語音和視訊的操作成本比電腦低太多了，可以隨時隨地溝通，所以PC視訊的場景快速消失了。

面對這個情況，手機QQ快速調整功能重心，把語音通話提到了和視訊同等重要的位置，通話品質向傳統電話靠攏，並且增加了多人通話等場景，逐步把用戶的使用習慣從PC遷移到了手機。

QQ還有一個天然的場景，那就是教育。儘管在QQ十幾年的發展過程中，不曾針對教育領域推出產品功能，但是許多學校的班級群都是建立在QQ上。而一次偶然的機會，也讓QQ打開了進入教育領域的大門。

2013年年底，北京市發布了《北京市空氣重汙染應急預案》，要求在空氣重汙染紅色預警時，中小學、幼稚園停課。北京市教委隨後提出了紅色預警天氣下「停課不停學」的號召。北京景山學校為了應對可能出現的停課情況，積極聯繫QQ團隊，在小學、初中、高中16個班大面積進行QQ群遠端教學測試。這一為了應對特殊情況而進行的應急教學

方式，得到了社會的廣泛關注。遠端視訊教學過程中沒有出現斷訊情況，老師們明顯感覺到課堂互動變得更積極。

受到景山學校的啟發，QQ產品團隊基於QQ的平台資源，推出線上教育平台——騰訊課堂，通過引入第三方教育機構的模式，提供職業培訓、語言學習、動畫設計、出國留學等學習課程。

為了在年輕用戶的學習路徑上完成布局，QQ還針對K12教育推出「QQ家校・師生群」和「企鵝輔導」，針對高等教育推出「QQ智慧校園」；此外，還在QQ群內設計「作業」功能，為老師提供第三方題庫，完成家長、學生、老師在課堂外的教學管理和日常溝通。

面向年輕用戶的QQ，自然沒有放棄教育這一重要場景。在教育領域，從K12的中小學教育，到高等教育、職業教育，QQ都有積極參與，教育以開放平台的方式，引入優質教育資源，為年輕學習者提供便捷的、優質的線上教育。企鵝輔導實現各地學生都可以線上觀看全中國名師的講堂直播和影片，滿足教育資源欠發達地方的需求，解決中國教育資源分布不均的現象。

通過QQ智慧校園對學校管理及學生生活的探索，騰訊將通訊能力和支付能力做為整個校園的基礎能力與核心技術。學生可以在校園帳號上完成學費繳納、校園卡充值、圖書借閱等操作，優化校園管理體驗。

場景化通訊的戰略部署，讓QQ在通訊這條路上往前又

邁進了一步，對於這些場景下的用戶來說，QQ成為第一選擇。

　　無論是年輕化方向、娛樂社交戰略，還是場景化通訊的打法，QQ在移動互聯網時代的玩法漸漸清晰，與微信之間的關係也更加明朗。通過完善兩大社交平台的生態，騰訊用兩條腿走路的整體布局成為了可能。

第十七章

互聯網＋：泛娛樂的環型生態

在未來，每個人都會有 15 分鐘的成名機會。

——安迪‧沃荷（Andy Warhol，美國普普藝術家）

騰訊只做兩件事，連接與內容，就這麼簡單。

——馬化騰

遊戲、電影、動漫形成緊密的產業鏈

安德伍德白天在政治屠殺場裡拚死角鬥，晚上回到自己的家裡，則會盤腿坐在地上，在電腦前玩射擊遊戲。他常玩的是「殺戮地帶3」。這是美國影集「紙牌屋」裡多次出現的鏡頭。

在歐美社會，網路遊戲被稱為繼電影之後的「第九藝術」，而且是唯一一種具有互動性的現代藝術形式。可是在中國，網遊始終無法進入成人社會，而且帶有很大的原罪性。做為中國乃至全球最大的網遊公司，騰訊在很長的時間裡因此遭到訴病。

2010年之後，隨著人口紅利被吃盡，中國網遊產業的大爆炸時代結束，而移動互聯網又為這一產業的演變開拓出了新的路徑。2011年7月，在第七屆中國國際動漫遊戲博覽會上，騰訊集團副總裁程武第一次提出了「泛娛樂戰略」的構想，也就是以IP運營為軸心，遊戲運營平台和網路平台為基礎，發展出跨平台多領域的商業拓展模式。

程武談到，在當前網路化、數位化、多媒體化等趨勢的帶動下，遊戲、電影、動漫已經不再孤立，而是形成一個緊密聯繫的有機整體，一個橫跨這三大行業的跨界產業鏈已經形成，並不斷整合和向前發展。隨著國外那些成功典範的不斷湧現，所有行業的從業者都需秉持開放與合作的心態，共建跨界文化產業，從而打造中國自己的跨界文化品牌。

「其實在我提出『泛娛樂』之前，已經和Mark（任宇昕）做過很多討論，他非常支持這個想法。當時泛娛樂還不是公司層面的戰略，而是互動娛樂業務部門尋求突破的一種探索。」程武後來對我說。當時，騰訊能拿出來印證這個戰略的僅有「洛克王國」。

「洛克王國」是騰訊自主開發的一款兒童網路娛樂社群遊戲，基於這款遊戲，互娛部門進行了多層面的授權開發。首先是兒童繪本《洛克王國‧寵物大圖鑒》的出版，它很快雄踞中國兒童圖書排行榜的榜首。其次，是動畫電影「洛克王國！聖龍騎士」的拍攝，它在隨後的國慶檔放映，取得了3500萬人民幣的票房。

到了2012年3月，在騰訊互娛年度戰略發布會上，「泛娛樂戰略」第一次被正式提出，它成為馬化騰「平台＋內容」理念最重要的試驗場。

程武為此組織了一個「泛娛樂大師顧問團」，其中包括音樂家譚盾、漫畫家蔡志忠、導演陸川、傳播學者尹鴻以及香港玩偶製作大師Micheal Lau（劉米高）等在內的6位藝術家。後來他解釋說，在真正的實體業務沒有展開的情況下，「泛娛樂」是一個有些超前和抽象的概念，所以我們必須通過這種「貼標籤」的形式來讓大家盡可能容易地理解和接受。

從動漫撕開一個入口

「泛娛樂」是一個「看上去很美」的戰略，但是，進入實施階段卻困難重重。騰訊是一家工程師文化非常深重的企業，理科生思維把持了它的價值觀，從流量變現到內容跨界，關山萬重。任宇昕和程武必須要找到一個窄小的突破點，撕開一個令人信服的入口。

他們瞄準了從來沒有人看好的動漫。

程武畢業於清華大學物理系，在校期間擔任過清華大學藝術團話劇隊的業務隊長，是一個天生帶有藝術細胞的理科生。他於2009年入職騰訊，之前在P&G、百事可樂等公司的市場運營業務線擔任高層管理職務，來自傳統快速消費品行業的很多經驗在此時發揮了作用。

在一份調查報告中，程武發現，在所有玩網路遊戲的用戶裡，有87%的用戶正在看或有看動漫的需求。這是一個非常驚人的資料。而且，不管是以漫威（Marvel）和DC出版公司為代表的美國動漫文化，還是以集英社、小學館等為代表的日系動漫文化，其實都對青少年產生了很大影響。在一開始，它們是次文化，但後來隨著其用戶的成長，日漸融入主流社會，成為主流文化。

在中國，由於用戶低幼化及產業鏈的單薄，動漫一直像個長不大的孩子：從業者既沒有職業的榮耀，也無法得到市場的實際認可，傳統的動漫出版持續萎縮，網路動漫良莠不

齊，盜版橫行。

程武發現，必須從最基礎性的工作抓起。在任宇昕的大力支持下，他從互娛事業群的管道部裡找到一個負責產品研發的總監，由他帶隊，組建了一支8個人的小型突擊隊。「當時，這支團隊對動漫的理解可以說是空白，小夥伴們是以內部創業的心態，進入了一個完全陌生的領域。」

動漫小團隊做的第一項工作，是與國外的動漫機構合作，引進高品質的作品，再以免費的方式反哺中國讀者。程武說：「我們就希望培養用戶閱讀正版的良好閱讀習慣，讓他們去體驗什麼是優秀的產品，讓他們看到將來正版的內容和正版的閱讀體驗是遠遠超越盜版粗製濫造的內容和體驗的。」從2012年12月之後，騰訊跟日本集英社談了很久，拿到了《火影忍者》《海賊王》等優秀作品的中國獨家網路版權，「雖然是獨家，我們付錢給它，但我們對中國的用戶是不收費的，這其實就是在培育一個產業」。

第二項工作，是培育中國動漫的原創能力和生態體系。從事業啟動的第一天開始，程武就把培養中國自有漫畫和動畫創作生態體系做為最重要的戰略目標。騰訊與不同的漫畫作者簽約，給他們專業的創作和編輯指導。從2012年之後的4年時間裡，在騰訊動漫平台上投稿的漫畫作者超過5萬人，正式簽約作家發表的作品有2萬多部，其中，點擊過億的連載漫畫有40餘部，幾位最受歡迎的漫畫作者年收入突破了百萬元。這在平台創建之前，是完全難以想像的。

隨著國內創作能力的大幅提升，從2015年開始，騰訊著手動漫版權的海外輸出。在程武的推動下，騰訊與日本、韓國的動漫機構組成了版權委員會，共同生產和推廣優秀的中國動漫作品。

Studio DEEN是日本的一家老牌動畫製作公司，有著40年的歷史。國內漫迷熟悉的《浪客劍心》《亂馬1/2》都是該公司的作品。社長野口和紀是一個非常積極進取的人，他樂於與中國的年輕團隊開展新的冒險。

在中日雙方的甄選下，一部名叫《從前有座靈劍山》的網路文學作品被挑中。騰訊與DEEN組成了一個聯合創作班子，投入開發這部作品的動畫版本。2016年1月，動畫「從前有座靈劍山」在東京電視台漫畫頻道播放，一舉拿下當月新版動畫排名第一，網路點擊過億。日本媒體評論認為，「這部擁有濃郁中國風的作品意外走紅，有潛力成為下一個《封神演義》」。

50億元收購盛大文學

動漫小團隊僅用兩年多時間就打造出中國最大的動漫平台。它的成功，讓騰訊突然在內容市場上奪到一塊地盤，雖然它不在傳統的主流視線之內，但卻給決策層很大的信心。事實上，早在2013年年初互動娛樂事業群的幹部管理大會上，任宇昕就已經明確地把「泛娛樂」定義為事業群的三大

核心戰略之一。

接下來，劉熾平、任宇昕和程武把目光盯上了網路文學。與動漫相比，這當然是一個10倍級的紅海市場。

中國的網路文學經歷了漫長的野蠻培育期。

2002年，北大畢業的吳文輝創辦了玄幻文學網站「起點原創文學協會」，這正是起點中文網的前身。第二年，起點中文網推出了線上收費閱讀的模式，為原創的連載小說設立了付費牆，從而形成了可以自我輸血的盈利模式。

2004年，如日中天的盛大公司以200萬美元收購起點中文網，隨後又拿下榕樹下、紅袖添香、言情小說吧和晉江文學等多家公司，一舉成為中國最大的網路文學平台。2013年前後極盛之時，盛大占據了網路文學市場超過70%的占比，用戶量約為1.5億，占中國網民的24%。

網路文學從誕生的第一天起，就具備了上下游衍生的特徵。在盛大文學平台上原創的很多作品，如《甄嬛傳》《步步驚心》《裸婚時代》等，都被改編成電視劇，熱門一時。2006年在起點中文網開始發表的盜墓小說《鬼吹燈》，通過版權出讓，先後有了漫畫版、網路遊戲版、影視版、話劇等衍生內容。這部小說在起點中文網上的閱讀量約2000萬，同名紙本小說出版後的幾個月裡，再版4次，總銷量超過1000萬冊。

2010年年初，賈伯斯發布iPad，移動互聯網時代轟然到來。同年6月，中國移動的閱讀平台上線後，以其強悍的訂

閱收費能力，迅速成為移動閱讀市場的王者，其年營業收入一度高達50億元。

在相當長的時間裡，騰訊內部有兩個網文內容部門，一個是騰訊網的文學頻道，另一個是QQ閱讀，兩支團隊加在一起有100多人，可是卻始終找不到突破的戰略點。2013年年初，劉熾平將網路閱讀業務轉入互動娛樂事業群。就在這時，盛大文學發生了人事地震。

在日趨激烈的市場競爭中，盛大的戰略如陳天橋的個性，數度遲疑而搖擺。2013年3月，因兩度衝擊那斯達克上市未果以及與決策層觀點分歧，吳文輝攜起點中文網的核心創始團隊集體出走盛大。2013年9月10日，騰訊整合麾下所有網路文學業務，正式推出「騰訊文學」，並同時確立了其「泛娛樂業務矩陣重要組成」的定位。2015年7月，騰訊更進一步，以50億元整體收購盛大文學，組建閱文集團，吳文輝出任CEO。

這一輪進退重組之後，中國的數位閱讀市場赫然變局。中國移動「和閱讀」擁有最大的數位圖書版權量及最大收入，掌閱擁有最活躍的移動端用戶群，而新成立的騰訊閱文擁有文學作品數近1000萬部、創作者隊伍400萬人，幾乎拿下全部的網路文學原創市場，三足鼎立之勢儼然生成。

從起點時代到閱文時代，13年來，中國的數位閱讀市場經歷了幾個重大的要素變化：其一，從PC端到移動端；其二，從草根閱讀到主流閱讀；其三，閱讀產品的增值模式發

生變化；其四，閱讀的社交化特徵愈來愈清晰地凸顯出來。

在吳文輝看來，未來的數位閱讀平台應該是定制型的，也就是說，不同的讀者進入一個閱讀場域後，他可以設置自己的「閱讀身分」。進而，在持續的閱讀和搜尋過程中，後台可以通過大數據的方式抓取到他的行為，從而建立識別體系。最終，每一個人將在雲端建立自己的知識庫。

2015年年底，閱文與微信合作，開發推出「微信讀書」，這意味著閱讀社交化的試驗開始了。

四環合璧，內容生態

通過內部孵化和外部併購，騰訊在動漫和網路文學兩個板塊大有斬獲，從而在互聯網內容生產領域站穩了腳跟。

在2014年的騰訊互動娛樂年度發布會上，程武進一步推出了泛娛樂戰略的「2.0版本」，他把這一戰略提煉為「構建以明星IP為軸心的粉絲經濟」。在「構建明星IP」這個總體命題下，騰訊的業務思路變得更加清晰。

文學和動漫創作在講故事和樹立人物形象方面是最有效和成本最低的環節，適合做為IP的源頭。而且，企業可以利用互聯網平台擁有海量的產品，可以讓創意不斷地湧現，讓用戶透過自己的閱讀來投票，去甄選出優質作品。而遊戲做為最成熟的互聯網商業模式，則是IP的強力變現管道。但是網路文學以及動漫作品的社會影響力相對來說不是爆發性

的，一個IP影響力的爆發，往往來自於電視連續劇或者電影，於是接下來騰訊便順理成章地跨入了影視行業。

第一個小試牛刀的案例，是與郭敬明的合作。

2014年8月，程武在上海與這位80後暢銷書作家會面。當時，郭敬明正著手小說《爵跡》的影視改編，這部系列小說的銷量超過600萬冊，在2010年和2011年連續兩年囊括全中國圖書銷量總冠軍，當時正有多家影視公司參與版權合作的爭奪。

程武提出了許多的合作方案：由網路文學部門購買《爵跡》的獨家版權，由動漫部門獨家購買並參與動漫版的創作及發表，由網路遊戲部門投入開發主題遊戲，由騰訊參與《爵跡》的影視投資計畫。程武的方案一下子就打動了很有商業細胞的郭敬明，雙方很快達成了全方位戰略合作的協議。

就在此次見面的一個月後，2014年9月，騰訊在北京宣布成立泛娛樂業務旗下的新業務模組，除了文學、動畫、遊戲之外的第四個模組，當時叫做「騰訊電影＋」。程武認為「＋」有三個意義：「第一，是電影應該和『互聯網＋』結合起來，讓互聯網能夠成為極大的助力；第二，希望電影能夠在泛娛樂戰略上『＋文學』『＋動漫』『＋遊戲』，成為一個繁榮的內容生態；第三，希望騰訊在電影方面也能成為一個開放平台，大家一起來做有想像力的事情。」

2015年3月，做為全國人大代表的馬化騰在參加全國兩

會時，第一次明確提出了騰訊未來專注做的兩件事情——連接與內容。

他說：「騰訊這一、兩年的戰略做了很大的調整，我們把搜尋、電商都賣掉之後，更加聚焦在核心，就是以通訊和社交為核心，以微信和QQ為平台和連接器，我們希望搭建一個最簡單的連接，連接所有的人和資訊、服務。第二個事就是內容產業。就這麼簡單，一個是連接器，一個是做內容產業。」

幾天後，在騰訊互娛年度發布會上，馬化騰的這一構想成為公司的發展共識。程武從細節著手，進一步提出了面向未來的五點思考：

其一，任何娛樂形式將不再孤立存在，而是全面跨界連接、融通共生。

其二，創作者與消費者界限逐漸打破，每個人都可以是創作達人。

其三，移動互聯網催生粉絲經濟，明星IP誕生效率將大大提升。

其四，趣味互動體驗將廣泛應用，娛樂思維將重塑人們的生活方式。

其五，科技、藝術、人才自由，「互聯網＋」將催生大創意時代。

9月11日，結合影音平台和媒體屬性的企鵝影業宣布成立，由騰訊視頻負責人孫忠懷執掌。僅在幾天之後的9月17

日，騰訊在北京宣布成立騰訊影業公司，任宇昕出任董事長，程武任CEO。

在接受媒體專訪時，程武說，騰訊提「泛娛樂」的概念已有4年時間，騰訊影業的成立意味著騰訊泛娛樂業務板塊完成了最後一塊拼圖。目前騰訊互娛旗下總共具備了騰訊遊戲、騰訊動漫、騰訊文學和騰訊影業四大平台，從而形成了一個完整的泛娛樂生態布局。

在4個內容生產板塊之外，騰訊還投資了基於微信和QQ平台的票務分發公司微票兒，這家公司由QQ電影票升級而來。2015年12月，北京微影時代和上海格瓦拉宣布合併，微票兒與格瓦拉雙品牌獨立運營，其合作影院4500家，覆蓋中國500個城市，觀影人群的覆蓋率超過90％，成為中國合作影院數、觀影人群覆蓋率第一的線上選座平台。

從2011年開始的內容產業布局，在整個騰訊體系中是一個「局部事件」，它並未改變這家企業的社交天然屬性。不過，它的迅猛成長，以及環型生態鏈的打造，無論是在內部，還是在外部，都造成了戰略性的影響。

就內部而言，「泛娛樂」成為馬化騰提倡的「互聯網＋」和「騰訊只做連接器和內容」戰略的最積極的實驗者，長遠來看，它可能成為騰訊業務系統內的文化成長極。

就外部而言，騰訊不光是中國最早提出「泛娛樂」概念（這個概念從2014年開始一直被認定為是中國互聯網最重要的發展趨勢之一）的大型互聯網企業，同時也是最早發掘與

重新定義IP這個如今紅遍中國的名詞。

第十八章
失控：互聯網愈來愈像大自然

技術的力量正以指數級的速度迅速向外擴充。

人類正處於加速變化的浪尖上，

這超過了我們歷史的任何時刻。

——庫茨韋爾（Ray Kurzweil，美國未來學家），《奇點臨近》

我最終發現，想要得到和生命真正類似的行為，

不是設法創造出真正複雜的生物，

而是給簡單的生物提供一個極其豐饒的變異環境。

——凱文·凱利（美國《連線》雜誌創始主編），《失控》

騰訊未來的敵人

從創業的第一年起，馬化騰就依照潮汕人的習俗，在春節後上班的第一天，站在公司（確切地說是在自己辦公室）的門口給每個員工發紅包，一開始，紅包裡是10元錢，後來成了100元。騰訊的員工數愈來愈多，上市前後的2004年為700人，在2007年突破3000人，2008年突破5000人，2011年年初過了萬人大關，之後的一年裡，又增加了8000人。每到新年上班的第一天，深圳的騰訊總部必定排起非常壯觀的蜿蜒長隊，馬化騰仍堅持每人發一個紅包，「小馬哥發紅包」已成為深圳一景。

會不會有那麼一天，馬化騰終於無法將紅包親手發給每一個騰訊員工？文化會不會遭遇管理半徑的挑戰？

2012年4月24日，大白鬍子的凱文・凱利背著雙肩包、拎著一架單眼相機出現在北京騰訊會所。他的妻子是台灣人，早年在亞洲遊歷10年。近幾年，因《失控》一書的走紅，凱利成為中國各類互聯網論壇的常客，他被大家親切地稱為KK。這位《連線》雜誌前主編、喜歡大膽預言的學者對中國有著特別的青睞，「我非常喜歡中國，因為我堅信未來就在這兒，世界的未來就在中國」。

坐在大鬍子KK的對面，42歲的馬化騰長相清秀，更像一位完成學業不久的青年人。

他們的討論是從管理的失控切入的，「對於我們來說，

內部管理問題是一個非常大的擔憂，比如員工人數增加非常快，去年（2011年）增加60％，現在突破兩萬人。文化的稀釋，包括管理方面，都會產生很大的問題。外界也有很多文章質疑騰訊有沒有失控」。

KK當然不是一個管理學家，不過，他所提出的理論卻好像能夠在思考模式上幫到一些忙。在他看來，「失控」不是指混亂無序、低效率，甚至自我毀滅的狀態，螞蟻群、蜜蜂群這樣由巨量個體構成的組織體，能夠呈現出高度的秩序和效率，不是因為蟻王、蜂王的控制，而是得自於一種自下而上的大規模協作，以及在協作中「湧現」的眾愚成智、大智若愚的「集群智能」。KK在對話中提到了《道德經》中所說的「有為」與「無為」，他開玩笑地說：「也許你們中國老祖宗的智慧可以幫到所有的互聯網公司。」

在馬化騰看來，比自己對公司控制力的喪失更可怕的，是公司自我生長、自我創新能力的喪失。用成熟的流程來管控公司，似乎避免了內部的衝突和紛爭，但企業運行機制的官僚化日益明顯，產品、研發按部就班，員工與部門有可能只對流程負責，而不對結果負責。這樣的話，企業的創新能力必定下滑，自發的、原生態的創新能力將日漸萎縮。

對這樣的困惑，KK以亞馬遜森林做為類比。在他看來，一個真正具有創新性的公司，應該像一個巨大的森林，沒有人在植樹，沒有人在飼養動物，但林林總總的動植物在那裡旺盛生長和繁育，而這又是一個「失控」的過程。KK

引用了自己在書中提及的觀點：「沒有惡劣環境，生命就只能自己把玩自己。無論在自然界，還是在人工模擬界，通過將生物投入惡劣而變化多端的環境都能產生更多的多樣性。」

在對話的最後，馬化騰問KK：「在您看來，誰將會成為騰訊未來的敵人？」

「哎，這是一個至少價值1億美元的問題。」KK笑了起來，他的回答仍然是經典的「失控式」的，「在互聯網世界，即將消滅你的那個人，從來不會出現在一份既定的名單中」。

灰度法則的七個維度

也許是受KK的啟發，在後來的一段時期，馬化騰一直在企業內部宣導生態型組織（有時候又稱為生物型組織的建設），宣揚用適者生存的進化論領導這家愈來愈龐大的巨型公司。

就在與KK對話後的3個月，馬化騰發表一份致合作夥伴的信，系統地提出了「灰度法則的七個維度」。

在中國企業界，第一個提出「灰度」概念的是華為的任正非。他在〈管理的灰度〉一文中提出：「一個企業的清晰方向，是在混沌中產生的，是從灰色中脫穎而出的，方向是隨時間與空間而變的，它常常又會變得不清晰。合理地掌握合適的灰度，是使各種影響發展的要素。」在任正非看來，「清晰的方向來自灰度。一個領導人重要的素質是方向、節

奏。他的水準就是合適的灰度。堅定不移的正確方向來自灰度、妥協與寬容」。

馬化騰對任正非這位同城的前輩企業家一直非常敬重，對灰度這個概念很是認同，在致合作夥伴的信中，他結合互聯網公司的特徵，從7個角度予以了新的詮釋。馬化騰不是一個很有語言天賦的人，與賈伯斯、馬雲等人動輒警句迭出的風格不同，在他的演講和行文中甚少「哲理」，卻都是來自於一線實踐的「道理」。

需求度：用戶需求是產品核心，產品對需求的體現程度，就是企業被生態所需要的程度。

產品研發中最容易犯的一個錯誤是：研發者往往對自己挖空心思創造出來的產品像對孩子一樣珍惜、呵護，認為這是他的心血結晶。好的產品是有靈魂的，優美的設計、技術、運營都能體現背後的理念。有時候開發者設計產品時總覺得愈厲害愈好，但好產品其實不需要所謂特別厲害的設計或者什麼，因為覺得自己特別厲害的人就會故意搞一些體現自己厲害，但用戶不需要的東西，那就是捨本逐末了。

現在的互聯網產品已經不是早年的單機軟體，更像一種服務，所以要求設計者和開發者有很強的用戶感。一定要一邊做自己產品的忠實使用者，一邊把自己的觸角伸到其他用戶當中，去感受他們真實的聲音。只有這樣才能腳踏實地，從不完美向完美一點點靠近。

速度：快速實現單點突破，角度、敏銳度，尤其是速度，是產品在生態中存在和發展的根本。

我們經常會看到這樣幾種現象：有些人一上來就把攤子鋪得很大，恨不得面面俱到地布好局；有些人習慣於追求完美，總要把產品反覆打磨到自認為盡善盡美才推出來；有些人心裡很清楚創新的重要性，但又擔心失敗，或者造成資源的浪費。

這些做法在實踐中經常沒有太好的結果，因為市場從來不是一個耐心的等待者。在市場競爭中，一個好的產品往往是從不完美開始的。同時，千萬不要以為，先進入市場就可以高枕無憂。我相信，在互聯網時代，誰也不比誰傻5秒鐘。你的對手會很快醒過來，很快趕上來。他們甚至會比你做得更好，你的安全邊界隨時有可能被他們突破。

我的建議就是「小步快跑，快速迭代」。也許每一次產品的更新都不是完美的，但是如果堅持每天發現、修正一、兩個小問題，不到一年基本就把作品打磨出來了，自己也就很有產品的感覺了。所以，創新的灰度，首先就是要為了實現單點突破允許不完美，但要快速向完美逼近。

靈活度：做敏捷企業、快速更新產品的關鍵是主動變化，主動變化比應變能力更重要。

互聯網生態瞬息萬變。通常情況下我們認為應變能力非常重要，但是實際上主動變化能力更重要。管理者、產品技術人員而不僅僅是市場人員，如果能夠更早地預見問題、主

動變化，就不會在市場中陷入被動。在維護根基、保持和增強核心競爭力的同時，企業本身各個方面的靈活性非常關鍵，主動變化在一個生態型企業裡應該成為常態。這方面不僅僅是通常所講的即時企業、2.0企業、社會化企業那麼簡單。

互聯網企業及其產品服務，如果不保持敏感的觸角、靈活的身段，一樣會得大企業病。騰訊在2011年之前，其實已經開始有這方面的問題。此前我們事業部BU（Business Units，業務系統）制的做法，通過形成一個個業務縱隊的做法使得不同的業務單位保持了自身一定程度的靈活性，但是現在看來還遠遠不夠。

冗餘度：容忍失敗，允許適度浪費，鼓勵內部競爭、內部試錯，不嘗試失敗就沒有成功。

要如何理解在面對創新的問題上，要允許適度的浪費？就是在資源許可的前提下，即使有一、兩個團隊同時研發一款產品也是可以接受的，只要你認為這個項目是你在戰略上必須做的。很多人都看到了微信的成功，但大家不知道，其實在騰訊內部，先後有幾個團隊都在同時研發基於手機的通訊軟體，每個團隊的設計理念和實現方式都不一樣，最後微信受到了更多用戶的青睞。你能說這是資源的浪費嗎？我認為不是，沒有競爭就意味著創新的死亡。即使最後有的團隊在競爭中失敗，但它依然是激發成功者靈感的源泉，可以把它理解為「內部試錯」。並非所有的系統冗餘都是浪費，不

嘗試失敗就沒有成功，不創造各種可能性就難以獲得現實性。

開放協作度：最大限度地擴展協作，互聯網很多惡性競爭都可以轉向協作型創新。

互聯網的一個美妙之處就在於，把更多人更大範圍地捲入協作。我們也可以感受到，愈多人參與，網路的價值就愈大，用戶需求愈能得到滿足，每一個參與協作的組織從中獲取的收益也愈大。所以，適當的灰度還意味著，在聚焦於自己核心價值的同時，儘量深化和擴大社會化協作。

對創業者來說，如何利用好平台開展協作，是一個值得深思的問題。以前做互聯網產品，用戶要一個一個地累積，程式、資料庫、設計等經驗技巧都要從頭摸索。但平台創業的趨勢出現之後，大平台承擔起基礎設施建設的責任，創業的成本和負擔隨之大幅降低，大家可以把更多精力集中到最核心的創新上來。

互聯網的本質是連接、開放、協作、分享，首先因為對他人有益，所以才對自己有益。一個好的生態系統必然是不同物種有不同分工，最後形成配合，而不是所有物種都朝一個方向進化。在這種新的思路下，互聯網的很多惡性競爭都可以轉向協作型創新。利用平台已有的優勢，廣泛進行合作夥伴間橫向或者縱向的合作，將是灰度創新中一個重要的方向。

進化度：構建生物型組織，讓企業組織本身在無控過程

中擁有自進化、自組織的能力。

進化度，實質就是一個企業的文化、組織方式是否具有自主進化、自主生長、自我修復、自我淨化的能力。在傳統機械型組織裡，一個「異端」的創新，很難獲得足夠的資源和支持，甚至會因為與組織過去的戰略、優勢衝突而被排斥，因為企業追求精準、控制和可預期，很多創新難以找到生存空間。這種狀況，很像生物學所講的「綠色沙漠」，也就是在同一時期大面積種植同一種樹木，這片樹林十分密集而且高矮一致，結果遮擋住所有陽光，不僅使其他下層植被無法生長，本身對災害的抵抗力也很差。

要想改變它，唯有構建一個新的組織型態，所以我傾向於生物型組織。那些真正有活力的生態系統，外界看起來似乎是混亂和失控的，其實是組織在自然生長進化，在尋找創新。那些所謂的失敗和浪費，也是複雜系統進化過程中必須的生物多樣性。

創新度：創新並非刻意為之，而是充滿可能性、多樣性的生物型組織的必然產物。

創意、研發其實不是創新的源頭。如果一個企業已經成為生態型企業，開放協作度、進化度、冗餘度、速度、需求度都比較高，創新就會從灰度空間源源不斷湧出。從這個意義上講，創新不是原因，而是結果；創新不是源頭，而是產物。企業要做的，是創造生物型組織，拓展自己的灰度空間，讓現實和未來的土壤、生態充滿可能性、多樣性。這就

是灰度的生存空間。

互聯網愈來愈像大自然，追求的不是簡單的增長，而是躍遷和進化。

沉靜型領導

網大為的腰椎病發作了，他躺在辦公室的沙發上與我交談，這是他自2001年加入騰訊以後第一次接受外界的採訪。

在促成MIH投資騰訊之後，他就自告奮勇回到美國。在過去的10多年裡，他每隔兩個月從矽谷飛回中國一次，參加騰訊的總辦會，並對高層主管們宣講他掌握的新動態。騰訊對美國網遊公司的多次投資及併購案均有他參與的身影，即便在風格張揚的矽谷，網大為也是一個非常低調的「影子投資人」。

2007年，網大為得知Riot Games打算開發一款類似於Dot A的遊戲，「當時產品還沒有雛形，只是一個想法，但我們覺得這是一個很有潛力的細分市場」。2008年，Riot Games融資800萬美元，騰訊是投資人，2011年年初，騰訊以16.79億元人民幣收購了Riot Games大多數版權。目前這家企業擁有員工1600人，是歐美最大的電腦遊戲（PC games）開發公司。此外，騰訊還以3.3億美元收購虛擬引擎公司Epic Games 48.4%的股份，進入遊戲產業上游。網大為非常驕傲地將騰訊與其他遊戲運營商進行對比：「在2014年，騰訊的

網遊收入72億美元，排名全球第一，Sony是60億美元，微軟是50億美元，這在10年前是完全不能想像的。」[6]

從2014年開始，網大為獲得了一個新的職務——首席探索長（CXO）。

「過去，我主要配合互動娛樂事業群（IEG）部門工作，現在，階段性的任務完成了，騰訊需要把目光從遊戲中轉移出去，去看基因學、太空學、機器人和人工智慧。」現在，網大為帶著一支5個人的小團隊四處遊獵，先後投資了40多家前端性企業，其中一家從事太空探索的公司將在2016年年底推出太空氣球的新事業。

在騰訊的最高決策層中，絕大多數人像網大為一樣，有著低調務實的性格，這個團隊保持了相當長時間的穩定性，與阿里巴巴、百度等公司截然不同。

相較公眾英雄，用「沉靜型領導者」來描述類似騰訊這樣的決策團隊無疑更為合適。他們與傳統意義上的大膽而勇敢的領導形象完全不符合，因為他們根本上不想那麼去做。

這樣的決策團隊缺乏戲劇性人格，沒有表演的欲望，卻能夠以最堅毅和冷靜的風格帶領公司走得更遠，他們是現實主義者，不太相信所謂的奇蹟。暢銷書《基業長青》《從A

作者註6：2016年6月，騰訊及相關投資財團出資86億美元（約合人民幣566億元）收購芬蘭移動遊戲開發商Supercell 84.3%的股份，成為迄今全球遊戲業最大規模的單筆收購，也是中國互聯網史上金額最高的一筆海外併購。

到A+》的作者柯林斯在自己的案例研究中也發現了這一類領導人在企業長期經營中的獨特價值。在《從A到A+》一書中，他曾很感慨地寫道：「這個世界充斥著眾多的管理怪才、精明過頭的戰略家、裝腔作勢的未來學家、恐懼傳播者、蠱惑人心的權威和其他各色人等，能看到一個公司只依靠一個簡單的理念，並運用想像力和卓越的能力支配運用這個理念而獲得成功，真是讓人耳目一新，為之叫好。」

在對騰訊進行長達5年的調查研究訪談中，我深深感受到，要從這家企業的領導者那裡得到一些戲劇性的靈感是非常困難的，在他們的語言世界裡，複雜的資料與不斷變化的事實是構築歷史的兩種材料，而不是會閃光的格言及文本。與其他的明星互聯網企業家不同，偏居深圳的馬化騰絕少出現在媒體和公眾面前，而他的產品則滲透到億級用戶的日常生活之中。領導型態上的沉靜與行業擴張上的兇猛，以非常戲劇化的方式同時呈現在他的身上。

隨著微信的崛起及大規模資本併購的展開，騰訊的組織架構在2012年和2014年又分別進行過兩次重大的調整。

2012年5月8日，騰訊宣布將原有的業務系統制升級為事業群制，把現有業務重新劃分成企業發展事業群（CDG）、互動娛樂事業群（IEG）、移動互聯網事業群（MIG）、網絡媒體事業群（OMG）、社交網絡事業群（SNG），整合原有的研發和運營平台，成立新的技術工程事業群（TEG），並成立騰訊電商控股公司（ECC）專注運營

電子商務業務。這是繼2005年之後的第三次組織架構調整。

在這輪調整中，原屬MIG的手機QQ、手機QQ空間、手機閱讀、手機音樂等業務被剝離，再加上搜尋業務被併入搜狗，使這個老牌事業群一時「元氣大傷」。MIG的前身是騰訊無線事業部，曾是公司當之無愧的「現金牛」，但在移動互聯網大潮來臨後急需重新定位。

調整後的MIG涵蓋了安全、流覽器、應用分發市場、地圖等工具型產品平台。當時，誰也沒想到，在僅僅兩年多後的2015年，MIG便一躍成為當年整個騰訊最風光的事業群，騰訊手機管家、手機QQ流覽器、應用寶三大產品幾乎同時超越各自競爭對手，成為細分行業第一。短短幾個月間，舉行了三場慶功宴，MIG因此在騰訊內部被稱為「一門三傑」。

時至今日，手機QQ流覽器月活躍用戶數已達2.5億，是騰訊繼微信、QQ之後的第三大移動互聯網產品。更重要的是，騰訊推出了包含X5流覽內核在內的騰訊流覽器服務，並將其開放，用戶通過微信等平台進行的流覽也都使用這一服務。到了2016年10月，騰訊流覽器服務的用戶日訪量突破100億，成為打造騰訊移動互聯網生態圈的重要環節。而伴隨著應用商店的入口價值提升，應用寶在2013年11月重啟，僅用了一年半就穩坐安卓應用商店行業頭把交椅。截至2016年9月，應用寶日分發量超過2億人次，月活躍用戶數達到1.96億，其巨大流量成為騰訊開放平台對創業者最大的吸引力所在。至此，MIG真正成為騰訊在移動互聯網時代的

護城河。

2013年，微信宣布月活躍用戶數達到3億，不但躍居APP之首，而且在通訊的意義上超過了中國電信和中國聯通的用戶數。

2014年4月11日，QQ最高同時上線帳戶數首次超過兩億，吉尼斯為騰訊頒發了「單一即時通訊平台上最多人同時上線」的榮譽證書，馬化騰在自己的微信朋友圈裡寫道：「手Q貢獻了大部分，後勁仍強勁，與微信相輔相成，有競有合，各有使命目標，兩條腿走路更穩健。」

一個月後，騰訊進行了第四次組織架構調整，事業群組重組為7個，分別為微信事業群（WXG）、社交網絡事業群（SNG）、企業發展事業群（CDG）、互動娛樂事業群（IEG）、移動互聯網事業群（MIG）、網絡媒體事業群（OMG）和技術工程事業群（TEG）。

此次最大的變化是撤銷了電商業務，微信單獨成軍。騰訊電商解體後，留下的O2O業務團隊、微生活和微購物團隊以及財付通的部分團隊被併入微信部門。由此，騰訊形成了以微信和QQ為雙社交平台的架構，兄弟爬山，各自努力。

「連接一切」與「互聯網+」

就在KK與馬化騰在北京對話的近一個月後，2012年5

月18日晚上，Facebook登陸那斯達克，交易代碼「FB」，IPO定價38美元，融資規模達160億美元。按發行價計算，Facebook的估值為1040億美元，創下美國公司最高上市估值。大衛·柯克派崔克在《facebook臉書效應》一書中寫道：「Facebook的整個貢獻是它的所有用戶構成一個想法和感受的全球組合體。許多人預言這可能會朝著一個原始的全球性大腦的方向進化……Facebook的目標是做出一個整個人類的索引。」

相對於外向張揚的Facebook，騰訊似乎一直隱藏在一副冷靜的面具後面。中美兩國的互聯網賽跑到此時，似乎已經處在緯度近似，卻各自獨立的狀態下。國家競爭、政治體制及文化隔膜，如三道鴻溝讓它們始終無法匯流，而在商業模式上，則呈現為一個十分奇特的景象：美國公司開始學習中國公司的某些做法，而中國公司則向更陌生的領域狂奔。

2013年4月，《富比士》中文網刊登了一篇觀察稿認為：「2013年的Facebook像極了2005年的騰訊」。作者寫道：「該公司似乎正在做或打算做中國公司在2005年所做的事情，即幫助用戶將更多時間消耗在Facebook上，並在這裡完成更多的交易。」這些新的嘗試包括：開放網遊平台，鼓勵更多的遊戲開發者推廣動作遊戲、射擊遊戲以及即時戰略遊戲等，將禮品贈送服務對所有美國用戶開放，允許用戶贈送好友實物禮品，例如禮品卡、紙杯蛋糕、收費的串流媒體音樂服務等，以及提出「一站式線上生活」的新主張。

　　對於騰訊來說，未來的可能性似乎在於虛擬領域的互聯網之外。

　　2013年11月11日，騰訊創業15週年，馬化騰發表「通向互聯網未來的七個路標」的主題演講，首次提出了「連接一切」和「互聯網＋」的新主張。

　　在馬化騰看來，在移動互聯網年代，手機成為人的一個電子器官的延伸這個特徵愈來愈明顯。不僅是人和人之間連接，我們也看到未來人和設備、設備和設備之間，甚至人和服務之間都有可能產生連接。因此，騰訊未來的探索空間「首先是連接一切」。

　　據此，馬化騰進而提出「互聯網＋」，「＋是什麼？傳統行業的各行各業……互聯網已經在＋通信、媒體、娛樂、零售、金融等等，互聯網是一個工具。微信為騰訊提供了一條通向實體的道路。我們的設想是，微信的公眾平台可以成為用戶與實體世界的一個連接點，進而搭建一個連接用戶與商家的平台。」

　　很顯然，馬化騰的這個觀察打到了中國產業經濟最為敏感的部位。歷經將近20年的演進壯大，互聯網滲透到了每個人的日常生活和企業的經營活動中，它真正成為當代商業文明的基礎設施，由此，種種新的變革和顛覆都正在劇烈發生中。

　　在2015年的全國兩會上，「互聯網＋」的概念出現在中國政府工作報告中，李克強總理提出：「制定『互聯網＋』

行動計畫，推動移動互聯網、雲計算、大數據、物聯網等與現代製造業結合，促進電子商務、工業互聯網和互聯網金融健康發展，引導互聯網企業拓展國際市場。」

「互聯網＋的基礎設施的第一要素就是雲。」2016年7月，馬化騰在第二屆騰訊「雲＋未來」峰會上說。

被他稱為新型基礎設施的「雲」，是基於雲端運算等技術的一系列服務，自2006年後獲得了商業世界，特別是互聯網公司，比如Google、微軟、亞馬遜們的重視，其中發展最快、名氣最大的是AWS（亞馬遜網路服務），其主流客戶不僅有大大小小的企業，還有美國聯邦航空局、美國中央情報局等政府部門。

騰訊雲的推出是一個自然而然的過程。為了適應中國特殊的網路結構，向用戶們提供更便捷的服務，QQ從一開始就為用戶設計了交流資訊的雲端存儲和分享。用今天的話來說，QQ其實就是一朵雲。但10多年來，騰訊積累的大量雲端服務技術和能力主要是滿足自用，支援QQ、QQ空間、微信、騰訊遊戲等海量業務的穩定運營。直到2010年，騰訊開放平台接入首批應用，騰訊才第一次悄然向外界提供雲端服務，最初主要服務於接入騰訊開放平台的遊戲與電商合作夥伴，但隨著開放平台的擴大和騰訊生態的不斷完善，這一能力在日後演變出更多使用場域，帶來的價值也愈來愈清晰。

一貫低調沉穩的風格使得騰訊並沒有急於宣傳這個還在

成長中的新業務。2011年6月，騰訊雲對外服務已初具規模，但馬化騰在對來自全世界的合作夥伴們宣布騰訊的開放戰略時，並未特別提及。直到5年後，騰訊雲在整個生態中的作用愈來愈凸顯，馬化騰才高調談及雲端服務。他在2016年給合作夥伴的公開信中寫道：「雲和分享經濟像一枚硬幣的兩面，分享經濟就是生產力的雲化。」他甚至將未來的「互聯網＋」描繪為：「傳統行業利用互聯網技術，在雲端用人工智慧的方式處理大數據。」

這一年，潛行多年的騰訊雲一躍而出，業界才看清騰訊的戰略方向。此時，騰訊雲已為超過百萬開發者提供服務，資料中心節點覆蓋全球五大洲，行業解決方案覆蓋遊戲、金融、醫療、電商、旅遊、政務、O2O、教育、媒體、智慧硬體等多個行業，對外開放的技術能力包括大數據分析、機器學習、人臉識別、影音互動直播、自然語言處理、智慧語音辨識等。

在這一年的貴州數博會、「雲＋未來」峰會、全球合作夥伴大會上，馬化騰多次談及騰訊雲。事實上，騰訊在2015年的財報中首次提到了騰訊雲，顯示其收入比前年同期增長超過100%。湯道生公開宣布，未來5年要投入超過100億元，助推騰訊雲繼續開疆拓土。

馬化騰向合作夥伴表示：「愈來愈多企業向雲端遷移，除了節省成本、提高效率，更重要的是每個企業把獨特的資源和能力凸顯並分享出來，其餘的工作交給生態夥伴。這正

是我們過去5年來的選擇。」

透過「雲」，外界也可以看到騰訊開放戰略的蛻變。近6年時間裡，騰訊稱自己專注做連接，用不當第一大股東的「半條命」精神與各垂直領域夥伴合作，從「一棵大樹」成長為「一片森林」。6年前，什麼都做的「八爪魚」，變成了聚焦在「兩個半」核心業務的開放平台。「兩個半」是騰訊的內部說法，其實就是指社交平台、數位內容及互聯網金融，互聯網金融還在成長，所以被算為「半個」，只是未來很有可能發展成新的平台。

互聯網金融是另一則可以詮釋騰訊「連接一切」和「互聯網＋」的故事，它的底層技術基礎也是騰訊雲。

2014年3月，銀監會批准5家民營銀行開展試點工作，這是1949年新中國成立之後，民間資本第一次被允許進入長期壟斷的銀行業。其中，阿里巴巴和騰訊分別獲得一張牌照，騰訊以擁有30％股份，成為深圳前海微眾銀行的最大股東。12月12日，微眾銀行正式獲准開業，成為中國首家互聯網銀行。2015年1月4日，李克強赴微眾銀行視察，他敲下電腦Enter鍵，卡車司機徐軍拿到3.5萬元貸款，完成互聯網民營銀行的第一筆放款業務。

2015年9月，騰訊在原線上支付部的基礎上升級成立「支付基礎平台與金融應用線」，包括理財通平台、支付平台、研發平台、金融合作與政策、金融市場品牌和金融資料應用中心等模組，擁有財付通、騰訊理財通、互聯網徵信、

移動支付風控、微信支付的基礎平台部分、QQ錢包、金融雲等業務和產品。騰訊互聯網金融板塊整合後，支付基礎平台與金融應用線由賴智明擔任總負責人。

財付通10年到現在的騰訊FiT（支付基礎平台與金融應用線）1年，經歷了兩個階段：一是連接用戶、商戶與金融機構；二是把騰訊的雲端技術、大數據、支付能力、風控能力開放給合作夥伴，攜手金融機構，打造更多新的金融應用。

在一份內部郵件中，劉熾平把互聯網金融上升為戰略業務，他寫道：「當我們建立了海量支付用戶的規模後，我們也具備了進一步提供更加豐富的金融應用給用戶的能力，這裡包括技術能力、用戶觸達場景，也包括資料，讓我們可以提供更好的互聯網金融服務。」

馬化騰曾透露，2016猴年除夕當天，紅包支付超過了25億筆，除夕紅包個數超過132.8億個。而微信支付和QQ錢包在內的騰訊移動支付日均交易筆數超過5億筆，騰訊支付安全團隊運用大數據，通過人臉識別、IVR自動外呼等技術創新將用戶資金損失率控制在百萬分之一。

騰訊互聯網金融在支付領域所積累的經驗與實力，以及金融雲和大數據能力，讓金融機構可以「拎包入住」。馬化騰曾表示，「互聯網金融有著很大的市場潛力，騰訊內部還在積極探索不同的形式，目前騰訊互聯網金融業務，除了互聯網貸款以外，另外一塊就是互聯網理財」。騰訊於2014年

推出了獨具特色的互聯網理財開放平台——騰訊理財通，在短短兩年間，彙聚了很多優秀的資產，從一開始只有貨幣基金發展到擁有定期理財、保險理財、指數基金等不同風險等級的十幾種優秀金融產品，連接著基金、保險、證券等眾多優質的金融合作夥伴，一方面為微信和QQ用戶提供便捷的理財服務，另一方面也為金融合作夥伴提供產品創新、快速觸及年輕用戶等價值。在上線兩年多的時間裡，騰訊理財通用戶數就已突破了7000萬，資金保有量超過了千億元。

賴智明在一次內部分享中說：「理財通不是單一的服務提供方，而是一種開放的平台。但是這種開放平台不是超市，並非良莠不齊、毫無把關地讓所有的供應商都上來。我們最終選擇了一種更穩健，而且更開放的模式，做貨幣基金。」

金融雲則是騰訊互聯網金融板塊目前正在力推的業務。站在騰訊互聯網金融過去11年經驗的基礎上，對未來趨勢的看法，賴智明曾在公開場合表達過一個「STAR」模式。這既是騰訊的特色，也代表了4個發展趨勢。STAR中的「S」代表了社交化、生活化，利用社交平台的威力，勇於做減法，在移動支付平台上打造更多類似紅包這類明星應用的產品。T代表與同行開放合作共贏，即平台化。比如騰訊理財通的平台上，騰訊過去1年給其平台上的基金公司新增開戶的用戶數超過他們通過自己的路徑10年發展的用戶數。A則是普遍、觸手可及，也就是移動化和場景化。R則是資料

化、智慧化。

騰訊的金融業務是其戰略業務之一，但是騰訊只做「半個」，騰訊的多位相關高層主管都在不同場合表示了「另外半條命交給合作夥伴」「對金融保持敬畏」「做金融連接器」等觀點。

其實就日後來看，騰訊進入銀行業及擴大在互聯網金融領域裡的探索，也許具有革命性的意義，它提供了另外一個遼闊的空間，並讓人產生新的想像：被植入了金融基因的騰訊到底會演變成一家怎樣的公司？

成為一家受尊敬的公司

對於馬化騰來說，創辦騰訊既是一次商業上的冒險，同時也是自我價值實現的過程。因此，如何通過互聯網手段提升人類生活品質，一直是他最重要的思考命題之一。與此同時，他也希望騰訊能夠成為一家「受尊敬的公司」，在公益事業和社會責任上有所踐行。

2006年9月，騰訊發起成立騰訊公益慈善基金會，這是中國互聯網企業所成立的第一家公益基金會。在其後的兩年多裡，基金會投入6600萬元，與中國青少年發展基金會、中國兒童少年基金會等公益組織合作，捐贈近千萬元，在貧困地區建立近30所希望（春蕾）小學，並進行了網路、圖書館等配套設施建設，同時啟動了對西部鄉村教師的培訓專案。

2008年，中國發生了兩件重大的公共事件：一是汶川大地震及其救援，二是北京奧運會的舉辦。騰訊皆利用自己的互聯網平台，積極地參與進來。汶川大地震發生後，騰訊在QQ及騰訊網上進行網友捐款募集活動，總計募得2300萬元。在奧運會期間，QQ發起了富有創意的「線上火炬傳遞」，有6000多萬人參與了這個活動，通過QQ率先獲知奧運資訊的用戶數量達16億人次。

　　2008年11月，在創業10週年之際，騰訊公司選擇以發布「騰訊企業公民暨社會責任報告」的形式來渡過自己「10週歲」的生日。馬化騰表示：「10年間，騰訊獲得並奉行了一個非常寶貴的可持續發展祕訣：絕不追求單向經濟效益最大化，而是以用戶價值與社會價值最大化協調統一發展為方向。10年回望，我們很清楚自己的責任，我們的任何經營行為都可能會影響到上億的用戶，只有得到用戶的認可，我們才能健康發展。所以，對於社會和用戶的責任與企業經營的協調發展，一定是我們重點關注的戰略問題。」

　　2014年9月，陳可辛導演的電影「親愛的」上映，引發了全中國對被拐賣兒童的關注。而就在當年的10月，「QQ全城助力」公益專案上線，通過移動互聯網LBS定位技術向兒童失蹤所在城市QQ網友推送緊急尋人啟事。做為首個上線的失蹤兒童找尋平台，「QQ全城助力」在兩年的時間內，成功幫助中國14個家庭找回16名失蹤兒童和未成年人，涉及深圳、武漢、廈門、南寧、大同、阜陽等多個城市。對於

科技公益的態度，馬化騰在內部信中稱：「是的，我們應該堅持做對的事，而且有能力運用互聯網的優勢來做好事。」

2015年，騰訊公益發起中國首個互聯網公益日——「99公益日」，主題為「一起愛」。

為了這個公益日，騰訊各個業務線火力全開，拿出了全部的資源，更是玩出了前所未見的玩法。用戶可以選擇騰訊公益網路平台上數千個公益項目進行小額捐贈，「互動」成為「99公益日」的一大關鍵字。例如，在手機上幫裸身的貧困山區孩子「穿上」衣物，小孩便可獲得由商家贊助的服裝；進行一次對抗霧霾的遊戲，便可支援一棵新樹苗的種植……各類趣味性的互動顛覆了人們對傳統公益只是「掏錢捐贈」的慣性想法。

除此之外，各大NGO和公益基金會也祭出大招參與其中。知名公益人、免費午餐發起人鄧飛發起了「99公益營」行動，口號為「99公益日，克隆愛」，愛心人士可以尋找18個隊員，通過騰訊公益平台發起「一起捐」，借助朋友圈的力量為山區的留守兒童送上一份免費午餐。中國扶貧基金會也發起「百元大作戰」活動，招募愛心人士發起一個目標設置為200元的愛心包裹一起捐，為貧困地區小學生籌一個新學期的開學禮物。

自2015年9月7日至9月9日的3天時間裡，通過騰訊公益平台，「99公益日」共計募得慈善捐款1.279億元，共有205萬人次參與捐款，捐贈金額、參與人數均創下中國互聯

網的募捐新紀錄。做為發起者和連接器，騰訊基金會對數千個公益項目進行配捐，3天總計配捐金額達到9999萬元。

2016年4月18日，馬化騰宣布，將捐出1億股騰訊股票注入正在籌建中的公益慈善基金，通過各家公益慈善組織和專案，支援在中國內地為主的醫療、教育、環保等公益慈善項目以及全球前端科技和基礎學科的探索。一個月以後，騰訊的另一位創始人陳一丹先生宣布捐贈25億港元（約3.2億美元）設立全球最具規模的教育獎項「一丹獎」。

除了捐款外，2015年7月，「益行家」運動捐步產品的上線，也讓更多人看到了做公益的另一種可能性。網友在「微信運動」「QQ健康」上捐贈步數，由企業出資代捐。在「益行家」產品型態確認的過程中，馬化騰認為，捐步應該是有門檻的，大家要通過努力才能完成這樣的一個公益行為，他提出用戶必須行走超過10000步，才能進行捐贈。產品上線一年，「日行10000步，健康做公益」已經成為中國千萬網友的習慣。

微微的晨光還照不亮太遠的路

2011年11月，在馬化騰的幫助下，我開始使用微信。我發現，他是一個非常「吝嗇」乃至單調的「微信朋友」。每個月，他發送的消息從來沒有超過10條，而內容幾乎都是對騰訊新業務極其簡潔的推介和評點，如「首個大型實驗真人

秀，很大的挑戰」「已買，準備體驗延誤紅包」「滴滴再戰江
湖，新品類滴滴快車，支援一把」「程式回應太慢了，要優
化」……。

18年來，他由一個連前同事都不太記得名字的普通程式
師，成為中國互聯網不可替代的領導者和最富有的人之一。
不過，他的生活狀態似乎沒有太多變化，他仍然不喜交際，
專注於每一個新產品，他的部下們仍然會在午夜時分收到他
對某個細節的挑剔和建議。

這是一個善於控制自己好奇心的人，而同時，他又能讓
自己的興趣在無盡的可能性裡得到延伸，在這個意義上，他
還是那個喜歡趴在望遠鏡前眺望無垠星空的南方科技青年。
2016年10月22日，在清華大學經管學院的一次對話中，馬
化騰再次談及少年時的天文愛好：「看看星空，會覺得自己
很渺小，可能我們在宇宙中從來就是一個偶然。所以，無論
什麼事情，仔細想一想，都沒有什麼大不了的。這能幫助自
己在遇到挫折時穩定心態，想得更開。」

近年來，他唯一增加的社會活動是參加公益慈善，他發
起了一個為先天性心臟病兒童募捐的活動，成為壹基金理
事、大自然保護協會的中國理事，還參與發起桃花源基金
會。在這些場合，他與馬雲常常同席互動，外界所有關於他
們的恩怨似乎都是流言。

這是一個不完美的商業故事，就好像我們從來沒有看到
過完美的人生一樣，它充滿了青春的殘酷氣息，像一個朝著

自己的目標呼嘯狂奔的少年，外表桀驁不馴，內心卻有著無所不在的恐懼，畢竟從誕生到我完成這部作品，它才18歲。

中國互聯網的成功與改革開放非常類似，是實用主義者的勝利。與他們的美國同行相比，中國人也許沒有發明革命性的互聯網技術，但是他們在商業模式和用戶體驗上的努力卻是卓越的，這也是所謂的美國式優勢與中國式優勢的生動展現：美國人發明了推動進步的技術，而中國人找到了盈利的方法論。就更廣泛的意義而言，中國互聯網人對其他領域，例如製造業、零售服務業、傳媒業以及金融業的滲透更加深刻，而這才剛剛開始。

在一次交流中，馬化騰很感慨地講過一段話，他說：「不管已經出現了多少大公司，人類依然處在互聯網時代的黎明時分，微微的晨光還照不亮太遠的路。互聯網真是個神奇的東西，在它的推動下，整個人類社會都變成了一個妙趣無窮的實驗室。我們這一代人，每個人都是這個偉大實驗的設計師和參與者，這個實驗值得我們屏氣凝神，心懷敬畏，全情投入。」

從2013年開始，與馬化騰一起創辦騰訊的幾個老同學相繼從一線退下。

2013年，陳一丹卸任首席行政長，轉而出任騰訊公益慈善基金會榮譽理事長。在他的主導下，騰訊發揮社交平台的優勢，在慈善公益事業上屢屢有讓人讚歎的活動。同時，陳一丹投資於教育。2015年6月，中南財經政法大學將武漢學

院剝離，經教育部批准，轉設為一家獨立的民辦本科大學，陳一丹首期投入20億元。

2014年9月，張志東辭去首席技術長（CTO）一職，選擇退休，此後，他的身分是騰訊學院的一名講師。在內部郵件中，馬化騰深情地寫道：「比技術本身更為重要的是，Tony是公司用戶價值觀的最堅持的踐行人。在總辦會議上，Tony是最能站在用戶角度毫不妥協的人，始終保持著這份『固執』。Tony這份堅持，也融入了公司的強用戶導向的理念基因。」

記得是2012年的夏天，尚未退休的張志東在他的辦公室裡接受我的訪談，在我們交談的高窗下，便是被一片綠意環繞的深圳大學。從那裡的一位青蔥懵懂的學生到中國互聯網界最有權勢的人之一，他和馬化騰被時代的潮流所裹挾，一路跌撞前行，演繹了一段無可複製的精采人生。

訪談結束後，張志東送我到電梯口。電梯門開了，他突然喃喃自語說：「如果哪天騰訊遇到了更大的挑戰，也許就是新的一天開始了。」

我還沒有回應，電梯門就緩緩地關上了，我只來得及看到他碩壯的身影。

後記

深圳騰訊總部的檔案室僅100多平方米，平常只有一位女士默默地管理著。在那裡，窗明几淨，最多的資料是剪報冊，從2000年開始，騰訊委託一家剪報公司每月把各類媒體的報導編剪成冊，然而到了2006年以後，大概認為沒有什麼用，連這項服務也暫停了。

騰訊的會議幾乎沒有做文字紀要的傳統，更不要說什麼影像資料，能夠蒐集得到的檔案都分散於各級管理部門的主管手上。幾乎所有人都告訴我，騰訊是一家靠電子郵件來管理的公司，很多歷史性的細節都留存或迷失於參與者的記憶和私人信箱裡。絕大多數的騰訊高層主管都是技術出身的理工男，他們對資料很敏感，可是對於我所需要的戲劇性細節則一臉茫然。這似乎是一家對自己的歷史「漫不經心」的企業，這裡的每一個人都覺得這樣的狀態「挺好的」。一位高層主管對我說：「互聯網公司的人都是這樣的，對於我們來說，昨天一旦過去，就沒有任何意義，我們的眼睛從來只盯著未來。」

更要命的是，騰訊的業務線之紛雜是出了名的，連馬化騰自己都在微信朋友圈裡很不好意思地說：「每次向領導講解清楚騰訊的業務模式，都不是一件容易的事情。」有一段時間，我每訪談一個事業群的總裁，都要先請他在一張紙上把管理和業務架構圖畫出來。有一次，我問主管人力資源的高級副總裁奚丹：「騰訊到底有多少產品？」奚丹說：「這個問題恐怕連Pony也回答不出來。」

這一切都是我在2011年著手創作本書時，完全沒有預料到的。在過去的5年多裡，我走訪了60多位騰訊的各級管理者，並進行了多輪次的百人級周邊訪談。這一段時間，正是微信崛起的時間，騰訊內部的組織架構又進行了兩次大調整，而其戰略上的升級與激烈的產業擴張更是讓人眼花撩亂，所以，本書的創作既是一次大規模的「田野調查」，同時也是現場即景式的目擊紀錄。本書原定的出版時間是2013年年底，那是騰訊創業15週年的紀念時刻，然而，我一直到3年後的2016年年底，才算勉強完成了全部的創作。

　　我要感謝騰訊以及馬化騰對我工作上的支援。從一開始，他們就承諾徹底地開放，我可以約談公司內部的任何人和部門，他們也不會對我的創作觀點予以過多干涉。在5年多時間裡，我感受到了這家公司的坦誠，也能夠體會到他們在前行中的激越、焦慮與彷徨。

　　在2007年前後，我所主持的藍獅子財經創意中心曾出版了阿里巴巴的第一本官方傳記《阿里巴巴：天下沒有難做的生意》，那時正值阿里在香港上市，BAT即將成為中國互聯網的新統治勢力。而此次的漫長創作，讓我再一次進入這個產業的核心地帶。也是在2014年5月，我在微信公眾號平台上開通了「吳曉波頻道」，開始陌生而艱難的自媒體試驗。對阿里、騰訊的兩次貼身調查，無疑大大地提高了我做為一個傳統文字工作者和企業觀察者的「互聯網智商」。

　　在本次創作過程中，我最要感激的是騰訊公關部，劉暢

（她已經離職創業，現正在熱火朝天地做著她的「伴米網」）、李航、岳淼、王曉冰、周南誼、毛曉芳（我開始創作的時候，毛毛剛結婚，現在她的第二個寶寶也即將誕生，據說公關部同事給這個孩子起了一個小名叫「傳傳」）、杜軍（也已離職）和樊傑等，他們給予了我最無私的幫助，若沒有他們不嫌繁瑣地安排約談和彙集原始資料，完成此次創作是不可能的任務。藍獅子的陶英琪、趙晨毅、陳一甯、李雪虎、孫振曦同樣付出了很多的勞動，孫曉亮、王天義、王亞賽等幾位設計師完成了裝幀設計和圖表繪製。

要感謝的外部訪談對象名單太長，在這裡我只能列出主要的這些人：胡延平、段永朝、謝文、羅振宇、方興東等等。其中，羅振宇是本書的「始作俑者」之一，在「3Q大戰」後，正是他向騰訊決策層提議創作本書，並「舉賢不避友」地推薦了我。

每一次創作都是遺憾的藝術，我們永遠無法窮盡事實的真相，或者說，事實在被文字重新編織的時候，便已經忍受了選擇、遺棄乃至扭曲的過程。尤其是在非虛構的企業史創作上，一個被遺漏或未被觀察到的細節，就可能讓一段公案得以重新解讀。總體而言，一家企業的存在價值是產業繁榮的結果，不是原因。我所能保證的是細節和資料的真實，其中若有漏失，過錯全部在我。

感謝我的家人，邵冰冰一直是本書稿最執著的催促者，在她看來，完成是唯一的解脫之道。我的女兒吳舒然現在去

洛杉磯讀大學了，她離我的世界愈來愈遠。不過，如果有一天她決定回國開展她的事業，那麼，我寫過的那些書也許就有被她打開的可能了。

最後，要感謝互聯網，在過去的20年裡，它如此顛覆性地改變了我們每一個人的人生，也如此深刻地改變著我們這個國家。我們受惠於它，自當有記錄它的責任。

吳曉波

2016年10月18日

於杭州大運河畔

財經企管 BCB622A

騰訊傳
中國互聯網公司進化論

國家圖書館出版品預行編目 (CIP) 資料

騰訊傳：中國互聯網公司進化論 / 吳曉波著 .--
第一版 .-- 臺北市 : 遠見天下文化 , 2017.07
面；　公分 .-- (財經企管 ; BCB622)
ISBN 978-986-479-252-8(平裝)

1. 騰訊控股公司 2. 企業管理 3. 中國

484.6　　　　　　　　　　　　　　106009818

作　者 —— 吳曉波
總編輯 —— 湯皓全
資深副總編輯 —— 吳佩穎
責任編輯 —— 黃安妮
封面暨內頁設計 —— 江儀玲

出版者 —— 遠見天下文化出版股份有限公司
創辦人 —— 高希均、王力行
遠見 ・ 天下文化 ・ 事業群　董事長 —— 高希均
事業群發行人／ CEO —— 王力行
天下文化社長／總經理 —— 林天來
國際事務開發部兼版權中心總監 —— 潘欣
法律顧問 —— 理律法律事務所陳長文律師
著作權顧問 —— 魏啟翔律師
社址 —— 台北市 104 松江路 93 巷 1 號 2 樓
讀者服務專線 —— (02) 2662-0012
傳　真 —— (02) 2662-0007；2662-0009
電子信箱 —— cwpc@cwgv.com.tw
直接郵撥帳號 —— 1326703-6 號　遠見天下文化出版股份有限公司

電腦排版／製版廠 —— 中原造像股份有限公司
印刷廠 —— 中原造像股份有限公司
裝訂廠 —— 中原造像股份有限公司
登記證 —— 局版台業字第 2517 號
總經銷 —— 大和書報圖書股份有限公司　電話／ (02) 8990-2588
出版日期 —— 2017 年 7 月 4 日第一版第 1 次印行
　　　　　 2018 年 4 月 10 日第二版第 1 次印行
　　　　　 2018 年 5 月 31 日第二版第 2 次印行

原著作名：騰訊傳 1998-2016：中國互聯網公司進化論
本書中文繁體版由杭州藍獅子文化創意股份有限公司授權
遠見天下文化出版股份有限公司在全球獨家出版發行。
ALL RIGHTS RESERVED

定價 —— NT500 元
EAN —— 4713510945285
書號 —— BCB622A
天下文化官網 —— bookzone.cwgv.com.tw

Believe in Reading

相信閱讀